地理信息系统基础

主　编　吴风华
副主编　杨久东　王　政　闫顺玺　田桂娥

WUHAN UNIVERSITY PRESS
武汉大学出版社

图书在版编目(CIP)数据

地理信息系统基础/吴风华主编 . —武汉:武汉大学出版社,2014. 12
ISBN 978-7-307-14906-9

Ⅰ. 地…　Ⅱ. 吴…　Ⅲ. 地理信息系统—高等学校—教材　Ⅳ. P208

中国版本图书馆 CIP 数据核字(2014)第 275320 号

责任编辑:黄汉平　方慧娜　　责任校对:汪欣怡　　版式设计:马　佳

出版发行:**武汉大学出版社**　　(430072　武昌　珞珈山)
　　　　　(电子邮件:cbs22@ whu. edu. cn 网址:www. wdp. com. cn)
印刷:湖北省荆州市今印印务有限公司
开本:787×1092　1/16　印张:16　字数:371 千字
版次:2014 年 12 月第 1 版　　2014 年 12 月第 1 次印刷
ISBN 978-7-307-14906-9　　定价:30. 00 元

前　言

　　地理信息系统（Geographic Information System，GIS）是一种基于计算机的工具，它可以对在地球上存在的物体和发生的事件进行成图和分析。GIS 技术把地图这种独特的视觉化效果和地理分析功能与一般的数据库操作（例如查询和统计分析等）集成在一起。这种能力使 GIS 与其他信息系统相区别，从而使其在广泛的公众和企事业单位中解释事件、预测结果、规划战略等中具有实用价值。它问世于 20 世纪 60 年代，70 年代形成多学科交叉的局面，目前 GIS 已形成极具前途的新兴产业，并在全世界的中学、大学里讲授。各领域的专家不断地意识到按地理的观点来思考和工作所带来的优越性。为了更好地研究这一技术的发展，加速我国地理信息产业的开发和应用，培养地理信息系统专业人才，特编写本教材。

　　本教材由河北联合大学吴风华主编，河北联合大学的杨久东、王政、闫顺玺和田桂娥担任副主编。本书共分为 11 章，主要介绍地理信息系统的基本理论和方法。编写分工是：第 1、9 章由王政编写，第 2 章由田桂娥编写，第 5、8、10 章由杨久东编写，第 7 章由闫顺玺编写，第 3、4、6、11 章由吴风华编写。本教材在编写和修改过程中，得到了河北联合大学许多老师和同学的帮助，在此特别感谢贾雪珊、张亚宁和李卓三位同学。另外还要感谢四川省成都市规划管理局的黄力同志在教材编写过程中给予的鼓励。

　　由于编者教学和业务水平有限，加上时间仓促，错误和不妥之处，恳请读者批评指正。

目　　录

第1章 绪 论

地理信息系统(Geographic Information System，GIS)通过电子地图等方式表达地球上的物体和事件，是 20 世纪 60 年代提出并快速发展起来的一门集多学科于一体的交叉学科。目前，地理信息系统已经深入各行各业，广泛应用于土地利用、资源管理、环境监测、交通运输、城市规划、经济建设以及金融机构、企事业单位、政府各职能部门等行业和领域。GIS 已经走进千家万户，获得了极其广阔的发展空间，为了普及 GIS 常识，本章详细介绍地理信息系统基础知识。

1.1 GIS 相关的概念

首先介绍一个地理信息系统应用实例，之后给出信息与数据、地理信息与地学信息、信息系统与地理信息系统等基本概念，最后阐述地理信息系统与其他信息系统的关系和区别。

一、公园选址辅助决策

某市新建一所郊游公园，郊游公园具体位置的选择需要满足一定的要求：

(1)依山傍水，地形有一定起伏，必须靠近天然的小河流；

(2)交通方便，但周围环境较安静，公园距公路的距离最远不得超过 1.25km，最近不得小于 0.25km；

(3)空气新鲜，有一定的植被覆盖率。

类似公园选址这样的空间决策问题涉及各方面影响因素，需要将大量的多种空间信息进行综合分析、利用。

地理信息系统首先从现实世界中采集、获取与上述要求有关的地形信息、水系信息、道路信息和植被信息等各类信息，以一定的结构存储起来，即建立空间数据库，并提供各类空间数据处理和综合分析手段，如用户针对此问题提供一套条件，系统将返回一套方案，一个问题，考虑问题的角度不同，往往会有多个可选方案。如用户更改条件，系统将快速返回与之对应的另一套方案。而最后方案的确定还涉及许多非量化的复杂因素，需要规划专家的智能选择。地理信息系统是解决空间问题的有效的辅助决策支持工具。目前，地理信息系统还不能完全代替最终决策者。

二、数据与信息

1. 信息

信息是现实世界在人们头脑中的反映。它以文字、数据、符号、声音、图像等形式记录下来，进行传递和处理，为人们的生产、建设、管理等提供依据。

1

信息具有客观性、适用性、传输性和共享性等特征。

(1)客观性：任何信息都是与客观事实相联系的，这是信息的正确性和精确度的保证。

(2)适用性：问题不同，影响因素不同，需要的信息种类是不同的。如股市信息，对于不会炒股的人来说，毫无用处，而股民们会根据它进行股票的购进或抛出，以达到股票增值的目的。

(3)传输性：信息在发送者和接收者之间进行传输的网络，被形象地称为"信息高速公路"。

(4)共享性：信息与实物不同，信息可传输给多个用户，为用户共享，而其本身并无损失，这为信息的并发应用提供可能性。

2. 数据

数据指输入到计算机并能被计算机进行处理的数字、文字、符号、声音、图像等符号。数据是对客观现象的表示，数据本身并没有意义。数据的格式往往和具体的计算机系统有关，随载荷它的物理设备的形式而改变。

3. 两者关系

数据是信息的表达、载体，信息是数据的内涵，是形与质的关系。只有数据对实体行为产生影响才成为信息，数据只有经过解释才有意义，成为信息。人的知识和经验作用到数据上可得到信息，而获得信息量的多少与人的知识水平有关。

三、地理信息与地学信息

1. 地理信息

地理信息是有关地理实体和地理现象的性质、特征和运动状态的表征和一切有用的知识，是对表达地理实体与地理现象之间关系的地理数据的解释。地理信息具有地域性、多维结构特性和动态变化的时序特征。

地域性通过地理坐标来实现空间位置的标识，是地理信息区别于其他类型信息的最显著标志。多维结构特征指在同一位置上可有多种专题的信息结构，即在二维空间的基础上可以实现多专题的第三维结构。时序特征即时空的动态变化引起地理信息的属性数据或空间数据的变化，地理信息具有现势性，需要及时更新数据。例如 1998 年武汉龙王庙特大洪水险情正是武汉勘测设计院利用先进的遥感、GPS 技术测得实时数据为抗洪决策提供了可靠依据。显然，如果用过时的数据，这将造成多大的损失！这就是地理信息的时序特征。

2. 地学信息

与人类居住的地球有关的信息都是地学信息，具有无限性、多样性、灵活性等特点。地学信息是人们深入认识地球系统、合理开发资源、净化能源、保护环境的前提和保证。

地理信息与地学信息的区别主要在于信息源的范围不同，地理信息的信息源是地球表面的岩石圈、水圈、大气圈和人类活动等；地学信息所表示的信息范围更广泛，不仅来自地表，还包括地下、大气层甚至宇宙空间。

四、信息系统与地理信息系统

1. 信息系统(Information System, IS)

系统是具有特定功能的、相互作用和相互依赖的若干要素结合而成，完成特定功能的有机整体。为了有效对信息流进行控制、组织管理，实现双向传递，需要通过某种信息系统来实现。信息系统能回答用户一系列问题，具有采集、管理、分析和表达数据的能力。由计算机硬件、软件、数据和用户四大要素组成。

从适用于不同管理层次的角度出发，信息系统分为事务处理系统、管理信息系统、决策支持系统和专家系统等。

2. 地理信息系统

随着人们对地理信息系统的需求发生变化，GIS 出现了多种不同定义方式。如维基百科把地理信息系统定义为"用于输入、存储、查询、分析和显示地理数据的计算机系统"。美国联邦数字地图协调委员会（FICCDC）关于 GIS 的定义及概念框架（图 1-1）认为"GIS 是由计算机硬件、软件和不同的方法组成的系统，该系统用来支持空间数据的采集、管理、处理、分析、建模和显示，以便解决复杂的规划和管理问题"。

对地理信息系统的定义可以用地理信息系统的三个组成部分来简单描述，组成+功能+应用领域。GIS 是一种计算机系统，具有系统的基本功能即数据采集、管理、分析和表达，每个 GIS 系统都由若干具有上述功能的模块组成。GIS 的处理对象是有关的地理分布数据，也就是空间数据，为了能对这些空间数据进行定位、定性和定量的描述，决定了GIS 要对空间数据按统一地理坐标进行编码，这是 GIS 与其他信息系统不同的根本所在。

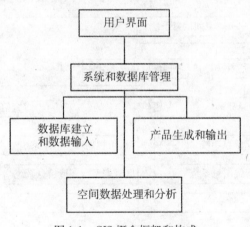

图 1-1　GIS 概念框架和构成

3. 地理信息系统与其他信息系统的区别和联系

地理信息系统是空间数据和属性数据的联合体（图 1-2）构成的信息系统。GIS 是一种空间信息系统，它在信息系统中的地位如图 1-3 所示。

（1）GIS 与一般 MIS：GIS 离不开数据库技术。数据库中的一些基本技术，如数据模型、数据存储、数据检索等都是 GIS 广泛使用的核心技术。GIS 对空间数据和属性数据共同管理、分析和应用，而一般 MIS（数据库系统）侧重于非图形数据（属性数据）的优化存

图 1-2　数据联合体(据张超《地理信息系统教程》)

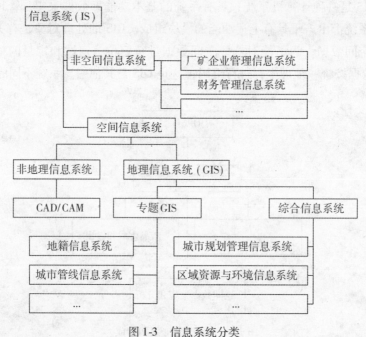

图 1-3　信息系统分类

储与查询,即使存储了图形,也是以文件的形式存储,不能对空间数据进行查询、检索、分析,没有拓扑关系,其图形显示功能也很有限。如电话查号台是一个一般 MIS,只能回答用户询问的电话号码,而通信信息系统除了可查询电话号码外,还提供用户的地理分布、空间密度、最近的邮局等空间关系信息。

　　(2)GIS 与 CAD/CAM：GIS 与 CAD/CAM 都可以用来管理图形数据和非空间属性数据。它们的相同和不同点分别如图 1-4 和图 1-5 所示。

GIS 与 CAM 共同点	GIS 与 CAM 不同点	
都有空间坐标系统	CAD 研究对象为人造对象——规则几何图形及组合	GIS 处理的数据大多来自于现实世界，较之人造对象更复杂，数据量更大；数据采集的方式多样化
都能将目标和参考系联系起来	图形功能特别是三维图形功能强，属性库功能相对较弱	GIS 的属性库结构复杂，功能强大
都能描述图形数据的拓扑关系	CAD 中的拓扑关系较为简单	强调对空间数据的分析，图形属性交互使用频繁
都能处理属性和空间数据	一般采用几何坐标系	GIS 采用地理坐标系

图 1-4　GIS 与 CAD 的异同

GIS 与 CAM 共同点	GIS 与 CAM 不同点	
都有地图输出、空间查询、分析和检索功能	CAM 侧重于数据查询、分类及自动符号化，具有地图辅助设计和产生高质量矢量地图的输出机制 它强调数据显示而不是数据分析，地理数据往往缺乏拓扑关系 它与数据库的联系通常是一些简单的查询	CAM 是 GIS 的重要组成部分 综合图形和属性数据进行深层次的空间分析，提供辅助决策信息

图 1-5　GIS 与 CAM 的异同

1.2　GIS 构成

　　从计算机的角度看，GIS 是由软件、硬件、数据、用户和模型组成，如图 1-6 所示。

　　GIS 核心部分是计算机系统，包括硬件、软件。系统硬件指各种硬件设备，是系统功能实现的物质基础。系统软件是支持数据采集、存储、加工、回答用户问题的计算机程序系统。空间数据反映 GIS 的地理内容，是系统分析与处理的对象，构成系统的应用基础。应用人员是 GIS 服务的对象，决定系统的工作方式和信息表达方式，分为一般用户和从事建立、维护、管理和更新的高级用户。应用模型

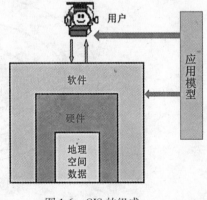

图 1-6　GIS 的组成

5

用来解决某一专门应用的应用，是GIS技术产生社会经济效益的关键所在。

由于计算机的飞速发展和地理信息的时序特征，硬件寿命3~5年，软件寿命5~15年，数据时效性1~2年、5~70年不等，GIS需要不断维护、更新，GIS用户要不断进行知识更新。

一、硬件配置

上文提到GIS作为技术系统具备数据的采集、管理、分析、表达和显示功能，功能的实现依靠一定的硬件，GIS的硬件配置如图1-7所示。

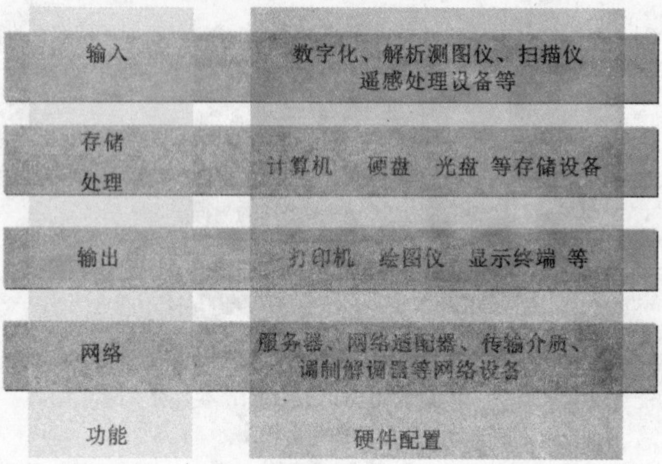

输入
数字化、解析测图仪、扫描仪
遥感处理设备等
存储
处理
计算机 硬盘 光盘 等存储设备
输出
打印机 绘图仪 显示终端 等
网络
服务器、网络适配器、传输介质、
调制解调器等网络设备
功能
硬件配置

图1-7 GIS的硬件配置

二、软件配置

1. GIS软件层次

有了计算机硬件，需要在硬件上安装操作系统（如DOS/Windows/UNIIX等）、GIS专业平台软件以及GIS应用软件，逻辑结构如图1-8所示。GIS应用软件在GIS软件层次的外层，外层以内层软件为基础，共同完成用户指定的任务。

GIS用户界面
GIS数据库
操作系统
GIS硬件
GIS专业平台软件
GIS应用软件

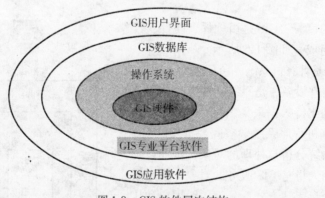

图1-8 GIS软件层次结构

2. GIS 基础软件主要模块

GIS 基础软件需要满足以下功能，空间数据输入与转换、空间数据管理、图形及属性编辑、空间查询与空间分析、制图与输出等。GIS 基础软件模块间的关系如图1-9所示。

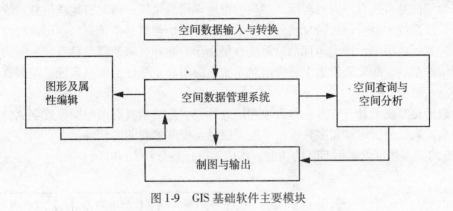

图1-9 GIS 基础软件主要模块

1.3 GIS 的功能

地理信息系统用来解决地理空间问题，这些核心问题可以归纳为五个方面的内容：位置、条件、趋势、模式、模拟。

位置，即某个具体地方有什么的问题。位置可表示为企事业单位等地点名、地方名、邮政编码、地理坐标等。

条件，即符合某些条件的实体在哪里的问题。上文公园选址的例子中，公园距公路的距离最远不得超过 1.25km，最近不得小于 0.25km 的区域。

趋势，即变化趋势，某个地方发生的某个事件及其随时间的变化过程。该类问题需要综合现有数据，识别已经发生了或者正在发生变化的地理现象。

模式，即某个地方存在的空间实体分布模式的问题。模式分析揭示了地理实体之间的空间关系。例如，机动车事故常常符合特定模式，该事故发生在何处，地点与时间有没有关系，是不是在某个特定的交叉路口，这些交叉路口具备什么特征。

模拟，即假设某个地方具有某种条件会发生什么的问题。地理信息系统的模拟是基于模型的分析，这类问题需建立新的数据关系以产生解决方案。

为了解决上述核心问题，地理信息系统需要提供不同的功能。然而基本的功能包括以下五部分：数据采集与编辑、数据存储与管理、数据处理和变换、空间查询和分析、数据显示、输出功能。在分析功能中把空间分析和模型分析功能称为地理信息系统高级功能。

1.4 GIS 类型

地理信息系统按照其内容可分为三大类：专题地理信息系统、区域地理信息系统、地理信息系统工具。

专题地理信息系统是具有有限目标和专业特点的地理信息系统，为特定的行业服务，例如交通地理信息系统、矿业地理信息系统、电信资源管理信息系统等。

区域地理信息系统主要以区域综合研究和全面的信息服务为目标，根据区域的大小不同区域地理信息系统有不同的规模，如唐山市地理信息系统、河北省地理信息系统、加拿大国家信息系统。也可以根据自然分区流域划分区域地理信息系统，如中国黄河流域信息系统等。实际应用中，许多地理信息系统收集介于专题和区域地理信息系统之间的区域专题地理信息系统，如北京市水土流失信息系统、海南岛土地评价信息系统、河南省冬小麦估产信息系统等。

地理信息系统工具，有人也称为地理信息外壳，是一组具有图形图像数字化、存储管理、查询检索、分析运算和多种输出等地理信息系统基本功能的软件包。

GIS 的类型还可以根据 GIS 的功能、作用等进行划分(图 1-10)。

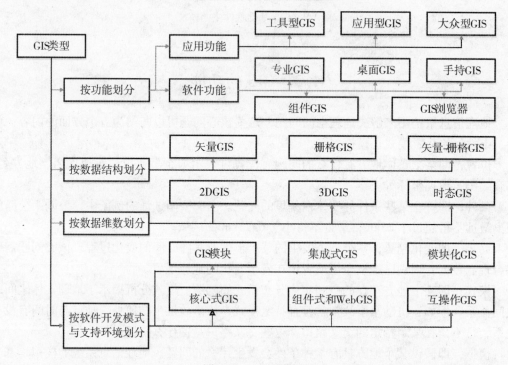

图 1-10 GIS 的类型

1.5 GIS 的技术基础

地理信息系统是 20 世纪 60 年代开始迅速发展起来的新技术，是多种学科交叉的产物，是传统科学与现代技术相结合的产物。为了更好地掌握并深刻理解 GIS，有必要分析 GIS 与其他相关学科的联系。

地理学是一门研究人类生活空间的学科，地理学研究空间分析的传统历史悠久，它为 GIS 提供了一些空间分析的方法与观点，成为 GIS 部分理论的依托。地理学的许多分支学科，如地图学、大地测量学等都与 GIS 有着密切的相依关系。另一方面，GIS 也以一种新的思想和新的技术手段解决地理学的问题，使地理学研究的数学传统得到充分发挥。GIS 被誉为地学的第三代语言——用数字形式来描述空间实体。GIS 相关学科如图 1-11 所示。

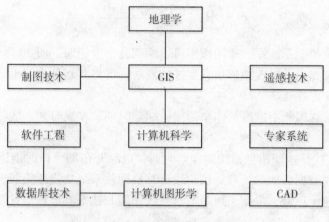

图 1-11　GIS 相关学科

我们可以把地理信息系统与其他学科的关系用一棵树来表示，如图 1-12 所示。树根表示 GIS 技术基础，如测量学、计算机科学、数学等；树枝表示 GIS 的应用，如资产管

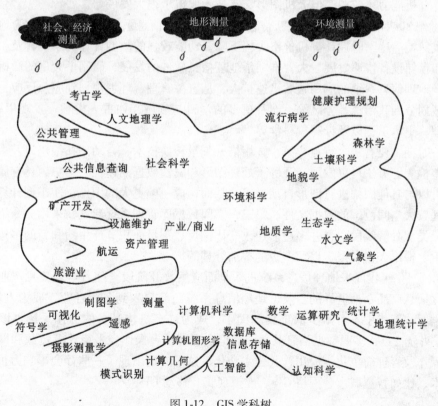

图 1-12　GIS 学科树

理、环境科学、社会科学等，应用的结果与需求返回到树根；雨滴则是每个应用中的数据来源，如地形测量数据、环境测量数据、社会-经济测量数据等数据，并为它的发展提供了有效手段，而 GIS 的应用主要是在环境科学、地理学和社会科学等领域。

1.6　GIS 发展史

地理信息系统脱胎于地图，通用地图可追溯到几个世纪前，而 20 世纪 60 年代地理信息系统概念才正式提出。纵观地理信息系统的发展，可将其划分为若干阶段。

一、国际 GIS 发展状况

地理信息系统在国际上发展的四个阶段：探索时期、发展时期、成熟阶段和全面应用阶段。

20 世纪 60 年代是地理信息系统的探索时期，也称开拓期。该时期地理信息系统刚起步，主要关注空间数据的地学处理。该阶段计算机硬件系统功能还很弱，计算机存储能力很小，数据存取速度很慢，限制了地理信息系统功能和技术。地理信息系统软件研制主要是针对具体的 GIS 应用。

20 世纪 70 年代是地理信息系统的发展期，也是 GIS 的巩固阶段。该阶段主要关注空间地理信息的管理。该阶段计算机软硬件技术得到迅速发展，数据处理速度加快，内存容量增大，输入输出设备比较齐全；图形、图像技术增强，为人机对话和图形显示提供了良好的基础。软硬件和技术设备的快速发展为地理信息系统发展提供了强力支撑。地理信息系统软件分析能力还较弱，但人机图形交互技术取得了很大发展。

20 世纪 80 年代地理信息系统获得了大发展，地理信息系统趋于成熟，称为地理信息系统的成熟期。这一时期计算机价格大幅下降，功能较强的微型计算机系统普及，图形输入输出和存储设备快速发展，大大推动了地理信息软件的发展，研制了大量的微机 GIS 软件系统。地理信息系统的应用领域迅速扩大，从资源管理、环境规划到应急反应，从商业服务区域划分到政治选举分区等，涉及更多的学科与领域，如古人类学、景观生态规划、森林管理、土木工程以及计算机科学等。

这一时期主要有三个特点。第一，栅格—矢量转换技术、自动拓扑编码以及多边形中拓扑误差检测等方法得以发展，开辟了处理图形和属性数据的途径。第二，具有属性数据的图幅可以与其他图幅进行图形自动拼接，从而构成一幅更大的图件，使小型计算机能够分块处理较大空间范围的数据文件。第三，空间数据库管理系统建立，采用命令语言实现属性再分类、分解线段、合并多边形、改变比例尺、测量面积、产生图和新的多边形、按属性搜索、输出表格和报告以及多边的叠加处理等。

20 世纪 90 年代以来地理信息系统进入全面应用普及阶段。随着地理信息产业的建立和数字化信息产品在全世界的普及，地理信息系统已经深入到各行各业，成为人们生产、生活、学习和工作中不可缺少的工具和助手，成为许多机构必备的工作系统。该时期的GIS 具有明显特点，多源数据信息共享、数据实现跨平台操作、平衡计算负载和网络流量负载、操作及管理简单化、应用普及化大众化。这个时期出现了一些社会影响力很大的标志性技术，比如智慧城市、网格 GIS、虚拟现实、移动 GIS 等。

二、我国 GIS 发展状况

我国地理信息系统起步稍晚，但是发展势头相当迅猛，大致经历准备阶段、试验阶段、发展阶段和产业化阶段。

20 世纪 70 年代初期，我国开始推广电子计算机在测量、制图和遥感领域的应用。国内先后进行了多次应用研究和探索，为 GIS 的研制和应用作了技术上的准备。

20 世纪 80 年代我国在大力开展遥感应用的同时，GIS 也全面进入试验阶段。在典型的试验中主要研究数据规范和标准、空间数据库建设、数据处理和分析算法及应用软件的开发等。以农业为先导，开展专题试验和应用研究。学术交流和人才培养得到很大发展。小型地理信息系统在城市建设和规划部门得到认可，用于辅助城市规划。

20 世纪 80 年代末到 90 年代以来，我国 GIS 进入发展阶段和产业化阶段。国家测绘局在全国范围内建立数字化测绘信息产业。数字摄影测量和遥感应用从典型试验逐步走向运行系统。沿海、沿江经济发达地区的经济发展极大地促进了城市地理信息系统的发展。用于城市规划、土地管理、交通、电力及各种基础设施管理的城市地理信息系统在我国许多城市相继建立。基础研究和软件开发方面我国出现了自主版权的地理信息系统基础软件，如 SuperMap、MapGIS、GeoStar、CItyStar、NewMap 等。在遥感方面，我国先后发射多颗人造卫星，典型代表有北斗导航系统卫星、资源卫星、高分卫星等。

进入 21 世纪在第三次 Internet 浪潮下，3G 的出现、Web2.0 理念以及相应技术体系为各种应用带来了全新的技术和运维支撑，GIS 为用户的服务出现新需求，服务需要具备体验性、沟通性、差异性、创造性和关联性等特征，这使得常规以电子地图为基础的地理信息服务出现巨大挑战，成为一场革命，新地理信息时代逐渐形成（李德仁，2009）。新地理信息时代具有明显特征，新地理信息时代服务对象从专业用户扩大到所有的大众用户。新地理信息时代的用户同时也是空间数据和空间信息的提供者。新地理信息时代通过传感器网络实现实时数据更新和实时信息提取，从而使数据从死变活。新地理信息时代提供可量测的实景影像，实现按需测量和按需服务。新地理信息时代通过封装能够完成特定任务的程序单元实现系统间相互操作的面向服务的体系结构，实现应用从数据驱动发展到面向服务架构。

三、当代 GIS 发展动态

当代地理信息系统技术上的几个热门研究领域：面向对象技术与 GIS、真三维 GIS 和时空 GIS、GIS 应用模型、WebGIS、GIS 与专家系统和 GIS 与虚拟现实技术的结合。

面向对象技术与 GIS。面向对象技术主要应用于面向对象的数据模型。面向对象数据模型是面向对象技术与数据库技术相结合的产物。GIS 中采用面向对象数据模型建立空间数据库不仅实现了对各类数据的一体化存取和用户对数据的共享，还有以下优势：面向对象数据模型不会因 GIS 数据库处理海量数据而降低处理效率，它对数据库进行优化访问，超过传统数据库十倍乃至百倍的效率；面向对象数据模型能较好地保留元素之间的逻辑关系，适用于 GIS 中各元素之间的关系特点；基于面向对象数据模型开发的数据库通过增加软件模块的功能减少了开发系统的复杂性，同时利用其可继承性加速了系统开发速度，缩短了系统开发周期，提高了代码的可重用率。

真三维 GIS。真三维 GIS 既考虑三维实体的表面信息又在其内部建立拓扑关系。三维

GIS 具有自己的特点，首先它包容一维、二维对象，把一维、二维对象置于三维立体空间中考虑，这与传统 GIS 二维空间处理一维和二维对象的方式不同。能实现可视化 2.5 维和三维对象。三维空间 DBMS 管理空间对象，既可以由扩展的关系数据库系统也可以由面向对象的空间数据库系统存储和管理三维空间对象。三维空间分析，能够直接在三维空间中进行空间操作与分析。目前对三维 GIS 研究取得了丰富的成果，但三维 GIS 在技术上还有很多问题没有解决，使三维 GIS 还停留在理论研究的水平。

时空 GIS(TGIS/STGIS)。TGIS 是一种采集、存储、管理、分析与显示地理实体及其关系随时间变化信息的计算系统。TGIS 操作和处理的对象是地理实体的时空信息，它不但包含传统 GIS 的空间特性，而且涵盖时间特性；不但反映事物和现象的存在状态，也表达其发展变化过程及规律。其组织核心是时空数据库，概念基础是时空数据模型，研究的重点是时空数据模型。

GIS 应用模型。随着 GIS 应用领域的扩展，领域问题复杂性逐步提高，GIS 本身的空间分析功能已经不能满足解决领域问题的需要，GIS 与领域应用模型集成成为提高 GIS 空间分析功能、拓展 GIS 应用领域的主要方法。目前对 GIS 应用模型的认识还没有形成统一，国外部分学者把其称为空间模型或地理模型，国内通常称其为 GIS 应用模型。有学者定义 GIS 应用模型为：在 GIS 应用领域内，为完全解决领域问题必须建立的 GIS 未提供的领域专题模型，该模型是解决具体问题采用的分析方法和操作步骤的抽象，是要素之间的相互关系和客观规律的语言的、数学的或其他方式的表达，通常反映了 GIS 应用领域内相关过程及其发展趋势或结果，可表现为数学模型、结构模型、仿真模型。

WebGIS 即万维网地理信息系统，是地理信息系统和万维网相结合的产物。与传统地理信息系统相比 WebGIS 特性鲜明。WebGIS 具有更广泛的客户访问范围，客户可以访问多个位于不同地方的服务器上的最新数据，数据时效性好。WebGIS 客户端平台独立性，客户端只要支持通用 Web 浏览器，用户就可以访问 WebGIS 数据，对客户端操作系统平台没有限制。WebGIS 的操作更加简单，用户只要会使用 Web 浏览器无需经过专业培训。WebGIS 充分利用网络资源，将复杂的处理交由服务器执行，简单操作由客户端直接完成，计算负载均衡，网络计算资源利用率高。

WebGIS 的主要构造方法有 CGI 方法、Server API 方法、插件法、ActiveX 方法、Java Applet 方法等。常见 WebGIS 的架构有 B/S3 层结构、基于中间件的 B/S 多层结构等。WebGIS 的主要研究热点有以下几个方面：地理标记语言-网络环境下开放的空间数据交换格式研究、开放式地理信息系统(Open GIS)、一体化的空间数据管理与分析、基于分布式计算的 WebGIS、网络虚拟地理环境和移动通信技术扩展 GIS 应用等。

GIS 与专家系统。专家系统与地理信息系统结合称为地理专家系统(GES)，它是基于地理知识的 GIS 空间分析方法。GES 将地学领域的专家的知识和经验以地理知识库的形式存入计算机，系统根据这些知识对输入的原始事实进行复杂推理，做出判断和决策，从而起到地学领域专家的作用。GES 的发展趋势有以下几个方面：构建地理智能体，地理智能体是可以利用地学知识来推理和进化的智能实体；建造地理神经网络专家系统，提高地理专家系统处理模糊性问题的能力；地理专家系统与空间数据挖掘技术的集成；地理专家系统与地理模型库集成。

GIS 与虚拟现实。虚拟现实地理信息系统(VRGIS)作为地理信息系统与虚拟现实技术相结合的产物,成为目前地理信息系统研究领域的热点和前沿方向之一。VRGIS 的研究很复杂,主要存在以下 2 个观点:一方面,利用虚拟现实建模语言实现虚拟现实技术(VR)与 GIS 的耦合;另一方面,引入虚拟地理信息系统(VGIS)来代替 VRGIS,研究侧重于 GIS,显示只是力求保证虚拟,不强调仿真中的沉浸、进入等特征。现阶段大部分用于决策的 VRGIS 使用后者的观点。VRGIS 发展的技术难点和关键有以下几方面的内容:数据问题,VRGIS 需要建立三维数据库,现在还没有完全解决数据问题的方法;VRGIS 的图形显示问题,这是由计算机的硬件发展现状、地理信息系统的应用要求和虚拟现实的需求三方面之间的矛盾所决定的。

第2章 坐标系统与地图投影

2.1 地球椭球体基本要素

2.1.1 地球椭球体

一、地球的形状

为了从数学上定义地球，必须建立一个地球表面的几何模型。这个模型由地球的形状决定。它是一个较为接近地球形状的几何模型，即椭球体，由一个椭圆绕着其短轴旋转而成。

地球自然表面是一个起伏不平、十分不规则的表面，有高山、丘陵和平原，又有江河湖海。地球表面约有71%的面积为海洋，29%的面积是大陆与岛屿。陆地上最高点与海洋中最深处相差近20千米。这个高低不平的表面无法用数学公式表达，也无法进行运算。所以在量测与制图时，必须找一个规则的曲面来代替地球的自然表面。当海洋静止时，它的自由水面必定与该面上各点的重力方向（铅垂线方向）成正交，我们把这个面叫做水准面。但水准面有无数多个，其中有一个与静止的平均海水面相重合。可以设想这个静止的平均海水面穿过大陆和岛屿形成一个闭合的曲面，这就是大地水准面。

大地水准面所包围的形体，叫大地球体。由于地球体内部质量分布不均匀，引起重力方向的变化，导致处处和重力方向成正交的大地水准面成为一个不规则的，仍然不能用数学表达的曲面。大地水准面形状虽然十分复杂，但从整体来看，起伏是微小的。它是一个很接近于绕自转轴（短轴）旋转的椭球体。所以在测量和制图中就用旋转椭球来代替大地球体，这个旋转球体通常称为地球椭球体，简称椭球体。

二、椭球体的半径

地球椭球体表面是一个规则的数学表面。椭球体的大小，通常用两个半径：长半径 a 和短半径 b，或由一个半径和扁率来决定。扁率 α 表示椭球的扁平程度。扁率的计算公式为：$\alpha=(a-b)/a$。这些地球椭球体的基本元素 a、b、α 等，由于推求它的年代、使用的方法以及测定的地区不同，其结果并不一致，故地球椭球体的参数值有很多种。中国在1952年以前采用海福特（Hayford）椭球体，从1953—1980年采用克拉索夫斯基椭球体。随着人造地球卫星的发射，有了更精密的测算地球形体的条件。1975年第16届国际大地测量及地球物理联合会上通过的国际大地测量协会第一号决议中公布的地球椭球体，称为GRS(1975)，中国自1980年开始采用GRS(1975)新参考椭球体系。由于地球椭球长半径与短半径的差值很小，所以当制作小比例尺地图时，往往把它当做球体看待，这个球体的半径为 6371km。

三、高程

地面点到大地水准面的高程，称为绝对高程。如图 2-1 所示，P_0P_0' 为大地水准面，地面点 A 和 B 到 P_0P_0' 的垂直距离 H_A 和 H_B 为 A、B 两点的绝对高程。地面点到任一水准面的高程，称为相对高程。如图 2-1 中，A、B 两点至任一水准面 P_1P_1' 的垂直距离 H_A' 和 H_B' 为 A、B 两点的相对高程。

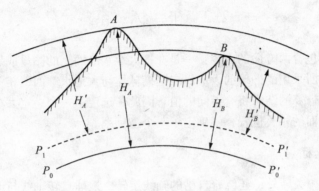

图 2-1　地面点的高程

2.1.2　地图比例尺

一、比例尺表示方法

一般情况下，地图比例尺即为地图上距离与地面上相应距离之比。地图比例尺可用四种方法表示，即数字比例尺、文字比例尺、图解比例尺或直线比例尺以及面积比例尺。

1. 数字比例尺

数字比例尺为简单的分数或是比例，通常表示为 1∶10000 或是 1/10000，一般情况下选用前者进行表示。其含义为地图上(沿特定线)长度为 1mm 或是 1cm，在地球表面上其长度为 10000mm 或是 10000cm。

2. 文字比例尺

文字比例尺是描述图上距离与实地距离之间的关系。例如：用"图上 1mm 等于实地10m"描述 1∶10000 这一数字比例尺。

3. 图解比例尺或直线比例尺

图解比例尺或直线比例尺是在地图中的图例方框中或图廓下方绘制的直线段，表示图上长度相当于实地距离的单位。

4. 面积比例尺

面积比例尺是图上面积与实地面积之比。

二、比例系数

表明确定的比例尺与实际比例尺数值之间的关系叫做比例系数(SF)。可以这样理解比例系数，首先将地球缩小为所选比例尺的地球仪地图；然后将该球形地图转换为平面地图。上述平面地图的数字比例尺就是地球仪的比例尺，叫做主比例尺（或名义比例尺）；真实比例尺就是平面地图上的实际比例尺，当然各处是不相同的。

比例系数可按下式计算：SF＝实际比例尺／主比例尺。

该公式表明，比例系数是实际比例尺与主比例尺之比。当比例系数为 2 时，实际比例尺为主比例尺的两倍。比例系数只在小比例尺世界地图上比较明显。在大比例尺地图上，各处的比例系数对于 1 只有很小的变化。

2.2　坐　标　系

所谓坐标系，包含两方面的内容：一是在把大地水准面上的测量成果化算到椭球体面上的计算工作中，所采用的椭球的大小；二是椭球体与大地水准面的相关位置不同，对同一点的地理坐标所计算的结果将有不同的值。因此，选定了一个一定大小的椭球体，并确定了它与大地水准面的相关位置，就确定了一个坐标系。

2.2.1　地理坐标

地球除了绕太阳公转外，还绕着自己的轴线旋转，地球自转轴线与地球椭球体的短轴相重合，并与地面相交于两点，这两点就是地球的两极，北极和南极。垂直于地轴，并通过地心的平面叫赤道平面，赤道平面与地球表面相交的大圆圈（交线）叫赤道。平行于赤道的各个圆圈叫纬圈（纬线）（Parallel），显然赤道是最大的一个纬圈。

通过地轴垂直于赤道面的平面叫做经面或子午圈（Meridian），所有的子午圈长度彼此都相等（图 2-2）。

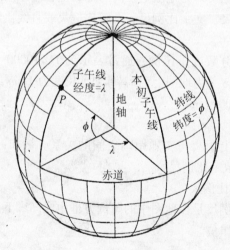

图 2-2　地球的经线和纬线

一、纬度（latitude）

设椭球面上有一点 P（图 2-2），通过 P 点作椭球面的垂线，称之为过 P 点的法线。法线与赤道面的交角，叫做 P 点的地理纬度（简称纬度），通常以字母 ϕ 表示。纬度从赤道起算，在赤道上纬度为 0 度，纬线离赤道愈远，纬度愈大，至极点纬度为 90 度。赤道以北叫北纬、以南叫南纬。

二、经度（longtitude）

过 P 点的子午面与通过英国格林尼治天文台的子午面所夹的二面角，叫做 P 点的地理经度（简称经度），通常用字母 λ 表示。国际上规定通过英国格林尼治天文台的子午线为本初子午线（或叫首子午线），作为计算经度的起点，该线的经度为 0 度，向东 0 ~ 180 度叫东经，向西 0 ~ 180 度叫西经。

三、地面上点位的确定

地面上任一点的位置，通常用经度和纬度来决定。经线和纬线是地球表面上两组正交（相交为 90 度）的曲线，这两组正交的曲线构成的坐标系，称为地理坐标系。地表面某两点经度值之差称为经差，某两点纬度值之差称为纬差。

2.2.2　平面坐标系

地理坐标是一种球面坐标。由于地球表面是不可展开的曲面，也就是说曲面上的各点不能直接表示在平面上，因此必须运用地图投影的方法，建立地球表面和平面上点的函数关系，使地球表面上任一点由地理坐标（ϕ、λ）确定的点，在平面上必有一个与它相对应的点，平面上任一点的位置可以用极坐标或直角坐标表示。

一、平面直角坐标系的建立

在平面上选一点 O 为直角坐标原点，过该点 O 作相互垂直的两轴 $X'OX$ 和 $Y'OY$ 而建立平面直角坐标系，如图 2-3 所示。

直角坐标系中，规定 OX、OY 方向为正值，OX'、OY' 方向为负值，因此在坐标系中的一个已知点 P，它的位置便可由该点对 OX 与 OY 轴的垂线长度唯一地确定，即 $x=AP$，$y=BP$，通常记为 $P(x，y)$。

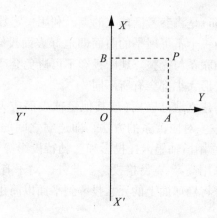

图 2-3　平面直角坐标系

二、平面极坐标系的建立

如图 2-4 所示，设 O' 为极坐标原点，$O'O$ 为极轴，P 是坐标系中的一个点，则 $O'P$ 称为极距，用符号 ρ 表示，即 $\rho = O'P$。$\angle OO'P$ 为极角，用符号 δ 表示，则 $\angle OO'P = \delta$。极角 δ 由极轴起算，按逆时针方向为正，顺时针方向为负。

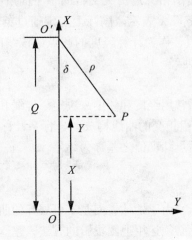

图 2-4　平面极坐标系

极坐标与平面直角坐标之间可建立一定的关系式。由图 2-4 可知，直角坐标的 X 轴与极轴重合，二坐标系原点间距离 OO' 用 Q 表示，则有：

$$X = Q - \rho\cos\delta$$
$$Y = \rho\sin\delta$$

2.3　地　图　投　影

地图投影（map projection）是将参考椭球上的点，利用一定数学法则，转换到地图平面上的理论和方法。地球作为一个不可展平的曲面即地球表面投影到一个平面的基本方法，保证了空间信息在区域上的联系与完整。地图投影不可避免会产生投影变形，不同地图投影方法的投影性质和投影变形大小都会有所不同。

地图投影的实质就是指建立地球表面（或其他星球表面或天球面）上的点与投影平面（即地图平面）上点之间的一一对应关系的方法，即建立之间的数学转换公式。常见地图投影有高斯-克吕格投影、通用横轴墨卡托投影和兰勃特投影等，目前高斯-克吕格投影应用最为广泛，我国目前也采用高斯-克吕格投影。此外，对于有些问题，在椭球面上进行计算相对比较复杂，可考虑将椭球面上的元素投影到平面以简化运算。

2.3.1　地图投影的概念

最早使用投影法绘制地图的是公元前 3 世纪古希腊地理学家埃拉托色尼。在这之前地图投影曾用来编制天体图（不过天体图的投影是从天球投影到平面，而不是地球；但两者原理相同）。埃拉托色尼在编制以地中海为中心的当时已知世界地图时，应用了经纬线互相垂直的等距离圆柱投影。1569 年，比利时的地图学家墨卡托首次采用正轴等角圆柱投影编制航海图，使航海者可以不转换罗盘方向，而采用大圆直线导航。卡西尼父子设计的用于三角测量的投影及兰勃特提出的等角投影理论和设计出的等角圆锥、等面积方位和等面积圆柱投影，使得 17 ~ 18 世纪的地图投影具有了时代的特点。19 世纪，地图投影主要保证大比例尺地图的数学基础，以适应军事制图发展和地形测量扩大的需要。19 世纪还出现了高斯投影，它是德国高斯设计的横轴等角椭圆柱投影，这种投影法经德国克吕格加以补充，成为高斯-克吕格投影。19 世纪末期以后俄国一些学者对投影作了较深入地研究，对圆锥投影常数的确定提出了新见解，又提出了根据已知变形分布推求新投影和利用数值法求出投影坐标的新方法。20 世纪 50 年代以来中国提出了双重方位投影、双标准经线等角圆柱投影等新方法。20 世纪 60 年代以来，美国学者提出了空间投影、变比例尺地图投影和多交点地图投影，为人造地球卫星等提供了所需的投影。

　　地球椭球体表面是个曲面，而地图通常是二维平面，因此在地图制图时首先要考虑把曲面转化成平面。然而，从几何意义上来说，球面是不可展平的曲面。要把它展成平面，势必会产生破裂与褶皱。这种不连续的、破裂的平面是不适合制作地图的，所以必须按照一定的法则来实现球面到平面的转化。投影法则不同得到的投影效果不同。

　　椭球面是大地测量计算的基准面，建立在该椭球面上的大地坐标系在大地问题解算、研究地球形状和大小、编绘地图等方面都非常重要，地图投影学实现了将椭球面上元素（包括坐标、方位和距离等）投影到平面上的转换。

　　地图投影的一般公式可概括为

$$\left. \begin{array}{l} x = F_1(L,\ B) \\ y = F_2(L,\ B) \end{array} \right\} \tag{2-1}$$

　　式中，$(L,\ B)$ 是椭球面上点的大地坐标；$(x,\ y)$ 是该点投影后的平面直角坐标。上述平面通常称为投影面。式（2-1）称为坐标投影方程，F_1 和 F_2 称为投影函数。根据式（2-1）可以看出，只要知道地面点的经纬度，便可以在投影平面上找到相对应的平面位置，这样就可按一定的制图需要，将一定间隔的经纬网交点的平面直角坐标计算出来，并展绘成经纬网，构成地图的"骨架"。经纬网是制作地图的"基础"，是地图的主要数学元素。

　　由此可见，地图投影主要的研究内容就是研究投影方法及建立椭球面元素和投影面相应元素间解析关系式。在地图投影中，投影的种类和方法有很多，各种方法都由投影条件和投影函数 F 决定。由于两点间的方向和距离均可用两端点坐标函数式表达，根据式（2-1）可以求得相应方向和距离的投影公式。

2.3.2 地图投影的变形

一、长度比

为了研究投影的长度变形，首先要建立投影长度比的概念。如图 2-5 所示，设椭球面上一微小线段 PP_1，它在投影平面上的相应线段为 $P'P'_1$，当 PP_1 趋近于零时比值 $P'P'_1/PP_1$ 的极限称为投影长度比，简称长度比，用 m 表示，即

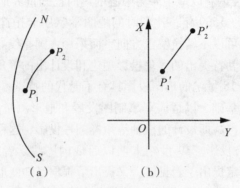

图 2-5   地图投影长度比(党亚民等，2010)

$$m = \lim_{P_1P_2 \to 0} \frac{P'_1P'_2}{P_1P_2} \tag{2-2}$$

长度比 m 就是投影面上无限小的微分线段 $\mathrm{d}s$ 与椭球面上对应的微分线段 $\mathrm{d}S$ 之比，即

$$m = \frac{\mathrm{d}s}{\mathrm{d}S} \tag{2-3}$$

二、主方向和变形椭圆

长度比不仅与点位有关，而且与线段的方向有关。长度比依方向不同而变化，其中最大及最小长度比的方向，称为长度比的主方向。长度比的主方向处在椭球面上两个互相垂直的方向上。如图 2-6 所示。

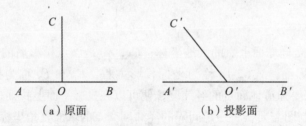

图 2-6   投影面上两个互相垂直投影

设原椭球面上有两条垂线段 AB 和 CO，它们相交原面于点 O，组成两个直角 $\angle COA$ 和 $\angle COB$。在投影面上，它们分别相交于点 O'，并组成锐角 $\angle C'O'A'$ 和钝角 $\angle C'O'B'$。在椭球面上，以 O 为中心，将直角 $\angle COA$ 逐渐向右旋转，达到 $\angle COB$ 的位置；则该直角的投影，将以 O' 为中心，由锐角 $\angle C'O'A'$ 开始，逐渐增大，最终变成钝角 $\angle C'O'B'$。可见，在其旋转过程中，不仅它的投影位置在变化，而且角度也随之增大，即由锐角逐渐变为钝角，其间必定经过一个直角。这说明在椭球面的任意点必有相互垂直的方向，在平面上的投影也相互垂直。这两个方向就是长度比的极值方向，也就是主方向。

已知主方向的长度比可计算任意方向的长度比。以定点为中心，以长度比数值为向径，构成以两个长度比为长、短半轴的椭圆，该椭圆称为变形椭圆。变形椭圆可直观表达点的投影变形情况，对研究投影性质、投影变形等起到很重要的作用。

三、投影变形

椭球面是一个凸起、不可展平的曲面，若将这个曲面上的元素，例如一段距离、一个方向、一个角度及图形等投影到平面上，必然同原来的距离、方向、角度及图形产生差异，这种差异称为投影变形。其中主要分为长度变形、方向变形、角度变形以及面积变形。如图 2-7 所示为地图投影前的原面与投影后的变形椭圆。

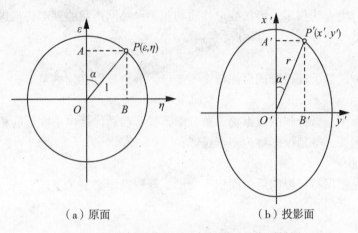

（a）原面 （b）投影面

图 2-7 地图投影前的原面与投影后的变形椭圆

1. 长度变形

长度变形即地图上的经纬线长度与地球仪上的经纬线长度特点并不完全相同，地图上的经纬线长度并非都是按照同一比例缩小的，这表明地图上具有长度变形。

在地球仪上经纬线的长度具有下列特点：第一，纬线长度不等，其中赤道最长，纬度越高，纬线越短，极地的纬线长度为零。第二，在同一条纬线上，经差相同的纬线弧长相等。第三，所有的经线长度都相等。长度变形的情况因投影而异。在同一投影上，长度变形不仅随地点而改变，在同一点上还因方向不同而不同。

2. 方向变形

如图 2-7 所示，设从主方向向量起 OP 的方位角为 α，投影后 $O'P'$ 的方位角为 α'，则 $(\alpha'-\alpha)$ 称为方向变形。

3. 角度变形

角度变形是指地图上两条线所夹的角度不等于球面上相应的角度，只有中央经线和各纬线相交呈直角，其余的经线和纬线均不呈直角相交，而在地球仪上经线和纬线处处都呈直角相交，这表明地图上有了角度变形。角度变形的情况因投影而异。在同一投影图上，角度变形因地点而变。

地图投影的变形随地点的改变而改变，因此在一幅地图上，就很难笼统地说它有什么变形，变形有多大。

4. 面积变形

面积变形是指由于地图上经纬线网格面积与地球仪经纬线网格面积的特点不同，在地图上经纬线网格面积不是按照同一比例缩小的，这表明地图上具有面积变形。假设原面上单位圆的面积为 π，投影后变形椭圆的面积为 πab，则投影的面积比

$$P = \frac{\pi ab}{\pi} = ab \tag{2-4}$$

2.3.3　地图投影的分类

地图投影分类方法很多，可按变形性质和正轴经纬网形状的外部特征进行分类。

一、按变形性质分类

1. 等角投影

这类投影方法是保证投影前后的角度不变形，等角投影必须满足下式

$$a = b \tag{2-5}$$

在等角投影中，微分圆的投影仍为微分圆，投影前后保持微小圆形的相似性；因投影长度比与方向无关，等角投影称为正形投影。

2. 等积投影

这类投影是要保持投影前后的面积不变形，等积投影必满足下式

$$ab = 1 \tag{2-6}$$

3. 任意投影

这类投影是既不等角，又不等积，即

$$a \neq b, \ ab \neq 1 \tag{2-7}$$

这类投影方法应用也较广泛。其中，将保持某一主方向的长度比等于 1，即

$$a = 1 \ 或 \ b = 1 \tag{2-8}$$

称为等距离投影。

二、按经纬网投影形状分类

在这种分类方法中，是按正轴经纬网投影形状来划分，以采用的投影面名称命名。

1. 方位投影

取一平面与椭球极点相切，将极点附近区域投影在该平面上。纬线投影后为以极点为圆心的同心圆，而经线则为它的向径，且经线交角不变。用极坐标可表示投影方程为

$$\rho = f(B), \ \delta = l \tag{2-9}$$

式中，ρ 和 a 分别为投影点在投影平面极坐标系下的极经和极角 f；B 表示投影点纬度；ρ 表示投影点经线与起始经线交角。

2. 圆锥投影

取一圆锥面与椭球某条纬线相切，将纬圈附近的区域投影于圆锥面上，再将圆锥面沿某条经线剪开成平面。在这种投影中，纬线投影成同心圆，经线是这些圆的半径。且经线交角与经差成比例，用极坐标表示为

$$\rho = f(B), \ \delta = \beta l \tag{2-10}$$

显然，方位投影是圆锥投影 $\beta = 1$ 时的特例。

3. 圆柱(或椭圆柱)投影

取圆柱(或椭圆柱)与椭球赤道相切,将赤道附近区域投影到圆柱面(或椭圆柱面)上,然后将圆柱或椭圆柱展开成平面。在这类投影中,纬线投影为一组平行线,且对称于赤道;经线是与纬线垂直的另一组平行线。设中央经线投影为 x 轴,赤道投影为 y 轴,圆柱半径为 C,则圆柱投影的一般方程为

$$x = Cf(B), \quad y = \beta l \tag{2-11}$$

在地图投影的实际应用中,为使投影变形较小,并达到变形均匀的效果,除运用投影面和地球椭球面相对正常位置外(即正轴投影外),还常常采用其他的相对位置。

三、按投影面和原面的相对位置关系分类

1. 正轴投影

圆锥轴或圆柱轴与地球自转轴相重合时的投影,称为正轴圆锥投影或正轴圆柱投影。

2. 横轴投影

横轴投影为投影面的轴线与地球自转轴相垂直,且与某一条经线相切所得的投影。例如横轴椭圆柱投影等。

3. 斜轴投影

斜轴投影为投影面与原面相切于除极点和赤道以外的某一位置所得的投影。

四、按几何投影中投影面与地球表面的关系分类

1. 切投影

投影面还可与地球椭球相切于两条标准线。

2. 割投影

投影面还可与地球椭球相割于两条标准线,可以形成割圆锥、割圆柱投影等。

实际中,常用的投影方法有墨卡托投影(正轴等角圆柱投影)、高斯-克吕格投影、斜轴等面积方位投影、双标准纬线等角圆锥投影、等差分纬线多圆锥投影、正轴方位投影等。制作地形图通常使用高斯-克吕格投影,制作区域图通常使用方位投影、圆锥投影、伪圆锥投影,制作世界地图通常使用多圆锥投影、圆柱投影和伪圆柱投影。但通常而言,要依据实际情况具体选择。我国大地测量中,采用横轴椭圆柱面等角投影,即所谓的高斯投影。

2.3.4 地图投影的选择

地图投影选择直接影响地图的精度和使用价值。其中地图投影的选择,主要包括中、小比例尺地图,不包括国家基本比例尺地形图。因为国家基本比例尺地形图的投影、分幅等由国家测绘主管部门研究制订,另外编制小区域大比例尺地图,无论采用什么投影,变形都是很小的。

选择制图投影时,主要考虑以下因素:制图区域的范围、形状和地理位置,地图的用途、出版方式及其他特殊要求等,其中制图区域的范围、形状和地理位置是主要因素。

我国出版的世界地图多采用等差分纬线多圆锥投影,选用这个投影,对于表现中国形状以及与四邻的对比关系较好,但投影的边缘地区变形较大。

对于半球地图,东、西半球图常选用横轴方位投影;南、北半球图常选用正轴方位投影;水、陆半球图一般选用斜轴方位投影。

对于其他的中、小范围的投影选择，须考虑它的轮廓形状和地理位置，最好是使等变形线与制图区域的轮廓形状基本一致，以便减少图上变形。因此，圆形地区一般适于采用方位投影，在两极附近则采用正轴方位投影，以赤道为中心的地区采用横轴方位投影，在中纬度地区采用斜轴方位投影。在东西延伸的中纬度地区，一般多采用正轴圆锥投影；在赤道两侧东西延伸的地区，则宜采用正轴圆柱投影；在南北方向延伸的地区，一般采用横轴圆柱投影和多圆锥投影。

2.3.5 常用的地图投影

一、世界地图投影

世界地图的投影主要考虑要保证全球整体变形不大，根据不同的要求，需要具有等角或等积性质，主要包括：等差分纬线多圆锥投影、正切差分纬线多圆锥投影、任意伪圆柱投影、正轴等角割圆柱投影。

二、各大洲地图投影

(1)亚洲地图的投影：斜轴等面积方位投影、彭纳投影。

(2)欧洲地图的投影：斜轴等面积方位投影、正轴等角圆锥投影。

(3)北美洲地图的投影：斜轴等面积方位投影、彭纳投影。

(4)南美洲地图的投影：斜轴等面积方位投影、桑逊投影。

(5)澳洲地图的投影：斜轴等面积方位投影、正轴等角圆锥投影。

(6)拉丁美洲地图的投影：斜轴等面积方位投影。

三、中国各种地图投影

(1)中国全国地图投影：斜轴等面积方位投影、斜轴等角方位投影、彭纳投影、伪方位投影、正轴等面积割圆锥投影、正轴等角割圆锥投影。

(2)中国分省(区)地图的投影：正轴等角割圆锥投影、正轴等面积割圆锥投影、正轴等角圆柱投影、高斯-克吕格投影(宽带)。

(3)中国大比例尺地图的投影：多面体投影(北洋军阀时期)、等角割圆锥投影(兰勃特投影)(新中国成立前)、高斯-克吕格投影(新中国成立以后)。

2.4 高斯-克吕格投影

2.4.1 高斯投影的概念

高斯投影是高斯-吕克格投影的简称，也称为等角横切椭圆柱投影，是地球椭球面到平面上正形投影的一种。它是德国数学家、物理学家、大地测量学家高斯在 1820—1830 年对德国汉诺威地区的三角测量成果进行处理时，曾采用了由他本人研究的将一条中央子午线长度投影规定为固定比例尺度的椭球正形投影。但他并没有把该成果发表和公布。人们只是从他给朋友的部分信件中知道这种投影的结论性投影公式。史赖伯在 1866 年出版的专著《汉诺威大地测量投影方法的理论》中进行了整理和加工，从而使高斯投影的理论得以公布于世。

德国大地测量学家吕克格在他 1912 年出版的专著《地球椭球向平面的投影》中更详细地阐明了高斯投影理论并给出使用公式。在这部著作中，吕克格对高斯投影进行了比较深入的研究和补充，从而使之在许多国家得以应用。因此，将该投影称为高斯-克吕格投影，简称高斯投影。

为了方便地实际应用高斯投影，德国学者巴乌盖尔在 1919 年建议采用 3°带投影，并把纵坐标轴西移 500km，在纵坐标前冠以带号，这个投影带是从格林尼治开始起算的。高斯投影得到了世界许多测量学家的重视和研究。其中保加利亚的测量学者赫里斯托夫的研究工作最具代表性。他的两部专著——1943 年《旋转椭球上的高斯-克吕格坐标》及 1955年《克拉索夫斯基椭球上的高斯和地理坐标》在理论及实践上都丰富和发展了高斯投影。现在世界上许多国家都采用高斯投影，比如奥地利、德国、希腊、英国、美国、前苏联等，我国于 1952 年正式采用高斯投影。复变函数是研究高斯投影问题的强大数学分析工具，可简化经典投影公式表达形式(边少锋等，2005)。

首先用几何的方法来描述高斯投影的基本概念。如图 2-8(a)所示，设想用一个椭圆柱横套在地球椭球体的外面，并与椭球面上某一子午线相切，椭圆柱的中心轴线通过椭球中心。与椭圆柱面相切的子午线称为投影带的中央子午线，将中央子午线两侧一定经差范围内的椭球面元素，按正形投影方法投影到椭球柱面上，然后将椭圆柱面沿着通过椭球南极和北极的母线展开，即得到投影后的平面元素。这就是高斯-克吕格投影的几何描述，该平面称为高斯投影平面。在此平面上，中央子午线和赤道的投影都是直线，其他子午线和纬线的投影都是曲线，如图 2-8(b)所示。

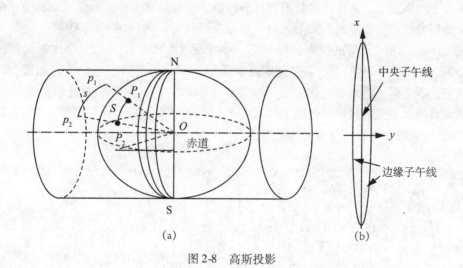

图 2-8　高斯投影

如何用数学解析的方法来确定高斯投影的投影关系呢？最关键的是要椭球面上点与其投影点间的一一对应关系。要建立椭球面大地坐标与平面坐标间的对应关系，即要按一定的数学规则确定投影方程。因此投影问题变成了如何确定投影函数的具体形式。不同的投影方法确定了不同的投影函数形式，具体的投影方法是由投影条件决定的。地图投影定义中的所谓"一定的数学规则"实际上指的就是具体的投影条件。下面我们根据高斯投影的概念来分析其投影条件。

在高斯投影中，中央子午线与椭圆柱面相切，很显然，椭圆柱面沿母线展开成平面后，中央子午线变成一条直线，并且长度保持不变。如果能保证前后投影图形保持相似，这对研究大地测量中的投影问题将是非常有利的。因此要求高斯投影是正形投影。归纳起来，高斯投影应具备如下 3 个条件：

（1）正形投影的条件；

（2）中央子午线投影为一直线；

（3）中央子午线投影后长度不变。

2.4.2　高斯投影的分带

高斯投影是一种等角横切椭圆柱投影，由于在同一条纬线上，离中央经线越远，变形越大，最大值位于投影带的边缘，为了控制投影变形不致过大，保证地图精度，高斯投影采用分带投影方法，即将投影范围的东西界加以限制，使其变形不超过一定的限度。这是高斯投影中限制长度变形最有效的方法。具体地说，就是将整个椭球面沿子午线划分成若干个经差相等的狭窄的地带，各带分别进行投影，于是可得到若干不同的投影带。位于各带中央的子午线称为中央子午线，用以分割投影带的子午线（投影带边缘的子午线）称为分带子午线。

为了限制变形，高斯投影只限于很窄的一条，称为投影带。分带时既要控制长度变形使其不大于测图误差，又要使带数不致过多以减少换带计算工作，据此原则将地球椭球面沿子午线划分成经差相等的瓜瓣形地带，以便分带投影。为满足 1 : 100 万 ~ 1 : 2.5 万比例尺测图，可采用经差 6° 的投影，称 6° 带；为满足 1 : 10000、1 : 5000 比例尺测图，可采用经差 3° 的投影，称 3° 带；有些测图还须采用 1.5° 带等。3° 带是 6° 带的加密。国家标准中规定：所有国家大地点均按高斯正形投影计算其在 6° 带内的平面直角坐标。在 1 : 1 万和更大比例尺测图的地区，还应加算其在 3° 带内的平面直角坐标。如图 2-9 所示，表示出 6° 带与 3° 带的中央经线与带号的关系。

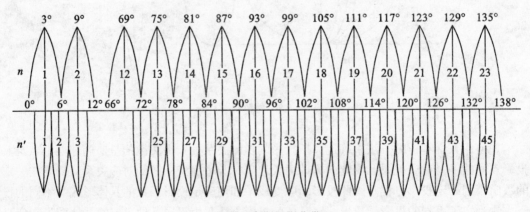

图 2-9　高斯投影分带

高斯-克吕格投影各带是按相同经差划分的，只要计算出一带各点的坐标，其余各带都是适用的。这个投影的坐标值由国家测绘部门根据地形图比例尺系列，事先计算制成坐标表，供作业单位使用。

2.5 地形图分幅与编号

2.5.1 地形图的分幅

目前，我国采用的地形图分幅方案，是以 1:100 万地形图为基准，按照相同的经差和纬差定义更大比例尺地形图的分幅。百万分之一地图在纬度 0°~60°的图幅，图幅大小按经差 6°、纬差 4°分幅；在 60°~76°的图幅，其经差为 12°，纬差为 4°；在 76°~80°图幅的经差为 24°，纬差为 4°，所以各幅百万分之一地图都是经差 6°，纬差 4°分幅的。

每幅百万分之一内各级较大比例尺地形图的划分，按规定的相应经纬差进行，其中，1:50 万、1:20 万、1:10 万三种比例尺地形图，以百万分之一地图为基础直接划分。一幅百万分之一地形图划分四幅 1:50 万地形图，每幅为经差 3°，纬差 2°；一幅百万分之一地形图划分为 36 幅 1:20 万地形图，每幅为经差 1°，纬差 40′；一幅百万分之一地图划分 144 幅 1:10 万地形图，每幅为经差 30′，纬差 20′。

每幅大于 1:10 万比例尺的地形图，则以 1:10 万地形图为基础进行逐级划分，一幅 1:10 万地形图划分四幅 1:5 万地形图；一幅 1:5 万地形图划分为四幅 1:2.5 万地形图。在 1:10 万地形图的基础上划分为 64 幅 1:1 万地形图；一幅 1:1 万地形图又划分为 4 幅 1:5000 地形图。

2.5.2 分幅编号

地形图的编号是根据各种比例尺地形图的分幅，对每一幅地图给予一个固定的号码，这种号码不能重复出现，并要保持一定的系统性。

地形图编号最基本的方法是采用行列法，即把每幅图所在一定范围内的行数和列数组成一个号码。其中，1:100 万地图编号为全球统一分幅编号。其列数：由赤道起向南北两极每隔纬差 4°为一列，直到南北 88°（南北纬 88°至南北两极地区，采用极方位投影单独成图），将南北半球各划分为 22 列，分别用拉丁字母 A，B，C，D，…，V 表示。其行数：从经度 180°起向东每隔 6°为一行，绕地球一周共有 60 行，分别以数字 1，2，3，4，…，60 表示。

由于南北两半球的经度相同，规定在南半球的图号前加一个 S，北半球的图号前不加任何符号。一般来讲，把列数的字母写在前，行数的数字写在后，中间用一条短线连接。例如北京所在的一幅百万分之一地图的编号为 J-50。

由于地球的经线向两极收敛，随着纬度的增加，同是 6°的经差但其纬线弧长已逐渐缩小，因此规定在纬度 60°~76°的图幅采用双幅合并（经差为 12°，纬差为 4°）；在纬度

76°~88°的图幅采用四幅合并(经差为24°,纬差为4°)。这些合并图幅的编号,列数不变,行数(无论包含两个或四个)并列写在其后。例如北纬80°~84°,西经48°~72°的一幅百万分之一的地图编号应为U-19、20、21、22。

第 3 章　地理信息系统的空间数据结构

在 GIS 中，地理空间数据是极其重要的组成部分。GIS 的数据结构主要用来解决地理空间数据以什么样的形式存储到 GIS 中的问题。本章主要论述 GIS 中空间数据的内容、特征、类型、表达方式等。

3.1　GIS 空间数据概述

3.1.1　地理空间数据及其特征

一、GIS 的空间数据

地理空间是指物质、能量、信息的形式与形态、结构过程、功能关系上的分布方式和格局及其在时间上的延续。地球表层构成了地理空间，表征地理空间内事物的数量、质量、分布、内在联系和变化规律的图形、图像、符号、文字和数据等统称为地理（空间）数据。

地理数据是 GIS 的核心，也有人称它是 GIS 的血液。因为 GIS 操作对象是地理数据，因此设计和使用 GIS 的第一步工作就是根据系统的功能，获取所需要的地理数据，并创建地理空间数据库。

GIS 中的数据来源和数据类型繁多，概括起来主要有以下几种类型：

1. 地图数据

各种类型的地图（包括电子的与非电子的地图）都是对空间事物和现象的一种相似或抽象模拟，它有严密的数学基础，并经过制图综合，利用符号系统所表示出来的丰富地理内容，清晰地再现了客观实体的空间关系和要素之间的内在联系，所以地图是地理信息的主要载体，同时也是地理信息系统最重要的信息源。

2. 遥感数据

各种遥感数据及其制成的图像资料（航片、卫片）包含着极其丰富的地理内容，尤其是先进的卫星遥感技术的广泛应用，能为地理信息系统提供源源不断的、现势性很强的数据。所以遥感数据是地理信息系统另一个重要的信息源。

3. 统计数据、实测数据及各种文字报告

各种地理要素的统计数据、实验和各种观测数据、研究报告等，是地理信息系统不可缺少的重要或补充数据源。

二、空间数据的基本特征

地理数据一般具有三个基本特征：

1. 空间特征

空间特征又称定位特征或几何特征。数据的空间性是指这些数据反映现象的空间位置及空间位置关系。通常以坐标数据形式来表示空间位置，以拓扑关系来表示空间位置关系。

2. 属性特征

数据的属性是指描述实体的特征，如实体的名称、类别、质量特征和数量特征等。属性数据本身属于非空间数据，但它是空间数据中的重要数据成分。

3. 时间特征

空间数据的时间特征是指空间数据的空间特征和属性特征随时间而变化。它们可以同时随时间变化，也可以分别独立随时间变化。

实体随时间的变化具有周期性，其变化的周期有超短周期的、短期的、中期的和长期的。必须指出，随时间流逝留下的过时数据是重要的历史资料。

空间特征是地理信息区别于其他信息的最重要的特征之一，地理信息的定位特征与时间过程相结合，大大提高了地理信息的应用价值。

三、地理空间数据类型

空间数据记录的是空间实体的位置、拓扑关系和形态、大小等几何特征。表示地理要素的空间数据可分为如下七种不同类型：

（1）类型数据：如居民点、交通线、土地类型分布等。

（2）面域数据：多边形中心点、行政区域界限和行政单元等。

（3）网络数据：如道路交叉点、街道和街区等。

（4）样本数据：如气象站、航线和野外样方的分布区等。

（5）曲面数据：如高程点、等高线和等值区域。

（6）文本数据：如地名、河流名和区域名称。

（7）符号数据：如点状符号、线状符号和面状符号等。

上述各种类型的空间数据都可以用点、线、面三种不同的图形来表示，并可分别采用平面坐标、地理坐标或网格法表示。

四、数据的测量尺度

测量就是根据一定的标准给特定现象赋值或打分。为了描述地理世界，对任何事物都要鉴别、分类和命名，其所使用的参考标准或尺度是不同的。测量的尺度大致可以分成四个层次，由粗略到详细依次为：定名量或类型、次序量、间隔量和比率量。

1. 定名量

定性而非定量地对众多地理事物进行区分和标识，不能进行任何算术运算。

定名量是对地理现象属性特征的分类描述，它是现象类型的测量尺度。

2. 次序量

通过排序来区分和标识地理现象的量称为次序量。它是按照地理数据的等级序列，由低到高（或由高到低）进一步细分的。序数值相互之间可以比较大小，但不能进行算术运算。它们能定性地说出它们的大与小，重要与次要等，但不能指出差别的具体数量。

3. 间隔量

不参照某个固定点，而是按间隔表示相对位置的数据。

利用某种标准单位(可以是任意的)作为间隔量来表示不同的量，是一种较精确区分和标识地理现象的测量方法。

间隔量比定名量和次序量能提供更多、更准确的信息，但应用时要正确理解标准单位的特性和含义。例如，不能说40℃比20℃暖一倍。

4. 比率量

比率量是间隔量的精确化。它提供的定量值是具有真零值而且测量单位的间隔是相等的数据，比率测量尺度与使用的测量单位无关。

比率数据或间隔数据可以比较容易地转变成次序或命名数据。而命名数据则很难转换成顺序、间隔数据或比率数据。由此可见，尽管命名数据或次序数据便于使用，便于理解，但有时不够精确，不能用于较高级的算术运算。而比率数据或间隔数据比较精确，便于计算机处理，但是在比较复杂的 GIS 应用中，往往上述几种测量尺度的数据均需用到。

3.1.2 空间数据的拓扑关系

一、拓扑的概念和意义

1. 拓扑的概念

拓扑学是几何学的一个分支，它研究图形在连续变形下(拓扑变换)的那些不变的几何属性。组成一个图形的各元素(结点、弧段、面域)之间都存在着二元关系，即邻接关系和关联关系。在地图上这种关系可以借助图形来识别，而在计算机中这种关系需用拓扑关系加以定义。拓扑关系是明确定义空间结构关系的一种数学方法。

2. 拓扑关系的重要意义

在地理信息系统中，空间数据的拓扑关系，对地理信息系统的数据处理和空间分析具有重要的意义，主要表现在如下三个方面：

(1)根据拓扑关系可以确定地理实体间的相对空间位置，而无需利用坐标和距离

(2)利用拓扑关系有利于空间要素的查询。

(3)可以利用拓扑数据重建地理实体，如建立封闭多边形，实现道路的选取，进行最佳路径的计算等。

二、空间数据的拓扑关系

在地理信息系统中对于具有网状结构特征(如多边形)的地理要素，不仅要表示出要素的形状、大小、位置和属性信息，而且还要反映出要素之间的相互关系，即要表示出构成网状结构地理要素的结点、弧段和多边形之间的拓扑关系。空间数据的拓扑关系包括拓扑邻接、拓扑关联和拓扑包含三个方面。具体如图 3-1 所示。

1. 拓扑邻接

拓扑邻接是指存在于空间图形的同类元素之间的拓扑关系，如多边形之间的邻接性、

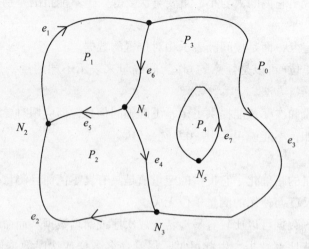

图 3-1　空间数据的拓扑关系

弧段之间的邻接性以及结点之间的邻接关系（连通性）。

2. 拓扑关联

拓扑关联是指存在于空间图形的不同类元素之间的拓扑关系。

3. 拓扑包含

拓扑包含是指存在于空间图形的同类但不同级的元素之间的拓扑关系。包含关系分简单包含、多层包含和等价包含三种形式。

4. 几何关系

几何关系为拓扑元素之间的距离关系，如拓扑元素之间距离不超过某一半径的关系。

5. 层次关系

层次关系是相同拓扑元素之间的等级关系，如国家由省（自治区、直辖市）组成，省（自治区、直辖市）由县组成等。

3.1.3　拓扑结构的表达

在目前的 GIS 中，主要表示基本的拓扑关系，而且表示方法不尽相同。在矢量数据中拓扑关系可以由图 3-2 中的四个表格来表示。

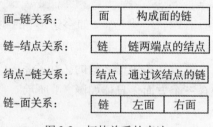

图 3-2　拓扑关系的表达

3.2 空间数据结构

3.2.1 空间数据结构的概念和类型

空间数据结构也称为图形数据格式，是指适用于计算机系统存储、管理和处理的地理图形数据的逻辑结构，是地理实体的空间排列方式和相互关系的抽象描述。

在地理信息系统中，常用的空间数据结构有三种，即栅格数据结构、矢量数据结构和曲面数据结构。

在矢量表示中，曲线由一系列带有 x，y 坐标的特征点所组成的一条近似折线表示。而在栅格形式中则借助于把该线通过的按行和列（矩阵形式）作为规则划分的栅格中的每个小格（像元）标以数字或代码来表示。这两种不同形式的数据被称为计算机的两种兼容数据。这是因为计算机不仅能存储、识别和处理它们，而且可以对它们进行互相转换（图3-3）。

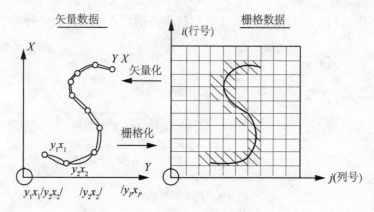

图 3-3　同一条曲线的矢量与栅格表示法

3.2.2 矢量数据结构

1. 矢量数据结构的定义

矢量数据结构是通过记录坐标的形式来表示点、线、面（多边形）等地理实体。

2. 矢量数据结构的特点

矢量数据结构能最好地逼近地理实体的空间分布特征，数据精度高，数据存储的冗余度低，便于进行地理实体的网络分析，但对多层空间数据的叠合分析比较困难。

3. 矢量数据的图形表示

（1）点实体：对于点实体，在矢量结构中只记录点位的坐标和属性代码。

（2）线实体：对于线实体，可以用一系列足够短的直线段首尾相连来表示一条曲线。在矢量结构中只记录小线段的端点坐标。因此，一条曲线实际上是由一个坐标系列来表示的。

（3）面实体：对于多边形，在地理信息系统中是指一个任意形状、边界完全闭合的空间区域。之所以把这样的闭合区域称为多边形是由于区域的边界线同线实体一样，可以被看做是由一系列微小直线段组成，每个小线段作为这个区域的一条边，因此，这种区域就可以看做由这些边组成的多边形了。所以多边形的矢量数据可以由组成这个多边形的小线段的坐标系列来表示。

4. 矢量数据的获取方式

矢量数据的获取方式通常有：

（1）由外业测量获得，可利用测量仪器自动记录测量成果（常称为电子手簿），然后转到地理数据库中。

（2）由栅格数据转换获得，利用栅格数据矢量化技术，把栅格数据转换为矢量数据。

（3）跟踪数字化，用跟踪数字化的方法，把地图变成离散的矢量数据。

5. 矢量数据结构

矢量数据结构包含简单数据结构和拓扑数据结构。下面分别介绍矢量数据的简单数据结构和拓扑数据结构：

（1）简单数据结构：矢量数据的简单数据结构分别按点、线、面三种基本形式来描述（图 3-4）。

点	标识码	X, Y坐标	
线（链）	标识码	坐标对数 n	X, Y坐标
面	标识码	链数 n	链标识码集

图 3-4　简单数据结构

对图 3-4 进行如下有关说明：

①标识码：按一定的原则编码，简单情况下可顺序编号；

②面结构：链索引编码的面（多边形）的矢量数据结构。

（2）拓扑数据结构。

①拓扑元素：矢量数据可抽象为点（结点）、线（链、弧段、边）、面（多边形）三种要素，即称为拓扑元素。

点（结点）：孤立点、线的端点、面的首尾点、链的连接点等。

线（链、弧段、边）：两结点间的有序弧段。

面（多边形）：若干条链构成的闭合多边形。

②编码方式：下面举一表示矢量数据拓扑关系的例子。

在图 3-5 的矢量图中，有面 A、B、C、D、E、F，链 L_1、L_2、L_3、L_4、L_5、L_6、L_7、L_8、L_9、L_{10}、L_{11}、L_{12}、L_{13} 和结点 P_1、P_2、P_3、P_4、P_5、P_6、P_7、P_8、P_9。则拓扑数据结

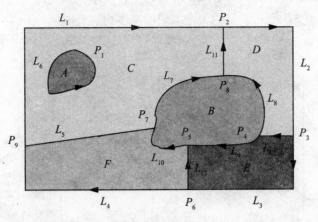

图 3-5 矢量图

构表示见图 3-6。

面-链关系

面号	构成面的链号
A	L_6
B	L_7, L_8, L_9, L_{10}
C	L_1, $-L_{11}$, $-L_7$, $-L_5$
D	L_{11}, L_2, L_{12}, L_8
E	L_{13}, $-L_9$, $-L_{12}$, L_3
F	L_4, L_5, $-L_{10}$, $-L_{13}$

链-结点关系

链号	链两端的结点号
L_1	P_9, P_2
L_2	P_2, P_3
L_3	P_3, P_6
…	…

结点-链关系

结点号	通过该结点的链号
P_1	L_6
P_2	L_1, L_{11}, L_2
P_3	L_2, L_{12}, L_3
…	…

链-面关系

链号	左面	右面
P_1	O	C
P_2	O	D
P_3	O	E
…	…	…

图 3-6 拓扑数据结构

面-链关系中的"–"号表示边的方向与构成面的方向相反,链-面关系中"O"为制图区域外部的多边形,常称为包络多边形。

6. 矢量数据编码方法

（1）点实体矢量编码方法：点实体矢量编码比较简单，只是将空间信息和属性信息记录完全就可以了。图 3-7 表示了点的矢量编码的基本内容：

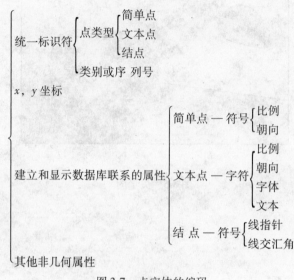

图 3-7　点实体的编码

（2）线实体矢量编码方法：线实体主要用来表示线状地物。其矢量内容为：唯一标识码、线标识码、起始点、终止点、坐标对序列、显示信息、非几何属性。

唯一标识码是指系统排列的序号；线标识是指标识线的类型；起始点和终止点可以用点号或直接用坐标表示；坐标对序列是指坐标对的排列顺序；显示信息是指显示符号或文本等；非几何属性是指与线相联系的属性数据，可以直接存储于线文件中，也可以单独存储，由标识码连接查找。

（3）多边形矢量编码方法：

①多边形环路法：多边形环路法又叫坐标序列法（Spaghetti 方式）或独立实体法，即每个多边形的编码与存储毫不顾及相邻的多边形，由多边形边界的 x, y 坐标对集合及说明信息组成，是最简单的一种多边形矢量编码，如图 3-8 所示。

五个多边形 P_1、P_2、P_3、P_4、P_5 可记录为以下坐标文件：

P_1：x_1，y_1；x_2，y_2；x_3，y_3；x_4，y_4；x_5，y_5；x_6，y_6；x_7，y_7；x_8，y_8；x_9，y_9；

P_2：x_1，y_1；x_{10}，y_{10}；x_{11}，y_{11}；x_{12}，y_{12}；x_{13}，y_{13}；x_{14}，y_{14}；x_{15}，y_{15}；x_{16}，y_{16}；x_{17}，y_{17}；x_{18}，y_{18}；x_{19}，y_{19}；x_{20}，y_{20}；x_8，y_8；x_9，y_9；

P_3：x_{29}，y_{29}；x_{30}，y_{30}；x_{31}，y_{31}；x_{32}，y_{32}；x_{33}，y_{33}；x_{34}，y_{34}；x_{35}，y_{35}；

P_4：x_{17}，y_{17}；x_{18}，y_{18}；x_{19}，y_{19}；x_{23}，y_{23}；x_{24}，y_{24}；x_{25}，y_{25}；x_{26}，y_{26}；x_{27}，y_{27}；x_{28}，y_{28}；

P_5：x_{19}，y_{19}；x_{20}，y_{20}；x_8，y_8；x_7，y_7；x_6，y_6；x_{21}，y_{21}；x_{22}，y_{22}；x_{23}，y_{23}。

多边形环路法文件结构简单，易于实现多边形为单位的运算和显示。这种方法的缺点主要是：多边形之间公共边界被数字化和存储两次，由此产生数据冗余和图形裂隙或

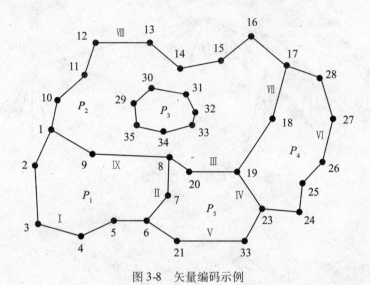

图 3-8　矢量编码示例

重叠。

②树状索引编码法：本法采用树状索引以减少数据冗余并间接增加邻域信息，方法是对所有边界点进行数字化，将坐标对以顺序方式存储，由点索引与边界线号相联系，以线索引与各多边形相联系，形成树状索引结构。

图 3-9 和图 3-10 分别为图 3-8 的多边形线和点树状索引示意图。

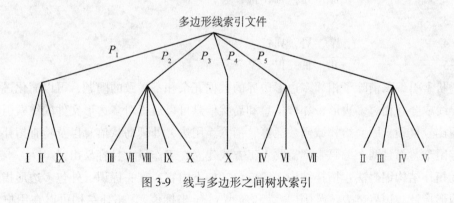

图 3-9　线与多边形之间树状索引

以上树状索引示意图的文件结构如下：

点文件：

点号	坐标
1	x_1，y_1
2	x_2，y_2
⋮	⋮　⋮
35	x_{35}，y_{35}

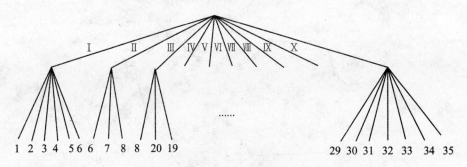

图 3-10 点与边界之间的树状索引

线文件：

线号	起点	终点	点号
Ⅰ	1	6	1，2，3，4，5，6；
Ⅱ	6	8	6，7，8；
⋮	⋮	⋮	⋮
Ⅹ	29	35	29，30，31，32，33，34，35。

多边形文件：

多边形号	边界线号
1	Ⅰ，Ⅱ，Ⅸ；
2	Ⅲ，Ⅶ，Ⅷ，Ⅸ，Ⅹ；
3	Ⅹ；
4	Ⅳ，Ⅵ，Ⅶ；
5	Ⅱ，Ⅲ，Ⅳ，Ⅴ。

树状索引编码消除了相邻多边形边界的数据冗余和不一致的问题，可以简化过于复杂的边界线或合并相邻多边形，邻域信息和岛状信息可以通过对多边形文件的线索引处理得到，但比较繁琐，因而给邻域函数运算、消除无用边、处理岛状信息以及检查拓扑关系带来一定困难，而且两个编码表都需要人工方式建立，工作量大且容易出错。

③拓扑结构编码法：拓扑结构一般应包括如下内容：唯一标识、外包多边形指针、邻接多边形指针、边界链表、范围（最大和最小 x，y 坐标值）。拓扑结构可以在用户将多边形边界数字化后由程序自动搜索建立，与非几何属性的联系通过数字化每个多边形一个内部点建立，也可以由用户在数字化的同时输入部分信息，如输入多边形组成的编号，边界链交点的序号，边界链的左右多边形编号等标识信息。采用拓扑结构编码可以较好地解决空间关系查询等问题。但增加了算法的复杂性和数据库的大小。

矢量编码最重要的是信息的完整性和运算的灵活性，这是由矢量结构自身特点决定的，目前矢量编码尚无统一的最佳编码方法，在具体工作中应根据数据的特点和任务的要求灵活设计。

3.2.3 栅格数据结构

一、栅格数据结构的定义

栅格数据结构是一种简单直观的空间数据结构，又称网格结构或像元结构，是将地球表面划分为大小相等的网格阵列，每个网格作为一个像元或像素由行、列定义，并包含一个代码表示该像素的属性类型或量值，或仅仅包含指向其属性记录的指针。因此，栅格数据是以规则的阵列来表示空间地物或现象分布的数据组织，组织中的每个数据表示地理要素的非几何属性特征如图3-11所示。

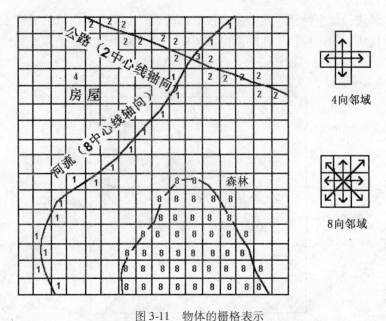

图3-11 物体的栅格表示

（1）点状物体：在栅格数据中，借助于在其中心点处的单独像元来表示。

（2）面状物体：借助于为其所覆盖的像元的集合来表示（如森林）。

（3）线状物体：借助于其中心轴线上的像元来表示。

二、栅格数据结构的特点

栅格结构的显著特点是：属性明显，定位隐含，即数据直接记录属性的指针或属性本身，而所在位置则根据行列号转换为相应的坐标给出，由于栅格行列阵列容易为计算机存储、操作和显示，因此，这种结构容易实现，算法简单，且易于扩充、修改，也很直观，特别是易于同遥感影像的结合处理，给地理空间数据处理带来了极大的方便。

栅格数据的比例尺就是栅格大小与地表相应单元格大小之比，其表示地物的精度取决于栅格尺寸的大小。

三、栅格数据的获取

栅格数据的获取，主要通过以下四种方法得到：

（1）来自于遥感数据。

（2）来自于对图片的扫描。

（3）由矢量数据转换而来。

（4）由手工方法获取。

四、提高栅格数据精度的方法

在栅格结构数据获取过程中，应尽可能保持原图或原始数据的精度，为减少信息损失提高精度，通常采取两种方法：

（1）决定栅格代码的方式：在决定栅格代码时，尽量保持地表的真实性，保证最大的信息量。对于一个栅格单元中含有两个或两个以上地物类型时，可根据需要，选用如下方案之一决定该栅格单元的代码：

①中心归属法：每个栅格单元的值由该栅格的中心点所在的面域的属性来确定。

②面积占优法：每个栅格单元的值由该栅格中单元面积最大的实体的属性来确定。如在图 3-12 中，B 类地物所占面积最大，故应取栅格代码为 B。

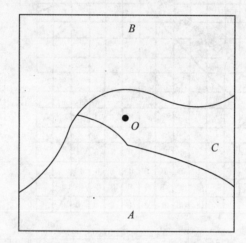

图 3-12　栅格单元代码的确定

③长度占优法：每个栅格单元的值由该栅格中线段最长的实体的属性来确定。

④重要性法：根据栅格内不同地物的重要性，选取最重要的地物的类型作为栅格单元的属性值。

（2）缩小栅格单元的面积：即增加栅格单元的总数，行列数也相应增加。

五、栅格系统的确定

1. 栅格坐标系的确定

表示具有空间分布特征的地理要素，不论采用什么编码系统，什么数据结构（矢、栅）都应在统一的坐标系统下，而坐标系的确定实质上是坐标系原点和坐标轴的确定。

由于栅格编码一般用于区域性 GIS，原点的选择常具有局部性质，但为了便于区域的拼接，栅格系统的起始坐标应与国家基本比例尺地形图公里网的交点相一致，并分别采用公里网的纵横坐标轴作为栅格系统的坐标轴。

2. 栅格单元的尺寸

（1）原则：应能有效地逼近空间对象的分布特征，又能减少数据的冗余度格网太大，忽略较小图斑，信息丢失。一般来讲实体特征愈复杂，栅格尺寸越小，分辨率愈高，然而栅格数据量愈大（按分辨率的平方指数增加）计算机成本就越高，处理速度越慢。

（2）方法：用保证最小多边形的精度标准来确定尺寸经验公式：

$$h = 1/2 \left(\min\{Ai\} \right)^{1/2}$$

式中，h 为栅格单元边长；Ai 为区域所有多边形的面积。

六、栅格数据编码方法

1. 直接编码法

将栅格数据看做一个数据矩阵，逐行（或逐列）记录代码，可以每行都从左到右记录，也可以奇数行从左到右，偶数行从右到左。这种记录栅格数据的文件常称为栅格文件（图3-13），且常在文件头中存有该栅格数据的长和宽，即行数和列数。这样，具体的像元值就可连续存储了。其特点是处理方便，但没有压缩。

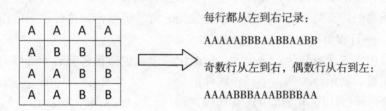

图 3-13 删格数据的表示

由于栅格数据量大，格网数多，地理数据往往有较强的相关性，即相邻像元的值往往是相同的。所以，出现了各种栅格数据压缩方法。数据压缩是将数据表示成更紧凑的格式以减少存储空间的一项技术。分为：

（1）无损压缩：在编码过程中信息没有丢失，经过解码可恢复原有的信息。

（2）有损压缩：为最大限度压缩数据，在编码中损失一些认为不太重要的信息，解码后，这部分信息无法恢复。

2. 行程编码（变长编码）

行程是指栅格矩阵一行内相邻同值栅格的数量，也称游程。行程编码结构是逐行将相邻值的栅格合并，记录合并后栅格的值及合并栅格的数量，其目的是压缩栅格数据量，消除数据间的冗余。具体如图3-14所示。

上图的行程编码为 A，5，B，3，A，2，B，2，A，2，B，2。

行程编码是一种无损压缩方法，通过解码可以恢复为栅格矩阵格式，栅格数据经过压缩处理，得到行程编码数据系列，为了提高系统对这些数据的访问效率通常采用索引顺序文件的方法来组织数据，当由位置参数访问其属性特征时，利用逻辑顺序和逻辑地址的关系，很快在索引文件中找到指向数据栅格的指针，并求出其逻辑地址，就能找到该栅格的属性。反之，由属性察访其分布位置时，通过对数据文件进行遍历扫描，由于这种扫描是在大大少于原始栅格数据的编码数据上进行的，因此，其遍历的速度也是很快的。

A	A	A	A
A	B	B	B
A	A	B	B
A	A	A	B

图 3-14　行程编码

行程编码的特点：对于游程长度编码，区域越大，数据的相关性越强，则压缩越大，适用于类型区域面积较大的专题图，而不适合于类型连续变化或类别区域分散的分类图（压缩比与图的复杂程度成反比）。

这种编码在栅格加密时，数据量不会明显增加，压缩率高，并最大限度地保留原始栅格结构，编码解码运算简单，且易于检索、叠加、合并等操作，这种编码应用广泛。

3. 块码——行程编码向二维扩展

块码是采用方形区域作为记录单元，每个记录单元包括相邻的若干栅格。

数据对组成：初始行、列，半径，属性值。

图 3-15 的编码为(1, 1, 1, 0)，(1, 2, 2, 4)，(1, 4, 1, 7)，(1, 5, 1, 7)，…依次扫描，编过的不重复。

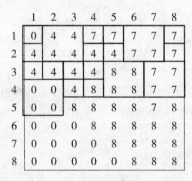

图 3-15　块码

块码的特点：具有可变分辨率，即当属性变化小时图块大，对于大块图斑记录单元大，分辨率低，压缩比高。小块图斑记录单元小，分辨率高，压缩比低，与行程编码类似，随图形复杂程度的提高而降低分辨率。

4. 链式编码、Freeman 链码、边界链码

将栅格数据(线状地物面域边界)表示为矢量链的记录。

(1)首先定义一个 3×3 窗口，中间栅格的走向有 8 种可能，并将这 8 种可能以 0～7

进行编码。

（2）记下地物属性码和起点行、列后，进行追踪，得到矢量链。具体如图 3-16、表3-1 所示。

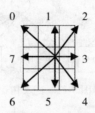

图 3-16　链式编码

表 3-1 　　　　　　　　　　　　链式编码表

属性码	起点行	起点列	链码
a	1	4	556656
b	3	7	576654323……

链式编码的特点：

（1）优点：链码可有效地存储压缩栅格数据，便于面积、长度、转折方向和边界、线段凹凸度的计算。

（2）缺点：不易做边界合并，插入操作、编辑较困难（对局部修改将改变整体结构）。区域空间分析困难，相邻区域边界被重复存储。

5. 四叉数编码

（1）四叉数定义：一种可变分辨率的非均匀网格系统，是最有效的栅格数据压缩编码方法之一。

①基本思想：将 $2n \times 2n$ 像元组成的图像（不足的用背景补上）按四个象限进行递归分割，并判断属性是否单一，单一则不分，不单一则递归分割，最后得到一棵四分叉的倒向树。

②四叉数的树形表示。

用一倒立树表示这种分割和分割结果：

根：整个区域。

高：深度、分几级、几次分割。

叶：不能再分割的块。

树叉：还需分割的块。

每棵树叉均有 4 个分叉，叫四叉树，如图 3-17 所示。

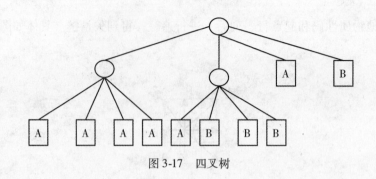

图 3-17　四叉树

③编码方法。

（2）常规四叉树：每个结点需要 6 个变量：父结点指针、四个子结点的指针和本结点的属性值。常规四叉树可采用自下而上的方法建立，对栅格按莫顿码（Morton）顺序进行检测，这种方法除了要记录叶结点外，还要记录中间结点。即每记录四个不相同结点时，生成其父结点作为中间结点。如果四个结点相同，则合并生成上一级的一个父结点。

常规四叉树并不广泛用于存储数据，其价值在于建立索引文件，进行数据检索。

（3）线性四叉树：线性四叉树每个结点只存储 3 个量，即莫顿码、深度（结点大小）和结点值。其基本思想是：不需记录中间结点、0 值结点，也不是用指针。仅记录非 0 值结点，并用莫顿（Morton）码表示叶结点的位置。由于栅格数据常常并不恰好是 $2^n \times 2^n$ 的方阵，为了能对不同行列数的栅格数据进行四叉树编码，对不足 $2^n \times 2^n$ 的部分以 0 补足。

①四进制的 Morton 码。

方法 1：四叉树从上而下形成（从整体开始），由叶结点找 Morton 码。分割一次，增加一位数字，大分割在前，小分割在后。所以，码的位数表示分割的次数。每一个位均是用不大于 3 的四进制数表达位置。由 Morton 码找出四叉树叶结点的具体位置。

如图 3-18 所示：将二维区域按照 Z 序的四个象限进行递归分割，直到子象限的数值单调为止。

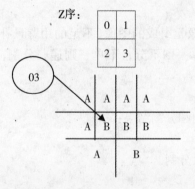

图 3-18　四进制的 Morton 码

然后由 Morton 码找出四叉树叶结点的具体位置。如图 3-18 所示，第 1 层在 0 象限，第 2 层在 3 象限，所以 Morton 码为 03。

生成的四叉树如图 3-19 所示。

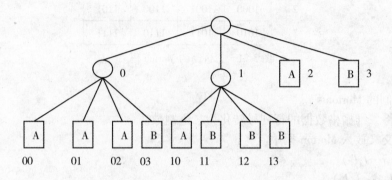

图 3-19　生成的四叉树

方法 2：四叉树自下而上和合并的方法：首先将十进制的行列号转换为二进制数表示，然后按照下面格式计算其 Morton 码：

$$Morton = 2 \times Ib + Jb$$

公式中 Ib，Jb 分别为单元格行列号的二进制数，看最大的 I、J，不足在前补零，如图 3-20 所示。

	0	1	2	3
0	00	01	10	11
1	02	03	12	13
2	20	21	30	31
3	22	23	32	33

图 3-20　四进制的 Morton 码

②二进制的 Morton 码。

首先将二维栅格数据的行列号转化为二进制数，然后交叉放入 Morton 码中。

$$II = (I_n I_{n-1} \cdots I_2 I_1)_2$$
$$JJ = (J_n J_{n-1} \cdots J_2 J_1)_2$$
$$Morton = (I_n J_n I_{n-1} J_{n-1} \cdots I_2 J_2 I_1 J_1)_2$$

例如第 2 行第 3 列的栅格 Morton 码，行列号的二进制 Ib = 10，Jb = 11，将 I 行 J 列交叉得到 1101，如图 3-21 所示。

注意：行列号化成二进制后，二进制数的位数应该相同，不同时在前补零。

	0	1	2	3
0	00	01	0100	0101
1	10	11	0110	0111
2	1000	1001	1100	1101
3	1010	1011	1110	1111

图 3-21　二进制的 Morton 码

C. 十进制的 Morton 码。

a. 首先将二维栅格数据的行列号转化为二进制数。

b. 然后交叉放入 Morton 码中。

$II = (I_n I_{n-1} \cdots I_2 I_1)_2$

$JJ = (J_n J_{n-1} \cdots J_2 J_1)_2$

$\text{Morton} = (I_n J_n I_{n-1} J_{n-1} \cdots I_2 J_2 I_1 J_1)_2$

c. 再转换成十进制，即为线性四叉树的十进制 Morton 地址码。

例如第 2 行第 3 列的栅格 Morton 码，行列号的二进制 $Ib = 10$，$Jb = 11$，将 I 行 J 列交叉得到 1101，再转化为十进制 1101 = 13。如图 3-22 所示。

注意：行列号化成二进制后，二进制数的位数应该相同，不同时在前补零。

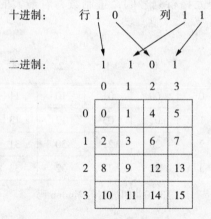

图 3-22　十进制的 Morton 码

线性四叉树的优点：只存储三个值，比常规四叉树节省存储空间；由于记录结点地址，既能直接找到其在四叉树中的走向路径，又可以换算出它在整个栅格区域内的行列位置；压缩和解压缩比较方便，各部分的分辨率可不同，既可精确地表示图形结构，又可减少存储量，易于进行大部分图形操作和运算。

3.2.4　矢量结构与栅格结构的比较及转换

一、栅格结构与矢量结构的比较

栅格结构与矢量结构是 GIS 中常用的两种数据结构，栅格结构"属性明显，位置隐含"。而矢量结构"位置明显，属性隐含"，矢量结构与栅格结构各有不同的优点和缺点，两者的比较如表 3-2 所示。

表 3-2   矢量结构与栅格结构的比较

数据结构	优　　点	缺　　点
矢量数据结构	便于面向对象的数字表示 数据结构紧凑、冗余度低 有利于网络与检索分析 图形显示质量好、精度高	数据结构复杂 多边形叠加分析比较困难 缺乏同遥感数据及数字地形模型结合的能力
栅格数据结构	数据结构简单 便于空间分析和地理现象的模拟 易于遥感数据结合	图形、数据量大 投影转换比较困难 图形显示质量差 不易表示空间的拓扑关系

二、矢量数据与栅格数据的相互转换

1. 矢量数据向栅格数据的转换

（1）确定栅格单元的大小：栅格单元的大小就是它的分辨率，应根据原图的精度，变换后的用途及存储空间等因素予以决定。栅格单元的边长在 x，y 坐标系中的大小用 Δx 和 Δy 表示。设 x_{max}、x_{min} 和 y_{max}、y_{min} 分别表示全图 x 坐标和 y 坐标的最大值与最小值，I，J 表示全图格网的行数和列数。如图 3-23 所示，它们之间的关系为：

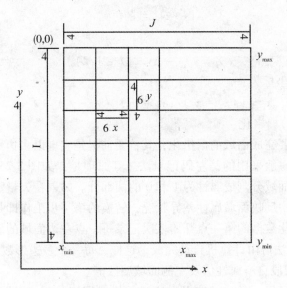

图 3-23　两种坐标关系

$$\Delta x = (x_{max} - x_{min}) / J$$

$$\Delta y = (y_{\max} - y_{\min})/I$$

这里 I 和 J 可以由原地图比例尺根据地图对应的地面长宽和网格分辨率相除求得，并取整数。

(2) 点的栅格化：点的变换只要这个点落在某一个栅格中，就属于那个栅格单元，其行、列号 I、J 可由下式求出：

$$I = 1 + \mathrm{INT}\left[(y_{\max} - y)/\Delta y\right]$$
$$J = 1 + \mathrm{INT}\left[(x - x_{\min})/\Delta x\right]$$

式中，INT 表示取整函数。栅格点的值用点的属性表示。

(3) 线的栅格化：如图 3-24 所示，设两个端点的行、列号已经求出，其行号为 3 和 7，则中间网格的行号必为 4、5、6。其网格中心线的 y 坐标应为：

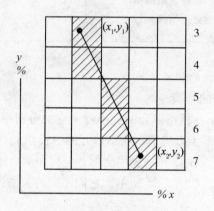

图 3-24　线的转换

$$y_i = y_{\max} - \Delta y \cdot (I - 1/2)$$

而与直线段交点的 X 坐标为：

$$x_i = \left[(x_2 - x_1)/(y_2 - y_1)\right](y_i - y_1) + x_1$$

(4) 多边形(面域)栅格化：

① 左码记录法：要完成面域的栅格化，其首要前提是实现以多边形线段反映其周围面域的属性特征。目前一般采用的是左码记录法。其原理是：如图 3-25 所示，有一闭合多边形，它将整个矩形面域分割成属性为 1 和 0 的两部分。如果在矢量数字化取数时，没有在数字化点的属性码中反映面域属性差异状况，转换的第一步工作即是要实现这个目标。

第一步，从数字化数据的第一点开始依次记录每一点左边面域的属性值(面域外为 0，面域内为 1)。记录方法可由计算机自动完成，这样，每一个多边形数字化点便实现了"三值化"，即坐标值、线段自身属性值及左侧面域属性值。

第二步，对多边形每一条边，按以上所述的线段栅格化的方法进行转换，得到如图 3-26 所示的数据组成。

第三步，结点处理，使结点的栅格值唯一而准确。

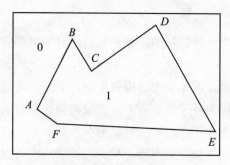

图 3-25　闭合多边形

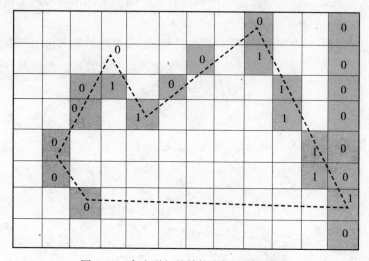

图 3-26　多边形矢量结构向栅格结构转换

　　第四步，排序，从第一行起逐行按列的先后顺序排序，这时，所得到的数据结构完全等同于栅格数据压缩编码的数据结构形式。

　　最后，展开为全栅格数据结构，完成由矢量数据系统向栅格数据系统转换，如图2-27所示。

0	0	0	0	0	0	0	0	0	0	0	0
0	0	0	0	0	0	1	1	0	0	0	0
0	0	0	1	0	0	1	1	1	0	0	0
0	0	1	1	1	1	1	1	1	0	0	0
0	0	1	1	1	1	1	1	1	1	0	0
0	0	1	1	1	1	1	1	1	1	1	0
0	0	0	1	1	1	1	1	1	1	1	1
0	0	0	0	0	0	0	0	0	0	0	0

图 3-27　全栅格数据结构

②内部点扩散算法：

第一步，按一定栅格尺寸将矢量图经栅格化后，对矢量图内每个面域多边形分别选择内部点(种子点)；

第二步，从种子点开始，向 8 个相邻栅格扩散，分别判断这 8 个栅格是否在多边形的边界上，若在则该栅格不作为种子点，若不在则该栅格作为新的种子点；

第三步，新种子点与原种子点一起进行新的扩散运算；

第四步，重复以上过程，指导所有新老种子点填满该多边形并遇到边界为止。

内部点扩散算法的缺点：算法程序设计比较复杂，需要在栅格矩阵中进行搜索，当栅格尺寸取得不合理时，某些复杂图形的两条边界落在同一个或相邻的两个栅格内，会造成多边形不变通。

③射线算法：由待判点向图外某点引射线，判断该射线与某多边形所有边界相交的总次数，如果相交偶数次，则待判点在该多边形外部。如为奇数次，则待判点在该多边形内部。如图 3-28 所示。

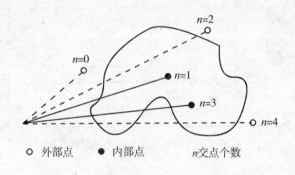

图 3-28　射线算法

2. 栅格数据向矢量数据的转换

栅格数据向矢量数据转换通常包括以下四个基本步骤：

(1)多边形边界提取：采用高通滤波将栅格图像二值化，并经过细化标识边界点，如图 3-29 所示。

①二值化。线画图形扫描后产生栅格数据，这些数据是按从 0~255 的灰度值量度的，设以 $G(i, j)$ 表示，为了将这种 256 或 128 级不同的灰阶压缩到两个灰阶，即 0 和 1 两级，首先要在最大和最小灰阶之间定义一个阈值，设阈值为 T，如果 $G(i, j)$ 大于等于 T，则记此栅格的值为 1。如果 $G(i, j)$ 小于 T，则记此栅格的值为 0，得到一幅二值图，如图 3-29(a)所示。

②细化。细化是消除线画横断面栅格数的差异，使得每一条线只保留代表其轴线或周围轮廓线(对面状符号而言)位置的单个栅格的宽度，对于栅格线画的"细化"方法，可分为"剥皮法"和"骨架法"两大类。剥皮法的实质是从曲线的边缘开始，每次剥掉等于一个

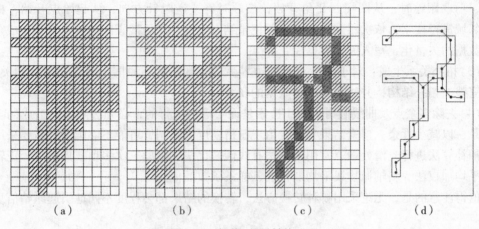

图 3-29　栅格–矢量转换过程

栅格宽的一层，直到最后留下彼此连通的由栅格点组成的图形。因为一条线在不同位置可能有不同的宽度，故在剥皮过程中必须注意一个条件，即不允许剥去会导致曲线不连通的栅格。这是这一方法的关键所在。其解决方法是，借助一个在计算机中存储的，由待剥栅格为中心的 3×3 栅格组合图（图 3-30）来决定。

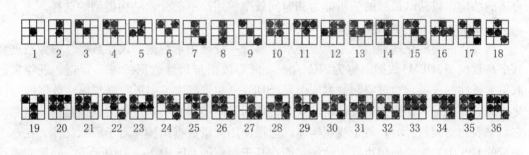

图 3-30　栅格组合图

　　如图 3-30 所示，一个 3×3 的栅格窗口，其中心栅格有八邻域，因此组合图共有 28 种不同的排列方式，若将相对位置关系的差异只是转置 900，1800，2700。或互为镜像发射的方法进行归并，则共有 51 种排列格式。显然，其中只有格式 2，3，4，5，10，11，12，16，21，24，28，33，34，35，38，42，43，46 和 50，可以将中心点剥去。这样，通过最多核查 256×8 个栅格，便可确定中间栅格点保留或删除，直到得到经细化处理后应予保留的栅格系列（图 3-29（c）），并写入数据文件。

　　（2）边界线跟踪：边界线跟踪的目的就是将写入数据文件的细化处理后的栅格数据，

整理为从结点出发的线段或闭合的线条，并以矢量形式存储于特征栅格点中心的坐标(图 3-29(d))。跟踪时，从图幅西北角开始，按顺时针或逆时针方向，从起始点开始，根据八个邻域进行搜索，依次跟踪相邻点，并记录结点坐标，然后搜索闭曲线，直到完成全部栅格数据的矢量化，写入矢量数据库。

(3)拓扑关系生成：对于矢量表示的边界弧段，判断其与原图上各多边形空间关系，形成完整的拓扑结构，并建立与属性数据的联系。

(4)去除多余点及曲线圆滑：由于搜索是逐个栅格进行的，必须去除由此造成的多余点记录，以减少冗余。搜索结果为曲线由于栅格精度的限制，可能不够圆滑，需要采用一定的插补算法进行光滑处理。常用的算法有线性迭代法、分段三次多项式插值法、正轴抛物线平均加权法、斜轴抛物线平均加权法、样条函数插值法等。

值得注意的是，无论采用哪种转换方法，转换的结果都会程度不同地引起原始信息的损失。

三、矢量与栅格一体化

矢量栅格一体化，对于提高 GIS 的空间分辨率、数据压缩和增强系统分析、输入输出的灵活性十分重要。

1. 传统的矢量与栅格一体化方案

栅格结构和矢量结构在表示空间数据上是同样有效的，栅格结构与矢量结构相结合是较为理想的方案，用计算机程序实现两种结构的高效转换。由程序自动根据操作需要选取合适的结构，以获取最强的分析能力和时间效率，用户不必介入结构类型的选择。

2. 矢量与栅格一体化数据结构

新一代的集成化地理信息系统，要求能够统一管理图形数据、属性数据、影像数据和数字高程模型(DEM)数据，称为四库合一。图形数据与属性数据的统一管理，近年来已取得突破性的进展，通过空间数据库引擎(SDE)，初步解决了图形数据与属性数据的一体化管理。而矢量与栅格数据按传统的观念，认为是两类完全不同性质的数据结构。当利用它们来表达空间目标时，对于线状实体，习惯使用矢量数据结构。对于面状实体，在基于矢量的 GIS 中，主要使用边界表达法，而在基于栅格的 GIS 中，一般用元子空间填充表达法。由此，人们联想到对于用矢量方法表示的线状实体，是否也可以采用元子空间填充法来表示，即在数字化一个线状实体时，除记录原始采样点外，还记录所通过的栅格。同样，每个面状地物除记录它的多边形边界外，还记录中间包含的栅格。这样，既保持了矢量特性，又具有栅格的性质，就能将矢量与栅格统一起来，这就是矢量与栅格一体化数据结构的基本内涵。

为了建立矢量与栅格一体化数据结构，要对点、线、面目标数据结构的存储作如下统一约定：

(1)对点状目标，因为没有形状和面积，在计算机内部只需要表示该点的一个位置数据及与结点关联的弧段信息。

(2)对线状目标，它有形状但没有面积，在计算机内部需用一组元子来填满整个路径，并表示该弧段相关的拓扑信息。

(3)对面状目标，它既有形状，又有面积，在计算机内部需表示由元子填满路径的一组边界和由边界组成的紧凑空间。

由于栅格数据结构的精度较低，需利用细分格网的方法，来提高点、线和面状目标边界线的数据表达精度。如在有点、线目标通过的基本格网内，再细分成 256×256 个细格网。当精度要求较低时，也可以细分成 16×16 个细格网。

3.2.5 曲面数据结构

曲面是指连续分布现象的覆盖表面，具有这种覆盖表面的要素有地形、降水量、温度、磁场等。表示和存储这些要素的基本要求是必须便于连续现象在任一点的内插计算，因此经常采用不规则三角网来拟合连续分布现象的覆盖表面，称为 TIN（triangulated irregular network）数据结构。

TIN 的曲面数据结构，通常用于数字地形的表示，或者按照曲面要素的实测点分布，将它们连成三角网，三角网中每个三角形要求尽量接近等边形状，并保证由最邻近的点构成的三角形，即三角形的边长之和最小。在所有可能的三角网中，狄洛尼（Delaunay）三角网在地形拟合方面表现最为出色。

狄洛尼（Delaunay）三角网为相互邻接且互相不重叠的三角形的集合，每一个三角形的外接圆内不含其他的点。狄洛尼三角形外接圆不包含其他点的特性被用作从一系列不重合的平面点建立狄洛尼三角网的基本法则，可以称为狄洛尼法则。

狄洛尼（Delaunay）三角网中的每个三角形可视为一个平面，平面的几何特性完全由三个顶点的空间坐标值所决定。存储的时候，每个三角形分别构成一个记录，每个记录的数据项包括：三角形标识码、该三角形的相邻三角形标识码、该三角形的顶点标识码等。顶点的空间坐标值则另外存储。利用这种相邻三角形信息，便于连续分布现象的顺序跟踪和查询检索，例如对等高线的跟踪是非常便捷的。利用这种数据结构可方便地进行地形分析，如坡度和坡向信息的提取、填挖方计算、阴影和地形通视分析、等高线自动生成和三维显示等。因此 TIN 被广泛应用于各种 GIS。

第 4 章　地理信息系统数据库

数据库是一个信息系统的基本且重要的组成部分。尤其是空间数据库，在 GIS 中发挥着核心的作用。这表现在：用户通过访问空间数据库获取空间数据，进行空间分析、管理和决策，再将分析结果存储到空间数据库中。因此，空间数据库的布局和存取功能对 GIS 功能的实现和工作的效率影响极大。本章着重介绍了数据库的形成与发展、数据库的设计与实现。

4.1　数据的层次与文件组织

数据是信息的载体，是信息的具体表达形式。为了表达有意义的信息内容，数据必须按照一定的方式进行组织和存储。

一、数据的层次单位

数据的层次单位有两类：逻辑单位和物理单位。

(1)逻辑单位：从应用的角度来观察数据，从数据与其所描述的对象之间的关系来划分数据层次。逻辑数据单位的层次有：数据项、数据项组、记录、文件和数据库。

(2)数据的物理单位：指数据在存储介质上的存储单位。属于物理数据单位的层次有：位(比特)、字节、字、块(物理结构)、桶和卷。这里主要说明数据的逻辑层次单位的含义及使用问题。

1. 数据项

数据项是定义数据的最小单位，也叫元素、字段等，是用来表示物体属性的，最基本的不可分割的数据单位，它具有独立的逻辑意义，因而是一种能被系统存储、检索和处理的最小数据单位，如一个代码、一对坐标等。每个数据项都有一个名称，叫做数据项名，用以说明该数据的含义。

数据项的值可以是数值的、字母的、字母数字的以及汉字形式的等。数据项的物理特点在于它具有确定的物理长度，一般用字节数目来表示。字节是存储器可定位(或地址)的最小单位。若干个字节组成一个字，字是计算机进行算术运算的基本单位。

几个数据项可以组合构成数据项组，例如日期的数据项组可由数据项"年"、"月"、"日"组成。数据项组也可有自己的名字，可以作为一个数据项看待。

2. 记录

记录是数据项的被命名的集合。它是关于一个实体的数据的总和，是一个有意义的信息集合，并作为对文件进行存取操作的基本单位。

为了唯一标识每一个记录，就必须有记录标识，也叫关键字。记录标识符一般由记录中的第一个数据项担任，唯一标识记录的关键字称主关键字，其标识记录的关键字称为辅关键字。

3. 文件

文件是一个给定类型逻辑记录的全部具体值的集合。文件用文件名称标识。在简单文件中，每个逻辑记录包含相同数目的数据项；在复杂文件中，由于重复组的存在，每个记录包含不同数目的数据项。图 4-1 表示了数据项、数据项组、记录和文件之间的相互关系。

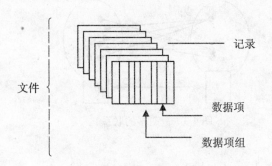

图 4-1　逻辑数据单位之间的关系

4. 数据库

数据库是比文件更大的数据组织，是具有特定联系的多种类型记录的集合。数据库内部构造是文件的集合，这些文件之间存在某种联系，不能孤立存在。

二、数据间的逻辑关系

数据间的逻辑关系主要是指记录与记录之间的联系。记录是表示现实世界中的实体的。实体之间存在着一种或多种联系，这样的联系必然要反映到记录之间的联系上来。数据之间的逻辑联系主要有三种：

1. 一对一的联系(1:1)

一对一的联系简记为 1:1，如图 4-2 所示，这是比较简单的一种联系方式，是指在集合 A 中存在一个元素 a_i，则在集合 B 中就有一个且仅有一个 b_j 与之联系。在 1:1 的联系中，一个集合中的元素可以标识另一个集合中的元素。例如，地理名称与对应的空间位置之间的关系就是一种一对一的联系。

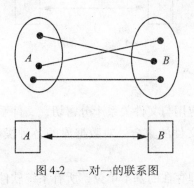

图 4-2　一对一的联系图

2. 一对多的联系（1∶N）

现实生活中以一对多的联系较常见。如图 4-3 所示，这种联系可以表达为：在集合 A 中存在一个 a_i，则在集合 B 中存在一个子集 $B' = (b_{j1}, b_{j2}, \cdots, b_{jn})$ 与之联系。通常，B' 是 B 的一个子集。行政区划就具有一对多的联系，一个省对应多个市，一个市对应多个县，一个县又有多个乡。

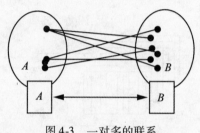

图 4-3　一对多的联系

3. 多对多的联系（M∶N）

多对多的联系是现实中最复杂的联系（图 4-4），即对于集合 A 中的一个元素 a_i，在集合 B 中就存在一个子集 $B' = (b_{j1}, b_{j2}, \cdots, b_{jn})$ 与之相联系。反过来，对于 B 集合中的一个元素 B_j 在集合 A 中就有一个集合 $A' = (a_{i1}, a_{i2}, a_{i3}, \cdots, a_{im})$ 与之相联系。$M∶N$ 的联系，在数据库中往往不能直接表示出来，而必须经过某种变换，使其分解成两个 $1∶N$ 的联系来处理。地理实体中的多对多联系是很多的，例如土壤类型与种植的作物之间有多对多联系，同一种土壤类型可以种不同的作物，同一种作物又可种植在不同的土壤类型上。

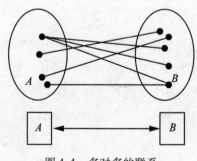

图 4-4　多对多的联系

三、常用数据文件

地理信息系统的开发和应用与文件关系十分密切，文件系统是数据库系统的基础，从数据库的内部构造看，还是文件的集合。对数据库的各种操作最终是对文件执行相应的操作。

文件是地理信息系统物理存在的基本单位，所有系统软件、数据库，包括文件目录都是以文件方式存储和管理的，对地理信息系统功能的调用，对空间数据的检索、插入、删除、修改、访问，最终都是转换为对于物理文件的相应操作，由访问程序付诸实现，文件组织是地理信息系统的物理形式。

文件组织主要指数据记录在外存设备上的组织，由操作系统进行管理，具体解决在外存设备上如何安排数据和组织数据，以及实施对数据的访问方式等问题。

下面仅把常用的数据文件组织形式作简单的介绍。

1. 顺序文件

顺序文件是最简单的文件组织形式。它是物理顺序与逻辑顺序一致的文件。顺序文件的优点是结构简单，连续存取速度快。缺点是不便于插入、删除和修改，不便于查找某一特定记录。为了防止从头到尾查找记录，提高查找效率通常用分块查找和折半查找。

2. 随机文件

随机文件也称直接文件或散列文件。随机文件中的存储是根据记录关键字的值，通过某种转换方法得到一个物理存储位置，然后把记录存储在该位置上。查找时，通过同样的转换方法，可直接得到所需要的记录。

随机文件的优点是存取速度快并能节省存储空间，检索、修改、插入方便，检索时间与文件大小无关；缺点是溢出处理技术比较复杂，要求等长记录，只能通过记录的关键字寻址。

3. 索引文件

带有索引表的文件称为索引文件。索引文件的特点是，除了存储记录本身（主文件）外，还建立了索引表，索引表中列出记录关键字和记录在文件中的位置（地址）。读取记录时，只要提供记录的关键字值，系统通过查找索引表获得记录的位置，然后取出该记录。索引表通常按主关键字排序。

索引文件在存储器上分为两个区，即索引区和数据区，索引区存放索引表，数据区存放主文件。建立索引表的目的是提高查询速度。

索引文件只能建在随机存取介质上，如磁盘等。索引文件既可以是有序的，也可以是非顺序的；可以是单级索引，也可以是多级索引。多级索引可以提高查找速度，但占用的存储空间较大。

4. 倒排文件

在地理信息系统的数据查询中，常常要利用主关键字以外的属性（辅关键字）进行检索，而索引文件是按照记录的主关键字来构造索引的，所以叫主索引。若按照一些辅关键字来组织索引，则称为辅索引，带有这种辅索引的文件称为倒排文件。它是索引文件的延伸，之所以叫倒排文件，主要是因为在建立这种辅索引表时依据的是辅关键字，而被标识的却是一系列主关键字。倒排文件是一种多关键字的索引文件，索引不能唯一标识记录，往往同一索引指向若干记录。因而，索引往往带有一个指针表，指向所有该索引标识的记录，通过主关键字才能查到记录的位置。

4.2 GIS 数据库的形成与发展

一、数据库技术的产生与发展

1. 人工管理阶段(计算机产生～20 世纪 50 年代)

此阶段主要用于科学计算。

特点:

(1)数据不保存;

(2)没有对数据进行管理的软件系统;

(3)数据不共享;

(4)一组数据对应于一个程序,数据是面向应用的。

2. 文件系统阶段(20 世纪 50 年代后期～60 年代中期)

此阶段不仅用于科学计算,还大量用于管理数据。

特点:

(1)数据需要长期保存在外存上供反复使用;

(2)程序之间有了一定的独立性;

(3)文件的形式已经多样化;

(4)数据的存取基本上以记录为单位。

3. 数据库系统阶段(20 世纪 60 年代后期)

特点:

(1)采用复杂的结构化的数据模型;

(2)较高的数据独立性(物理,逻辑);

(3)最低的冗余度;

(4)数据控制功能。

二、GIS 数据库的形成与发展

1. GIS 数据库计算平台的发展

(1)集中式(图 4-5)。

图 4-5 集中式

(2)客户/服务器模式(图 4-6)。

(3)分布式(图 4-7)。

2. 空间数据模型

(1)栅格模型:栅格数据结构实际上就是像元阵列,即像元按矩阵形式的集合,栅格

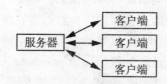

图 4-6　客户/服务器模式

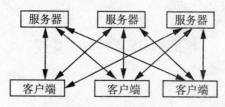

图 4-7　分布式

中的每个像元是栅格数据中最基本的信息存储单元,其坐标位置可以用行号和列号确定,栅格数据中的实体可分为点实体、线实体和面实体。

(2)矢量模型:用一系列有序的 x、y 坐标对来表示点、线、面等地理实体的空间位置,可以精确定义地理实体的位置、长度、面积等,相对于栅格结构数据精度高、存储空间小,是 GIS 软件的主流格式。

3. 管理模式的发展

(1)文件管理:用文件系统管理空间和属性数据。例如:ArcGIS 的 Shape file。不同的层以及同一层中不同图形要素类型(点、线、面),将产生不同的 Shape 文件,同时对每一个要素自动产生一个特征码(FeatureID)。

(2)文件和数据库混合管理。

文件和数据库混合管理的特点:

①属性数据建立在 RDBMS 上,数据存储和检索比较可靠、有效;

②几何数据采用图形文件管理,功能较弱,特别是在数据的安全性、一致性、完整性、并发控制方面,比商用数据库要逊色得多;

③空间数据分开存储,数据的完整性有可能遭到破坏。

(3)全关系型数据库管理。

全关系型数据库管理的特点:

①属性数据、几何数据同时采用关系式数据库进行管理;

②空间数据和属性数据不必进行繁琐的连接,数据存取较快;

③属于间接存取,效率比 DBMS 的直接存取慢,特别是涉及空间查询、对象嵌套等复杂的空间操作。

(4)对象-关系型数据库管理。

对象-关系型数据库管理的特点:

①在标准的关系数据库上增加空间数据管理层,对空间对象的数据结构进行了预先定

义，定义了操作点、线、面等空间对象的 API 函数；

②解决了空间数据变长记录的存储问题，由数据库软件商开发，效率较高；

③用户不能根据 GIS 要求进行空间对象的再定义，空间数据结构不能任意定义。

（5）面向对象数据库管理：面向对象（object-oriented，OO）的概念起源于面向对象的编程语言。引入对象、对象类、方法、实例等概念和术语，采用动态联编和单继承性机制。基本出发点是以对象作为最基本的元素，尽可能按照人类认识世界的方法和思维方式来分析和解决问题。

4.3　GIS 数据库概述

4.3.1　GIS 数据库概述

一、数据库的概念

数据库是随着计算机的迅速发展而兴起的一门新学科。通俗地讲，数据库是以一定的组织形式存储在一起的互相有关联的数据的集合。但这种数据集合不是数据的简单相加，而是对数据信息进行重新组织，最大限度地减少数据冗余，增强数据间关系的描述，使数据资源能以多种方式为尽可能多的用户提供服务，实现数据信息资源共享。随着数据信息资源的多用户服务，以及用户对信息数据多种方式（如检索、分类、排序等）访问的需求，人们又研制了数据库管理系统（管理和控制程序软件）。

由上述可知，数据库由两个最基本的部分组成：一是原始信息数据库，即描述全部原始要素信息的原始数据，也是数据库系统加工处理的对象；二是程序库，即数据库软件，它存放着管理和控制数据的各种程序，是数据库系统加工处理的手段。当然，除了上述两个基本组成部分以外，数据库系统还需要配备相应的硬件设备，如有很强数据处理能力的中央处理器、大容量的内存和外存以及根据不同用途配置的其他外部设备等。

二、数据库的特点

与文件管理相比，空间数据库有如下特点：

1. 实现数据集中管理和共享

数据库以一定的组织形式集中控制和管理有关数据。它增强了数据间关系的描述，克服了文件管理中数据分散的弱点，实现了数据资源的共享，提高了数据的使用效率。

2. 减小了数据冗余

数据库按照一定的方式对数据文件进行重新组织，最大限度地减少了数据的冗余，节省了存储空间，保证了数据的一致性，这是文件管理所无法实现的。

3. 数据的独立性

数据库系统结构一般分为三级，即用户级、概念级和物理级。实现三级之间的逻辑独立和物理独立是数据库设计的关键要求。逻辑独立是指当概念级数据库中改变逻辑结构时，不影响用户的应用程序；物理独立是指当改变数据的物理组织时，不影响逻辑结构和应用程序。

4. 复杂的数据模型

数据模型能够表示现实世界中各种各样的数据组织以及数据间的联系。复杂的数据模型是实现数据集中控制、减少数据冗余的前提和保证。采用数据模型是数据库方式与文件方式的一个本质差别。数据库常用的数据模型有三种：层次模型、网络模型和关系模型。因此，根据使用的模型，可以把数据库分成：层次型数据库、网络型数据库和关系型数据库。

5. 数据保护特性

数据保护对数据库来说是至关重要的，一旦数据库中的数据遭到破坏就会影响数据库的功能，甚至使整个数据库失去作用。数据保护主要包括四个方面的内容：安全性控制、完整性控制、并发控制、故障的发现和恢复。

三、两种不同类型的数据库

数据库按照存储信息的特征可划分为两大类：一类是事务管理数据库，另一类是空间数据库。

1. 事务管理数据库

每个企业和部门都保管着本单位一些有用的数据和资料。如商业营销、生产计划、图书情报和各种事物的管理等。这类数据描述的是人、事、物一类的社会信息。由此类数据建成的数据库反映的是事物属性之间的抽象逻辑关系，它们的记录方式主要是文本和数表文件，在内容和形式上有较强的通用性，所以也把这种侧重于事务管理的数据库称为通用数据库。

2. 空间数据库

它描述的是地理要素的属性关系和空间位置关系。在空间数据库中，数据之间除了抽象的逻辑关系外，还建立了严谨的空间几何关系。地理数据不但表达了地理要素的名称、特征、分类和数量等属性特征，而且还反映了地理要素的位置、形状、大小和分布等方面的特征。这些表征地理要素空间几何关系的数据也叫图形数据，这也是地理信息数据库与其他数据库的根本差别。

总之，事务管理数据库是通用性较强的数据库，对于地学工作者来说，可以把它看作数据库技术入门的基础；空间数据库是具有空间定位特点的数据库，是地理信息系统的重要组成部分，也是我们研究的主要对象。

四、数据库的系统结构

数据库是一个复杂的系统，数据库的基本结构分用户级、概念级和物理级三个层次，反映了观察数据库的三种不同角度。每一级数据库都有自身对数据进行逻辑描述的模式，分别称为外模式、概念模式和内模式。模式之间通过映射关系进行联系和转换。在数据库系统中，用户看到的数据与计算机中存放的数据是两回事，这中间有着若干层的联系和转换，这样做的目的是：

①方便用户，用户只管发出各种数据操作指令而不管这些操作如何实现；

②便于数据库的全局逻辑管理，可以独立地进行设计与修改；

③为数据在物理存储器上的组织提供方便。

这样，不管是数据的物理存储方法还是数据库的全局组织发生变化，都尽可能不影响用户对数据库的存取。下面分别介绍数据库基本结构的三个层次。

（1）用户级：用户使用的数据库对应于外部模式，它是用户与数据库的接口，也就是用户能够看到的那部分数据库，它是数据库的一个子集。子模式就是用户看到的并获准使用的那部分数据的逻辑结构，借此来操作数据库中的数据。采用子模式有如下好处：

①接口简单，使用方便。用户只要依照子模式编写应用程序或在终端输入操作命令，无需了解数据的存储结构。

②提供数据共享性。用统一模式产生不同的子模式，减少了数据的冗余。

③孤立数据，安全保密。用户只能操作其子模式范围内的数据，可保证其他数据的安全。

（2）概念级：概念数据库对应于概念模式，简称模式，是对整个数据库的逻辑描述，也就是数据库管理员看到的数据库。模式的主体是数据模型，模式只能描述数据库的逻辑结构，而不涉及具体存取细节。模式通常是所有用户子模式的最小并集，即把所有用户的数据观点有机地结合成一个逻辑整体，统一地考虑所有用户的要求。在模式中有对数据库中所有数据项类型、记录类型和它们之间的联系及对数据的存取方法的总体描述。在模式下所看到的数据库叫概念数据库，因为实际数据库并没有存储在这一层，这里仅提供了关于整体数据库的逻辑结构。

概念模式与子模式的共同之处在于它们都是数据库的定义信息。从模式中可以导出各种子模式，如在关系模型中通过关系运算就可以从模式导出子模式。模式与子模式都不反映数据的物理存储，其为数据库管理系统所使用，其主要功能是供应用程序执行数据操作。

（3）物理级：物理数据库对应于内模式，又称为存储模式，内模式描述的是数据在存储介质上的物理配置与组织，是存放数据的实体，也是系统程序员才能看到的数据库。对机器来说，它是由 0 和 1（代表两种物理状态）组织起来的位串，其含义是字符或数字，对于程序员来说，它是一系列按一定存储结构组织起来的物理文件。

在计算中，实际存在的只是物理数据库。概念库只是物理库的一种抽象描述，而用户库只是用户与数据库的接口。用户根据子模式进行操作，通过子模式到概念模式的映射与概念库联系起来，再通过概念模式到存储模式的映射与物理库联系起来。完成三者联系的就是数据库管理系统（DBMS）。它的主要任务就是把用户对数据的操作转化到物理级去执行。

现在的数据库要求尽可能使三级结构之间保持逻辑独立与物理独立。逻辑独立是指当概念级数据库中改变逻辑结构时不改变用户子模式，即不影响用户应用；物理独立是指当改变数据的物理组织时不影响逻辑结构和应用程序。

五、数据库管理系统

数据库管理系统（DBMS）是处理数据库存取和各种管理控制的软件。它是数据库系统的中心枢纽，与系统的各部分有密切的联系，应用程序对数据库的操作全部通过 DBMS进行。

1. 数据库管理系统的功能

其功能因不同的系统而有所差异，但一般都具有以下主要功能：

（1）数据库定义功能；

(2)数据库的装入功能；

(3)数据管理功能；

(4)数据库维护功能；

(5)数据库通信功能。

2. 数据库管理系统的组成

(1)语言处理程序；

(2)系统运行控制程序；

(3)建立和维护程序。

3. 应用程序对数据库的访问过程

一般要经过以下主要步骤：

(1)应用程序向 DBMS 发出调用数据库数据的命令，命令中给出记录的类型与关键字值，先查找后读取。

(2)DBMS 分析命令，取出应用程序的子模式，从中找出有关记录的描述。

(3)DBMS 取出模式，决定为了读取记录需要哪些数据类型，以及有关数据存放信息。

(4)DBMS 查阅存储模式，确定记录位置。

(5)DBMS 向操作系统(OS)发出读取记录的命令。

(6)操作系统应用 I/O 程序，把记录送入系统缓冲区。

(7)DBMS 从系统缓冲区数据中导出应用程序所要读取的逻辑记录，并送入应用程序工作区。

(8)DBMS 向应用程序报告操作状态信息，如"执行成功"、"数据未找到"等。

(9)用户根据状态信息决定下一步工作。

六、数据字典

数据字典是数据库应用设计的重要内容。数据字典是描述数据库中各种数据属性与组成的数据集合，它是数据库设计和管理的有力工具。

数据字典的内容包括：

(1)数据库的总体组织结构；

(2)数据库总体设计的框架(如数据来源、地图投影、图幅匹配、拓扑关系等)；

(3)各数据层的详细内容定义及结构(名称、类型、数据质量、文件、表、各表项的定义、各层编号系统、各层数据的使用等)；

(4)数据命名的定义；

(5)元数据内容。

数据字典的用途是多方面的，它在数据库的整个生命周期里都起着重要的作用。在系统分析阶段，数据字典用来定义数据流程图中各个构成元素的属性和含义；在设计阶段提供一套工具，帮助设计人员实现要求；在调试阶段辅助产生测试数据，提高数据检查的能力；在运行和维护阶段，帮助数据库的重新组织和构造；在使用阶段，可以作为用户手册，并可实现快速查找对象。

七、数据安全

经验表明，建立数据库的基本费用通常是 GIS 硬件和软件的 5~10 倍。因此，保护数据库系统的安全就显得尤为重要。保护数据库系统的安全应从法律、行政和技术三方面采取综合措施。前三者需要通过立法和制定行政管理措施来实现，这里不再详述。下面就技术层面的数据安全做简要介绍。

（1）数据存储安全：空间数据在信息系统内以文件或数据库方式存储，为了防止信息被泄露或信息丢失，必须采取有效措施对存储数据加以保护：

①文件加密；

②数据库加密。

（2）数据存取控制。

（3）数据传输的安全与保密。

（4）计算机病毒的预防与清除。

（5）数据备份。

4.3.2　传统数据库的数据模型

数据库中数据之间的联系，主要通过数据模型来实现。所谓数据模型就是表达实体与实体之间的联系方式，它是衡量数据库能力强弱的主要标志之一。

在数据库领域中，人们把关系模型、层次模型和网络模型称为传统数据模型，把关系数据库、层次数据库和网络数据库称为传统的数据库系统，与之相应的数据库技术称为传统数据库技术。

一、关系模型

从数据结构的角度看，关系模型采用线性表数据结构。关系模型是一种数学化的模型，它是将数据的逻辑结构归结为满足一定条件的二维表，这种表称为关系。一个实体由若干个关系组成，而关系表的集合就构成了关系模型（图4-8）。

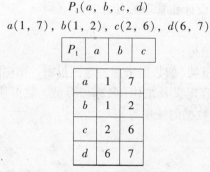

$$P_1(a, b, c, d)$$
$$a(1, 7), b(1, 2), c(2, 6), d(6, 7)$$

P_1	a	b	c
a	1	7	
b	1	2	
c	2	6	
d	6	7	

图4-8　关系模型

关系模型中的关系不用指针表示，而由数据本身自然地建立起它们之间的联系，并且是用关系代数和关系运算来操作数据。关系模型的主要优点是：数据结构简单、灵活、清晰，可以通过数学运算进行各种查询、计算和修改，数据描述具有较强的一致性和独立性，便于数据集成，便于对数据进行操作，所以是当前数据库中最常用的数据模型。缺点是当涉及的目标多关系很复杂时，操作时间长，效率低。

二、层次模型

从数据结构的观点看，层次模型采用的是树数据结构。层次模型所表达的基本联系是一对多的关系，或者当实体具有父子关系时，它把数据按其自然的层次关系组织起来，以反映数据之间的隶属关系(图 4-9)。

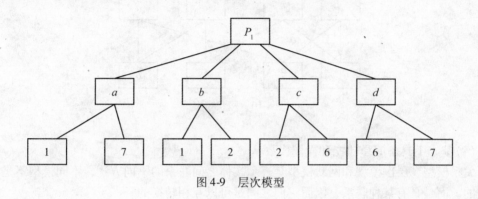

图 4-9　层次模型

层次模型中的记录都处于一定的层次上。如果把层次模型中的记录按照先上后下、先左后右的次序排列，就得到一个记录序列，称为层次序列码。层次序列码指出层次路径，按照层次路径存储和查找记录，是层次模型实现的方法之一。

层次模型的优点是模型层次分明、结构清晰，较容易实现。缺点是：

(1)很难描述复杂的地理实体之间的联系，描述多对多的关系时导致物理存储上的冗余；

(2)对任何对象的查询都必须从层次结构的根结点开始，低层次对象的查询效率很低，很难进行反向查询；

(3)数据独立性较差，数据更新涉及许多指针，插入和删除操作比较复杂，父结点的删除意味着其下层所有子结点均被删除；

(4)层次命令具有过程式性质，要求用户了解数据的物理结构，并在数据操纵命令中显式地给出数据的存取路径；

(5)基本不具备演绎功能和操作代数基础。

三、网状模型

网状模型是数据模型的另一种重要结构。网络模型的基本特征是在记录之间没有明确的主从关系，任何一个记录可与任意其他多个记录建立联系(图 4-10)。

网状模型反映地理世界中常见的多对多关系，支持数据重构，具有一定的数据独立和数据共享特性，且运行效率较高。

网状模型的缺点如下：

(1)由于网状结构的复杂性，增加了用户查询的定位困难，要求用户熟悉数据的逻辑结构，知道自己所处的位置；

(2)网状数据操作命令具有过程式性质，存在与层次模型相同的问题；

(3)不直接支持对于层次结构的表达；

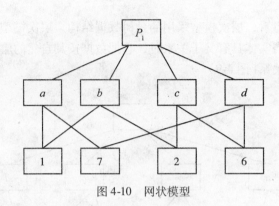

图 4-10　网状模型

（4）基本不具备演绎功能和操作代数基础。

关系模型、层次模型和网状模型是表示实体之间联系的不同方法，不同模型不是完全独立的，而是具有某种联系，因而它们之间是可以互相转换的。

4.3.3　面向对象的数据库系统

一、传统数据库管理地理空间数据的局限性

地理空间数据库是作为一种应用技术而诞生和发展起来的，其目的是为了使用户能够方便灵活地查询出所需的地理空间数据，同时能够进行有关地理空间数据的插入、删除、更新等操作，为此建立了如实体、关系、数据独立性、完整性、数据操纵、资源共享等一系列基本概念。数据库系统是程序设计语言、软件工程和人工智能等技术相互融合、共同发展的结果，其应用领域从统计、管理迅速扩大到实际工程应用。以地理空间数据存储和操作为对象的地理空间数据库，把被管理的数据从一维推向了二维、三维甚至更高维。

由于传统数据库系统（如关系数据库系统）的数据模拟主要针对简单对象，因而无法有效地支持以复杂对象（如图形、影像等）为主体的工程应用。地理空间数据库系统必须具备对地理对象（大多为具有复杂结构和内涵的复杂对象）进行模拟和推理的功能。一方面可将地理空间数据库技术视为传统数据库技术的扩充；另一方面，地理空间数据库突破了传统数据库理论（如将规范关系推向非规范关系），其实质性发展必然导致理论上的创新。

地理空间数据库是一种应用于地理空间数据处理与信息分析领域的具有工程性质的数据库，它所管理的对象主要是地理空间数据（包括空间数据和非空间数据）。传统数据库系统管理地理空间数据有以下几个方面的局限性：

（1）传统数据库系统管理是不连续的、相关性较小的数字和字符；而地理信息数据是连续的，并且具有很强的空间相关性。

（2）传统数据库系统管理的实体类型较少，并且实体类型之间通常只有简单、固定的空间关系；而地理空间数据的实体类型繁多，实体类型之间存在着复杂的空间关系，并且还能产生新的关系（如拓扑关系）。

（3）传统数据库系统存储的数据通常为等长记录的原子数据；而地理空间数据通常是

结构化的，其数据项可能很大，很复杂，并且变长记录。

（4）传统数据库系统只操纵和查询文字和数字信息；而地理空间数据库中需要有大量的空间数据操作和查询，如特征提取、影像分割、影像代数运算、拓扑和相似性查询等。

二、面向对象方法中的基本概念

面向对象的定义是指无论怎样复杂的事物都可以准确地由一个对象表示。每个对象都是包含了数据集和操作集的实体，也就是说，面向对象的模型具有封装性的特点。

1. 对象

含有数据和操作方法的独立模块，可以认为是数据和行为的统一体。如一个城市、一棵树均可作为地理对象。具有如下特点：

（1）具有一个唯一的标识，用以表明其存在的独立性；

（2）具有一组描述特征的属性，用以表明其在某一时刻的状态；

（3）具有一组表示行为的操作方法，用以改变对象的状态。

2. 类

共享同一属性和方法集的所有对象的集合构成类。如河流均具有共性，如名称、长度、流域面积等，以及相同的操作方法，如查询、计算长度、求流域面积等，因而可抽象为河流类。

3. 实例

被抽象的对象，类的一个具体对象，称为实例，如长江、黄河等。真正抽象的河流不存在，只存在河流的例子。类是抽象的对象，是实例的组合，类、实例是相对的，类和实例的关系为上下层关系。

4. 消息

对象之间的请求和协作。如鼠标点，就是消息，点某按钮，就是对按钮提出请求。

三、面向对象方法中的四种核心技术

1. 分类

类是关于同类对象的集合，具有相同属性和操作的对象组合在一起称为类。属于同一类的所有对象共享相同的属性项和操作方法，每个对象都是这个类的一个实例，即每个对象可能有不同的属性值。可以用一个三元组来建立一个类型：

$$Class = (CID, CS, CM)$$

其中，CID 为类标识或类型名，CS 为状态描述部分，CM 为应用于该类的操作。显然有：$S \in CS$ 和 $M \in CM$（当 $Object \in Class$ 时）。因此，在实际的系统中，仅需对每个类型定义一组操作，供该类中的每个对象应用。由于每个对象的内部状态不完全相同，所以要分别存储每个对象的属性值。

例如，一个城市的 GIS 中，包括了建筑物、街道、公园、电力设施等类型。而裕华东路则是街道类中的一个实例，即对象。街道类中可能有街道的名称、位置、长度、宽度、路面性质等属性，并可能需要显示街道、更新属性数据等操作。每个街道都使用街道类中操作过程的程序代码，代入各自的属性值操作该对象。

2. 概括

在定义类型时，将几种类型中某些具有公共特征的属性和操作抽象出来，形成一种更一般的超类。例如，将 GIS 中的地物抽象为点状对象、线状对象、面状对象以及由这三种对象组成的复杂对象，因而这四种类型可以作为 GIS 中各种地物类型的超类。

比如，设有两种类型：

$$Class1 = (CID1, CSA, CSB, CMA, CMB)$$

$$Class2 = (CID2, CSA, CSC, CMA, CMC)$$

Class1 和 Class2 中都带有相同的属性子集 CSA 和操作子集 CMA，并且 $CSA \in CS1$ 和 $CSA \in CS2$ 及 $CMA \in CM1$ 和 $CMA \in CM2$，因而将它们抽象出来，形成一种超类 SuperClass $= (SID, CSA, CMA)$。这里的 SID 为超类的标识号。

在定义了超类以后，Class1 和 Class2 可表示为

$$Class1 = (CID1, CSB, CMB)$$

$$Class2 = (CID2, CSC, CMC)$$

此时，Class1 和 Class2 称为超类的子类。

例如，建筑物是饭店的超类，因为饭店也是建筑物。子类还可以进一步分类，如饭店类可以进一步分为小餐馆、普通旅社、宾馆、招待所等类型。所以，一个类可能是某个或某几个超类的子类，同时又可能是几个子类的超类。

建立超类实际上是一种概括，避免了说明和存储上的大量冗余。由于超类和子类的分开表示，所以就需要一种机制，在获取子类对象的状态和操作时，能自动得到它的超类的状态和操作。这就是面向对象方法中的模型工具——继承，它提供了对世界简明而精确的描述，以利于共享说明和应用的实现。

3. 联合

在定义对象时，将同一类对象中的几个具有相同属性值的对象组合起来，为了避免重复，设立一个更高水平的对象表示那些相同的属性值。

假设有两个对象：

$$Object1 = (ID1, SA, SB, M)$$

$$Object2 = (ID2, SA, SC, M)$$

其中，这两个对象具有一部分相同的属性值，可设立新对象 Object3 包含 Object1 和 Object2，Object3 $= (ID3, SA, Object1, Object2, M)$。此时 Object1 和 Object2 可变为

$$Object1 = (ID1, SB, M)$$

$$Object2 = (ID2, SC, M)$$

Object1 和 Object2 称为"分子对象"，它们的联合所得到的对象称为"组合对象"。联合的一个特征是它的分子对象应属于一个类型。

4. 聚集

聚集是将几个不同特征的对象组合成一个更高水平的复合对象。每个不同特征的对象是该复合对象的一部分，它们有自己的属性描述数据和操作，这些是不能为复合对象所公用的，但复合对象可以从它们那里派生得到一些信息。例如，弧段聚集成线状地物或面状地物，简单地物组成复杂地物。

例如，设有两种不同特征的分子对象：

$$Object1 = (ID1, S1', M1)$$

$$Object2 = (ID2，S2，M2)$$

用它们组成一个新的复合对象

$$Object3 = (ID3，S3，Object1(Su)，Object2(Sv)，M3)$$

其中，$Su \in S1$，$Sv \in S2$，从上式中可见，复合对象 Object3 拥有自己的属性值和操作。它仅是从分子对象中提取部分属性值，且一般不继承子对象的操作。

在联合和聚集这两种对象中，是用"传播"作为传递子对象的属性到复杂对象的工具。也即是说，复杂对象的某些属性值不单独存于数据库中，而是从它的子对象中提取或派生。例如，一个多边形的位置坐标数据，并不直接存于多边形文件中，而是存于弧段和结点文件中，多边形文件仅提供一种组合对象的功能和机制，通过建立聚集对象，借助于传播的工具可以得到多边形的位置信息。

四、面向对象的特性

(1)抽象性：是对现实世界的简明表示。形成对象的关键是抽象，对象是抽象思维的结果。

(2)封装性：一般来讲，包起来，将方法与数据放于一对象中，以使对数据的操作只可通过该对象本身的方法来进行。在这，指把对象的状态及其操作集成化，使之不受外界影响。

(3)多态性：是指同一消息被不同对象接收时，可解释为不同的含义。同一消息，对不同对象，功能不同。

五、面向对象数据模型的核心工具

1. 继承

一类对象可继承另一类对象的特性和能力，子类继承父类的共性，继承不仅可以把父类的特征传给中间子类，还可以向下传给中间子类的子类。它服务于概括。继承机制减少代码冗余，减少相互间的接口和界面。具体如图 4-11 所示。

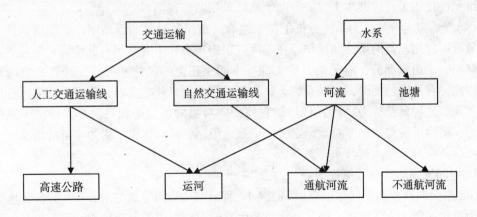

图 4-11 继承

2. 传播

传播与继承是一对。复杂对象的某些属性值不单独存于数据库中，而由子对象派生或

69

提取，将子(成员)对象的属性信息强制地传播给综合复杂对象。成员对象的属性只存储一次，保证数据一致性和减少冗余。如武汉市总人口，是存储在各成员对象中的各区人口总和。

3. 继承与传播(区别)

(1)继承服务于概括，传播作用于联合和聚集；

(2)继承是从上层到下层，应用于类，而传播是自下而上，直接作用于对象；

(3)继承包括属性和操作，而传播一般仅涉及属性；

(4)继承是一种信息隐含机制，只要说明子类与父类的关系，则父类的特征一般能自动传给它的子类，而传播是一种强制性工具，需要在复合对象中显式定义它的每个成员对象，并说明它需要传播哪些属性值。

六、面向对象数据模型的优点

面向对象的数据模型同传统数据模型比较，其主要优势表现在以下几点：

(1)具有表示和构造复杂对象的能力。它可以模拟复杂的现实世界，即无论怎样复杂的事例都可模型化为一个对象，对象的取值可以是另一个对象，实体存储的是该对象的标识。这样表示不仅自然，易理解，也可使查询速度大大加快。

(2)封装性和信息隐蔽技术提供了模块化机制。每个对象包含数据集和操作集，用对象封装技术将它们封装起来，其外部只提供一个抽象接口，看不到实际的细节，从而使对象内部的修改并不影响用户对对象的使用。封装性是一种信息隐藏技术。利用封装性系统可以分解为各个封闭在对象内部的小系统。

(3)继承和类层次技术提供了重用机制。类是相同对象的集合，具有相同属性和相同操作方法的一些对象类又可以组成一个集合，该集合称为"超类"。反之，一个类是其他类的特例时，该类称为"子类"。一个类的上层可以是"超类"，下层可以是"子类"，从而组成了层次结构。在这种层次结构中，下层元素可以继承上层元素的全部属性和操作方法。继承性提供了代码共享手段，有助于软件重用的实现。

(4)滞后束定等技术为系统提供了扩充能力。在面向对象的模型中，根据继承性，子类对象可以使用超类的属性和操作。在实际应用中超类和子类常不一起编辑。如超类是系统程序的一个组成部分，而子类只定义那些不同于超类的属性和操作，且放在应用程序中。因此，在编辑超类时，编译系统无法解释操作名，只能把此项工作延迟到应用程序运行时实现。这种延续称为"滞后束定"，它使面向对象的模型更加灵活，并提供了系统扩充能力，消除了传统数据库对数据定义的一致性限制，从而提供了更为丰富的语义。

七、面向对象的几何抽象类型

1. 空间地物的几何数据模型

GIS 中面向对象的几何数据模型如图 4-12 所示。从几何方面划分，GIS 的各种地物可抽象为点状地物、线状地物、面状地物以及由它们混合组成的复杂地物。每一种几何地物又可能由一些更简单的几何图形元素构成。例如，一个面状地物是由周边弧段和中间面域组成，弧段又涉及结点和中间点坐标。或者说，结点的坐标传播给弧段，弧段聚集成线状地物或面状地物，简单地物组成复杂地物。

2. 拓扑关系与面向对象模型

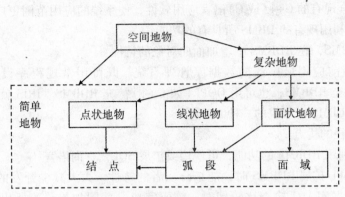

图 4-12 面向对象的几何数据模型

通常地物之间的相邻和关联关系可通过公共结点、公共弧段的数据共享来隐含表达。在面向对象数据模型中，数据共享是极其重要的特征。将每条弧段的两个端点（通常它们与另外的弧段公用）抽象出来，建立应该单独的结点对象类型，而在弧段的数据文件中，设立两个结点子对象标识号，即用"传播"的工具提取结点文件的信息。这一模型既解决了数据共享问题，又建立了弧段与结点的拓扑关系。同样，面状地物对弧段的聚集方式与数据共享和几何拓扑关系的建立也达到一致。

八、面向对象的属性数据模型

关系数据模型和关系数据库管理系统基本上适应于 GIS 中属性数据的表达与管理。若采用面向对象数据模型，语义将更加丰富，层次关系也更明了。可以说，面向对象数据模型是在包含关系数据库管理系统的功能基础上，增加面向对象数据模型的封装、继承和信息传播等功能。

属性数据管理中也需用到聚集的概念和传播的工具。例如，在饭店类中，可能不直接存储职工总人数、房间总数和床位总数等信息，它可能从该饭店的子对象职员和房间床位等数据库中派生得到。

九、面向对象数据库系统的实现

面向对象数据库系统采用面向对象数据模型，其实现方式主要有以下三种：

1. 扩充面向对象程序设计语言（OOPL），在 OOPL 中增加 DBMS 的特性

面向对象数据库系统的一种开发途径便是扩充 OOPL 使其处理永久性数据。典型的 OOPL 有 Smalltalk 和 C++。GmStone 就是通过扩充 Smalltalk 而形成的一种 OODBMS。ONTOS 则是通过扩充 C++ 而形成的一种 OODBMS：它用标准 C++ 代码定义类和函数，并提供主动数据字典的概念，使数据能动态定义。在 OODBMS 中增加处理和管理地理信息数据的功能，则可形成地理信息数据库系统。在这种系统中，对象标识符为指向各种对象的指针；地理信息对象的查询通过指针依次进行（巡航查询）；这类系统具有计算完整性。

这种实现途径的优点是：

（1）能充分利用 OOPL 强大的功能，相对地减少开发工作量；

(2)容易结合现有的 C++(或 C)语言应用软件,使系统的应用范围更广。这种途径的缺点是没有充分利用现有的 DBMS 所具有的功能。

2. 扩充 RDBMS,在 RDBMS 中增加面向对象的特性

RDBMS 是目前应用最广泛的数据库管理系统。既可用常规程序设计语言(如 C、FORTRAN 等)扩充 RDBMS,也可用 OOPL(如 C++)扩充 RDBMS。IRIS 就是用 C 语言和 LISP 语言扩展 RDBMS 所形成的一种 OODBMS。

这种实现途径的优点是:

(1)能充分利用 RDBMS 的功能,可使用或扩展 SQL,查询语言;

(2)采用 OOPL 扩展 RDBMS 时,能结合二者的特性,大大减少开发的工作量。这种途径的缺点是数据库 I/O 检查比较费时,需要完成一些附加操作,所以查询效率比纯 OODBMS 低。

3. 建立全新的支持面向对象数据模型的 OODBMS

这种实现途径从重视计算完整性的立场出发,以记述消息的语言作为基础,备有全新的数据库程序设计语言(DBPL)或永久性程序设计语言(PPL)。此外,它还提供非过程型的查询语言。它并不以 OOPL 作为基础,而是创建独自的面向对象 DBPL。O2 就是用这种途径实现的。O2 系统由三个层次组成,它们是模式管理(SM)、对象管理(OM)和 Wisconsin 存储系统(WISS),SM 负责类别、消息和公共区名字的生成、查询、更新和删除。OM 负责复合对象及复合值与消息的交换。WISS 则提供构造记录的各种文档的存储方法。

这种实现途径的优点是:

(1)用常规语言开发的纯 OODBMS 全面支持面向对象数据模型,可扩充性较强,操作效率较高;

(2)重视计算完整性和非过程查询。这种途径的缺点是数据库结构复杂,并且开发工作量很大。

上述三种开发途径各有利弊,侧重面也各有不同。第一种途径强调 OOPL 中的数据永久化;第二种途径强调 RDBMS 的扩展;第三种途径强调计算完整性和纯面向对象数据模型的实现。这三种途径也可以结合起来,充分利用各自的特点,既重视 OOPL 和 RDBMS 的扩展,也强调计算完整性。

4.4　GIS 数据库的设计与实现

数据库的设计与实现:空间数据库的设计是指在现在数据库管理系统的基础上建立并实现空间数据库的整个过程。

一、需求分析

需求分析是整个空间数据库设计与建立的基础,主要进行以下工作:

(1)调查用户需求:了解用户特点和要求,取得设计者与用户对需求的一致看法。

(2)需求数据的收集和分析:包括信息需求(信息内容、特征、需要存储的数据)、信息加工处理要求(如响应时间)、完整性与安全性要求等。

（3）编制用户需求说明书：包括需求分析的目标、任务、具体需求说明、系统功能与性能、运行环境等，是需求分析的最终成果。

二、结构设计

结构设计指空间数据结构设计，结果是得到一个合理的空间数据模型，是空间数据库设计的关键。

空间数据库设计的实质是将地理空间实体以一定的组织形式在数据库系统中加以表达的过程，也就是地理信息系统中空间实体的模型化问题（图 4-13）。

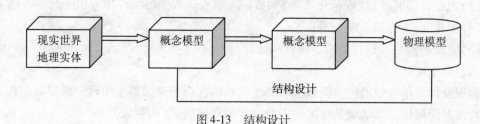

图 4-13 结构设计

1. 概念模型

概念模型是通过对错综复杂的现实世界的认识与抽象，最终形成空间数据库系统及其应用系统所需的模型。

表示概念模型最有力的工具是 E-R 模型，即实体-联系模型，包括实体、联系和属性三个基本成分。用它来描述现实地理世界，不必考虑信息的存储结构、存取路径及存取效率等与计算机有关的问题，比一般的数据模型更接近于现实地理世界，具有直观、自然、语义较丰富等特点，在地理数据库设计中得到了广泛应用（图 4-14）。

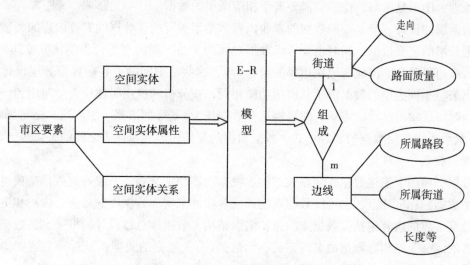

图 4-14 概念模型

2. 逻辑模型

逻辑模型的设计是将概念模型结构转换为具体 DBMS 可处理的地理数据库的逻辑结构（或外模式），包括确定数据项、记录及记录间的联系、安全性、完整性和一致性约束等。

从 E-R 模型向关系模型转换的主要过程为：

(1) 确定各实体的主关键字；

(2) 确定并写出实体内部属性之间的数据关系表达式（函数依赖关系），即某一数据项决定另外的数据项；

(3) 把经过消冗处理（规范化处理）的数据关系表达式中的实体作为相应的主关键字；

(4) 根据 a、b 形成新的关系；

(5) 完成转换后，进行分析、评价和优化。

三、物理设计

物理设计是指有效地将空间数据库的逻辑结构在物理存储器上实现，确定数据在介质上的物理存储结构，其结果是导出地理数据库的存储模式（内模式）。

主要内容包括确定记录存储格式，选择文件存储结构，决定存取路径，分配存储空间。物理设计的好坏将对地理数据库的性能影响很大，一个好的物理存储结构必须满足两个条件：

(1) 是地理数据占有较小的存储空间；

(2) 是对数据库的操作具有尽可能高的处理速度。

四、数据层设计

GIS 的数据可以按照空间数据的逻辑关系或专业属性分为各种逻辑数据层或专业数据层，原理上类似于图片的叠置。例如，地形图数据可分为地貌、水系、道路、植被、控制点、居民地等诸层分别存储。将各层叠加起来就合成了地形图的数据。在进行空间分析、数据处理、图形显示时，往往只需要若干相应图层的数据。

数据层的设计一般是按照数据的专业内容和类型进行的。数据的专业内容的类型通常是数据分层的主要依据，同时也要考虑数据之间的关系。如需考虑两类物体共享边界（道路与行政边界重合、河流与地块边界的重合）等，这些数据间的关系在数据分层设计时应体现出来。不同类型的数据由于其应用功能相同，在分析和应用时往往会同时用到，因此在设计时应反映出这样的需求，即可将这些数据作为一层（如道路、加油站、停车场-交通层），最后得出各层数据的表现形式、各层数据的属性内容和属性表之间的关系等。

五、数据字典设计

数据字典用于描述数据库的整体结构、数据内容和定义等。一个好的数据字典可以说是一个数据的标准规范，它可使数据库的开发者依此来实施数据库的建立、维护和更新。

数据字典的内容包括：数据库的总体组织结构、数据库总体设计的框架、各数据层详细内容的定义及结构、数据命名的定义、元数据（有关数据的数据，是对一个数据集的内容、质量条件及操作过程等的描述）等内容。

4.5 GIS 数据库的建立与维护

4.5.1 GIS 数据库的建立

一、建立空间数据库结构

利用 DBMS 提供的数据描述语言描述逻辑设计和物理设计的结果，得到概念模式和外模式，编写功能软件，经编译、运行后形成目标模式，建立起实际的空间数据库结构。

二、数据装入

一般由编写的数据装入程序或 DBMS 提供的应用程序来完成。在装入数据之前要做许多准备工作，如对数据进行整理、分类、编码及格式转换（如专题数据库装入数据时，采用多关系异构数据库的模式转换、查询转换和数据转换）等。装入的数据要确保其准确性和一致性。

三、调试运行

装入数据后，要对地理数据库的实际应用程序进行运行，执行各功能模块的操作，对地理数据库系统的功能和性能进行全面测试。

4.5.2 GIS 数据库的维护

一、空间数据库的重组织

指在不改变空间数据库原来的逻辑结构和物理结构的前提下，改变数据的存储位置，将数据予以重新组织和存放。

二、空间数据库的重构造

指局部改变空间数据库的逻辑结构和物理结构。数据库重构通过改写其概念模式（逻辑模式）的内模式（存储模式）进行。

三、空间数据库的完整性、安全性控制

完整性是指数据的正确性、有效性和一致性，主要由后映像日志来完成，它是一个备份程序，当发生系统或介质故障时，利用它对数据库进行恢复。

安全性指对数据的保护，主要通过权限授予、审计跟踪，以及数据的卸出和装入来实现。

第5章　空间数据的采集和处理

GIS 是采集、管理、分析、建模和显示地理空间数据的信息系统，因此空间数据的处理是 GIS 的重要功能之一。空间数据处理是针对空间数据本身完成的操作，不涉及内容的分析。因此，空间数据处理又称为空间数据形式的操作。本章论述了空间数据的数据源、数据采集、数据输入、数据处理以及数据的质量控制。

5.1　GIS 数据源

一、GIS 的数据源

GIS 的数据源，是指建立地理数据库所需的各种数据的来源，主要包括地图、遥感图像、文本资料、统计资料、实测数据、多媒体数据、已有系统的数据等。

1. 地图数据

地图是 GIS 的主要数据源，因为地图包含着丰富的内容，不仅含有实体的类别和属性，而且含有实体间的空间关系。地图数据主要通过对地图的跟踪数字化和扫描数字化获取。图 5-1 是一幅中国地图。

图 5-1　中国地图

地图数据通常用点、线、面及注记来表示地理实体及实体间的关系，如：点——居民点、采样点、高程点、控制点等；线——河流、道路、构造线等；面——湖泊、海洋、植被等。注记——名注记、高程注记等。

2. 遥感数据

遥感数据是 GIS 的重要数据源。遥感数据含有丰富的资源与环境信息，在 GIS 支持下，可以与地质、地球物理、地球化学、地球生物、军事应用等方面的信息进行信息复合和综合分析。遥感数据是一种大面积的、动态的、近实时的数据源，遥感技术是 GIS 数据更新的重要手段。图 5-2 是一张遥感影像图。

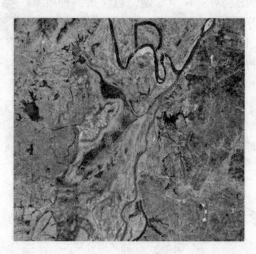

图 5-2　遥感图像

3. 文本资料

文本资料是指各行业、各部门的有关法律文档、行业规范、技术标准、条文条例等，如边界条约等。这些也属于 GIS 的数据。

4. 统计资料

国家和军队的许多部门和机构都拥有不同领域(如人口、基础设施建设等)的大量统计资料，这些都是 GIS 的数据源，尤其是 GIS 属性数据的重要来源。

5. 实测数据

野外试验、实地测量等获取的数据可以通过转换直接进入 GIS 的地理数据库，以便于进行实时的分析和进一步的应用。GPS(全球定位系统)所获取的数据也是 GIS 的重要数据源。

6. 多媒体数据

多媒体数据(包括声音、录像等)通常可通过通讯口传入 GIS 的地理数据库中，目前其主要功能是辅助 GIS 的分析和查询。

7. 已有系统的数据

GIS 还可以从其他已建成的信息系统和数据库中获取相应的数据。由于规范化、标准化的推广，不同系统间的数据共享和可交换性越来越强。这样就拓展了数据的可用性，增加了数据的潜在价值。

5.2　地理数据的分类和编码

一、地理数据分层

空间数据可按某种属性特征形成一个数据层，通常称为图层(coverage)(图5-3)。

1. 空间数据分层方法

(1)专题分层：每个图层对应一个专题，包含某一种或某一类数据。如地貌层、水系层、道路层、居民地层等。

(2)时间序列分层：即把不同时间或不同时期的数据作为一个数据层。

(3)地面垂直高度分层：把不同时间或不同时期的数据作为一个数据层。

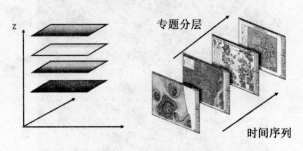

图5-3　空间数据分层

2. 空间数据分层的目的

空间数据分层便于空间数据的管理、查询、显示、分析等。

(1)空间数据分为若干数据层后，对所有空间数据的管理就简化为对各数据层数据量的管理，而一个数据层的数据结构往往比较单一，也相对较小，管理起来就相对简单。

(2)对分层的空间数据进行查询时，不需要对所有空间数据进行查询，只需要对某一层空间数据进行查询即可，因而可加快查询速度。

(3)分层后的空间数据，由于便于任意选择需要显示的图层，因而增加了图形显示的灵活性。

(4)对不同数据层进行叠加，可进行各种目的的空间分析。

二、空间数据的分类与编码

地理信息种类繁多、内容丰富，只有将它们按一定的规律进行分类和编码，使其有序地存储、检索，才能满足各种应用分析需求。因此，基础地理数据的分类和编码是空间数据库建立的重要基础。

1. 属性数据编码

在属性数据中，有一部分是与几何数据的表示密切相关的。例如，道路的等级、类型等，决定着道路符号的形状、色彩、尺寸等。在 GIS 中，通常把这部分属性数据用编码的形式表示，并与几何数据一起管理起来。

编码：是指确定属性数据的代码的方法和过程。

代码：是一个或一组有序的易于被计算机或人识别与处理的符号，是计算机鉴别和查找信息的主要依据和手段。

编码的直接产物就是代码，而分类分级则是编码的基础。

2. 分类编码的原则

分类是将具有共同的属性或特征的事物或现象归并在一起，而把不同属性或特征的事物或现象分开的过程。分类是人类思维所固有的一种活动，是认识事物的一种方法。分类的基本原则是：科学性、系统性、可扩性、实用性、兼容性、稳定性、灵活性、不受比例尺限制。

3. 分类码和标识码

（1）分类码：分类码是直接利用信息分类的结果制定的分类代码，用于标记不同类别信息的数据。分类码一般由数字、字符、数字字符混合构成。代码结构如图5-4所示。

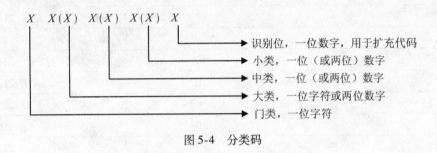

图5-4 分类码

（2）标识码：标识码间接利用信息分类的结果，在分类的基础上，对某一类数据中各个实体进行标识，以便能按实体进行存储和逐个进行查询检索。标识码通常由定位分区和各要素实体代码两个码段构成。代码结构如图5-5所示。

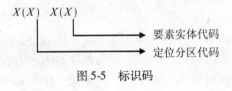

图5-5 标识码

4. 分类码示例

表5-1是上海市地理信息系统的分类码示例。其中，第一位为库码，分别以 A、B、C、D 表示 1∶500、1∶2000、1∶10000、1∶50000 等不同的库要素。第二和第三位为特征码，按数据规范中定义的基础特征按顺序进行。第四位和第五位为类型码，以基础特征中的属性域的类型进行定义。

5. 标识码示例

表 5-1　　　　　　　　　　　　　　　　　分类码示例

要素名	要素编码			国标码
	库码	特征码	类型码	
建筑物	A	01		211
住宅			01	211
办公			02	211
粮仓			03	211
饲养场			04	211
温室、菜窖、花房			05	211
庙宇			06	211
土地庙			07	211
教堂			08	211
清真寺			09	211
厕所			10	211
变电室			11	211
简屋	A	02		212
棚房	A	03		215
架空房屋	A	04		216
楼梯台阶、水池平台	A	05		232
楼梯台阶、水池平台注记	A	06		232
地下室入口	A	07		373
地下室入口符号	A	08		373
墩柱	A	09		236

　　表 5-2 是上海市地理信息系统的标识码示例。其中，编码的第一、第二位表示道路所属的一级区域，一级区域的第一位为字母，以 E、W、S、N、C 分别代表道路在上海的东西南北中的区域方位，一级区域代码的第二位为数字，表示方位内的区域编号。编码的第三、四、五位表示两级区域内道路的顺序码，其中第三位的数字为奇数时，表示道路为南北走向，偶数为东西走向。

表 5-2　　　　　　　　　　　　　　　　　标识码示例

道路名	道路编码
金田路	C1492
金同路	S1242
金扬路	E1004

道路名	道路编码
金张公路	E2111
金珠路	W1162
津兴路	E1131
锦西路	C1652
锦绣路	S1315
锦州弯路	N2014
进贤路	C4001
晋元路	C1113

5.3 GIS 数据采集和输入

5.3.1 数据采集

一、数据的采集

1. 几何数据的采集

1) 几何数据采集方式：①地图数字化；②解析测图法；③已有数据转入。

2) 地图数字化：地图数字化是指把传统的纸质或其他材料上的地图（模拟信号）转换为计算机可识别的图形数据（数字信号）的过程，以便进一步在计算机中进行存储、分析和输出。其基本功能是：图幅信息录入和管理功能；特征码清单设置；数字化键值设置；数字化参数定义；数字化方式的选择；控制点输入功能。地图数字化包括手工数字化、数字化仪数字化、扫描矢量化三种方式。地图数字化的过程如图 5-6 所示。

图 5-6 地图数字化

在地图数字化之前一定要设计好数字化所采用的技术路线，这关系到地图数字化的效率。确定数字化路线包括：①选择地图，地图的选择主要考虑地图的精度和要素的繁简；②地图分层与分幅，即对哪些要素数字化，对要数字化的要素进行分层并确定图名；对图幅大的，还涉及对数字化地图的分幅与拼接。另外，数字化之前需要对数字化底图进行适当处理，主要包括：①减少图纸变形的影响；②线画要素的分段；③选取控制点。

（1）手工数字化：指不借用任何数字化设备对地图进行数字化，即手工读取并录入地图的地理坐标数据。手工数字化按照空间数据的存储格式的不同分为手工矢量数字化、手工栅格数字化。

①手工矢量数字化：指直接读取地理实体坐标数据并按一定格式记录下来，具体步骤为：第一步，对地理实体编码；第二步，量取地理实体坐标；第三步，录入坐标数据。

②手工栅格数字化：指将图面划分成栅格单元矩阵，按地理实体的类别对栅格单元进行编码，然后依次读取每个栅格单元代码值的数字化方法。具体步骤为：第一步，确定栅格单元大小；第二步，准备栅格网；第三步，对栅格单元进行编码；第四步，读取栅格单元值；第五步，数据录入。

（2）数字化仪数字化的流程如图 5-7 所示。

图 5-7　数字化仪数字化流程图

（3）扫描矢量化的流程如图 5-8 所示。

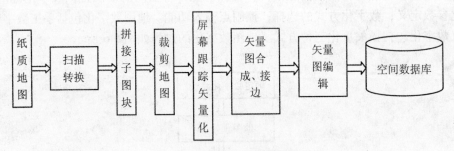

图 5-8　扫描矢量化的流程图

2. 属性数据的采集

属性数据的录入主要采用键盘输入的方法，有时也可以辅助于字符识别软件。为了把空间实体的几何数据与属性数据联系起来，必须在几何数据与属性数据之间有一公共标识符。当空间实体的几何数据与属性数据连接起来之后，就可进行各种 GIS 的操作与运算了。

二、空间数据的编辑和检查

1）空间数据输入的误差来源：几何数据的不完整或重复；几何数据的位置不正确；比例尺不正确；变形；几何数据与属性数据的连接有误；属性数据错误、不完整等方面。

2）空间数据的检查。

（1）通过图形实体与其属性的联合显示，发现数字化中的遗漏、重复、不匹配等错误；

（2）在屏幕上用地图要素对应的符号显示数字化的结果，对照原图检查错误；

（3）把数字化的结果绘图输出在透明材料上，然后与原图叠加以发现错漏；

（4）对等高线，通过确定最低和最高等高线的高程及等高距，编制软件来检查高程的赋值是否正确；

（5）对于面状要素，可在建立拓扑关系时，根据多边形是否闭合来检查，或根据多边形与多边形内点的匹配来检查等；

（6）对于属性数据，通常是在屏幕上逐表、逐行检查，也可打印出来检查；

（7）对于属性数据还可编写检核程序，如有无字符代替了数字，数字是否超出了范围等；

（8）对于图纸变形引起的误差，应使用几何纠正来进行处理。

5.3.2　数据输入

1. 手工方式

手工方式是通过手工在计算机终端上输入数据，主要是键盘输入。

2. 手扶跟踪数字化方式

手扶跟踪数字化仪是一种图形数字化设备，是常用的地图数字化方式。

3. 扫描方式

扫描仪是一种图形、图像输入设备，可以快速地将图形、图像输入计算机系统，是目前发展很快的数字化设备，已经成为图文通信、图像处理、模拟识别、出版系统等方面的重要输入设备。

4. 影像处理和信息提取方式

影像处理和信息提取是从遥感影像上直接提取专题信息，影像处理技术包括几何纠正、光谱纠正、影像增强、图像变换、结构信息提取、影像分类等。它是目前技术水平下，一种十分有效的快速信息采集方式。

5. 数据通信方式

数据通信是指在联网方式下，信息系统内部各子系统之间以及与其他信息系统之间实现信息交流和信息共享的主要方式。Internet 是目前世界上最大的计算机网络和信息源。Internet 上也有大量的有关地图制图学和地理信息系统的信息，能够搜寻、检索、显示、保存有关地图、地图制图学、数字制图的信息以及综合的地理信息系统、全球定位系统等。数据通信技术的发展对地理信息系统中数据采集系统的性能提高，将起到极大的推动作用。

5.4　GIS 数据处理

一、数据处理的概念和意义

在地图数字化过程中，不可避免地存在某些错误或与应用目标的不一致性。例如数字化数据与使用格式不一致，各种数据来源的比例尺和投影不统一，各图幅数据之间的不匹配等。必须经过数据处理，才能获得净化的数据文件，使存储的数据符合规范化标准，数据形式便于进一步使用和分析的需要。所谓数据处理，就是对采集的各种数据，按照不同的方式方法对数据形式进行编辑运算，清除数据冗余，弥补数据缺失，形成符合用户要求的数据文件格式。

数据处理主要是针对数据本身完成的内容，不涉及内容的分析。因此，数据处理又称数据形式的操作。数据处理是实现地理信息系统数据组织管理的重要环节。简而言之，数据处理的意义体现在以下几方面：

（1）数据处理是实现空间数据有序化的必要过程。采集来的空间数据往往杂乱无章，只有经过数据处理变得有序排列组合，才能在地理信息系统中使用。

（2）数据处理是检验数据质量的关键环节。地理数据的特点是量大和相互关系复杂。GIS 对数据的质量要求很高，某些数据的虚假可能带来巨大的错误和利益损失。因此在数据处理过程中通过精度测试和逻辑一致性检验，避免因错误的决策造成财产损失或人员伤亡。显然，数据处理可以防患于未然，将很大一部分可能的错误预先避免。

（3）数据处理是实现数据共享的关键步骤。建立数据库费用较大，实现数据共享，可减少投入成本，避免资源浪费成为信息技术产业的重要课题。数据处理正是实现数据共享的关键步骤，通过格式转换，运用软件系统以达到数据交互使用的目的。

二、图形坐标变换

在 GIS 中，往往要对图形进行平移、旋转、缩小、放大等操作，其实质是图形的坐标变换。图形坐标变换在数据处理中是重要内容之一，下面介绍几种常见的坐标变换方法。

1. 平移变换

在一个直角坐标系上的点，可以通过原坐标值分别加上 x，y 的偏移量来得到点的平移。如图 5-9 所示，设原来点 P 的坐标为 (x, y)，新点 P' 相对的偏移量为 $(\Delta x, \Delta y)$，那么平移后 $P'(x', y')$ 由下式决定：

$$\begin{cases} x' = x + \Delta x \\ y' = y + \Delta y \end{cases}$$

可以用矢量方式来定义这一变换，令 $P = (x, y)$，$P' = (x', y')$，$T = (\Delta x, \Delta y)$，这样便可写成 $(x', y') = (x, y) + (\Delta x, \Delta y)$，或更简练地写成 $P' = P + T$。

2. 旋转变换

使点 $P(x, y)$ 环绕坐标原点转动某个角度 θ，从而获得一个新点 $P'(x', y')$ 的变换称为旋转变换，如图 5-10 所示，其变换公式为：

$$\begin{cases} x' = x \cdot \cos\theta - y \cdot \sin\theta \\ y' = x \cdot \sin\theta + y \cdot \cos\theta \end{cases}$$

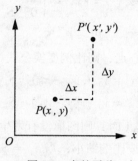

图 5-9　点的平移

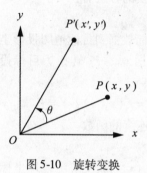

图 5-10　旋转变换

若将上式写成矩阵形式则是：

$$(x',\ y') = (x,\ y)\begin{bmatrix} \cos\theta & \sin\theta \\ -\sin\theta & \cos\theta \end{bmatrix}$$

其中，$T = \begin{bmatrix} \cos\theta & \sin\theta \\ -\sin\theta & \cos\theta \end{bmatrix}$ 称为旋转变换矩阵。式中的 θ 角为转角，无旋转时，$\theta = 0$；逆时针方向旋转时，θ 取正值；顺时针方向旋转时，θ 取负值。

若以任一点 $(x_0,\ y_0)$ 为基准点逆时针旋转角度 θ，旋转公式为：

$$\begin{cases} x' = x_0 + (x - x_0)\cos\theta - (y - y_0)\sin\theta \\ y' = y_0 + (x - x_0)\sin\theta + (y - y_0)\cos\theta \end{cases}$$

3. 比例变换（图形缩放）

点可以通过对其 $P(x,\ y)$ 坐标分别乘以各自的比例因子 S_x 和 S_y 来改变它们到坐标原点的距离，称为比例变换，即

$$\begin{cases} x' = x \cdot S_x \\ y' = y \cdot S_y \end{cases}$$

比例变换也常称为变比。定义 $S = \begin{bmatrix} S_x & 0 \\ 0 & S_y \end{bmatrix}$，则用矩阵形式来重写上式：

$$(x', y') = (x, y) \begin{bmatrix} S_x & 0 \\ 0 & S_y \end{bmatrix}$$

或

$$P' = P \cdot S$$

若以任意一点 (x_0, y_0) 为中心点，则比例变换公式为：

$$\begin{cases} x' = x_0 + (x - x_0) \cdot S_x \\ y' = y_0 + (y - y_0) \cdot S_y \end{cases}$$

这里对图形而言，当 $S_x = S_y = 1$ 时，则图形没有发生变化；当 $S_x = S_y > 1$ 时，图形被放大；当 $S_x = S_y < 1$ 时，则图形按比例缩小；当 $S_x \neq S_y$ 时，图形发生变形。

三、地图投影变换

当系统使用的数据取自不同投影的图幅时，需要将一种投影的数字化数据转换为所需要投影的坐标数据。地图投影转换的方法有：

1. 正解变换

通过建立资料地图的投影坐标数据到目标地图投影坐标数据的严密或近似的解析关系式，直接由资料地图投影坐标数据 (x, y) 转换为目标投影的直角坐标 (X, Y)。两个不同投影平面场上的点可对应写成：

$$X = f_1(x, y), \quad Y = f_2(x, y)$$

式中 f_1，f_2 为定域内单值、连续的函数。

2. 反解变换

将资料地图的投影坐标数据 (x, y) 反解出地理坐标 ϕ，λ，然后再将地理坐标代入到目标地图的投影坐标公式中，从而实现投影坐标的转换。

对前后两种地图投影，可分别有如下表达形式：

$$x = f_1(\phi, \lambda) \quad y = f_2(\phi, \lambda)$$
$$X = f_3(\phi, \lambda) \quad Y = f_4(\phi, \lambda)$$

根据资料地图的投影公式求反解，对前一投影则有：

$$\phi = \phi(x, y) \quad \lambda = \lambda(x, y)$$

代入目标地图的投影方程，即有：

$$X = f_3[\phi(x, y), \lambda(x, y)], \quad Y = f_4[\phi(x, y), \lambda(x, y)]$$

这就是地图投影反解变换的数学模型。

3. 数值变换

如果不能确切判定资料地图的投影公式和常数，可根据两种投影在变换区内的若干同名数据点，采用插值法、待定系数法等，实现由资料地图投影到目标地图投影的转换。以下是利用两平面直角坐标的高阶多项式实施变换：

$$X = a_{00} + a_{10}x + a_{20}x_2 + a_{01}y + a_{11}xy + a_{02}y_2 + a_{30}x_3 + a_{21}x_2y + a_{12}xy_2 + a_{03}y_3 + \cdots$$

$$Y = b_{00} + b_{10}x + b_{20}x_2 + b_{01}y + b_{11}xy + b_{02}y_2 + b_{30}x_3 + b_{21}x_2y + b_{12}xy_2 + b_{03}y_3 + \cdots$$

式中，待定系数 a_{ij}，b_{ij} 可由若干已知点坐标求出。由于用多项式直接将资料地图的直角坐标转换为目标地图的直角坐标均含有误差，且无法检定，所以在具体实施变换时应从计算方法上加以改进。

四、图幅拼接

图幅的拼接是在相邻两图幅之间进行的，要将相邻两图幅之间的数据集中起来，就要求相同实体的线段或弧段的坐标数据相互衔接，也要求同一实体的属性码相同。在相邻图幅的边缘部分，由于原图本身的误差或数字化输入的误差，使得同一实体的线段或弧段的坐标数据不能互相衔接，因此，必须进行图幅数据的边缘匹配处理。图幅拼接的步骤如下：

1. 逻辑一致性的处理

由于人工操作的失误，两个相邻图幅的空间数据在结合处可能出现逻辑裂隙，如一个多边形在一幅图层中具有属性 A，而在另一幅图层中有属性 B。此时，必须使用交互编辑的方法，使两相邻图斑的属性相同，取得逻辑一致性。

2. 识别和检索相邻图幅

将待拼接的图幅数据按图幅数据进行编号，编号有 2 位，其中十位数指示图幅的横向排序，个位数指示纵向排序，如图 5-11 所示，并记录图幅的长宽标准尺寸。因此，当进行横向图幅拼接时，总是将十位数编号相同的图幅数据收集在一起；进行纵向图幅拼接时，是将个位数编号相同的图幅数据收集在一起。其次，图幅数据的边缘匹配处理主要是针对跨越相邻图幅的线段或弧的，为了减少数据量，提高处理速度，一般只提取图幅边缘 2 厘米范围内的数据作为匹配和处理的目标。同时要求图幅内空间实体的坐标数据已经进行过投影转换。

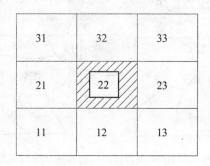

图 5-11　图幅编号及图幅边缘数据提取范围

3. 相邻图幅边界点坐标数据的匹配

相邻图幅边界点坐标数据的匹配采用追踪拼接法。追踪拼接有 4 种情况，如图 5-12 所示。只要符合下列条件，两条线段或弧段即可匹配衔接：相邻图幅边界两条线段或弧段的左右码各自相同或相反；相邻图幅同名边界点坐标在某一允许值范围内（±0.5mm）。

匹配衔接时是以一条弧或线段作为处理的单元，因此，当边界点位于两个结点之间时，必须分别取出相关的两个结点，然后按照结点之间线段方向一致性的原则进行数据的记录和存储。

4. 相同属性多边形公共边界的删除

当图幅内图形数据完全拼接后，相邻图斑会有相同属性。此时，应将相同属性的两个

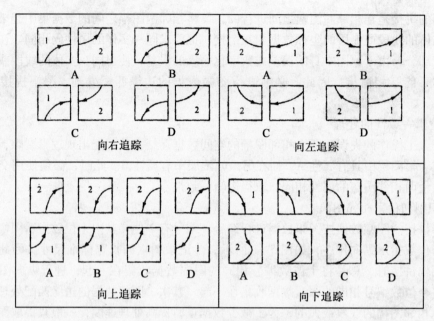

图 5-12 追踪拼接法

或多个相邻图斑组合成一个图斑，即消除公共边界，并对共同属性进行合并(图 5-13)。

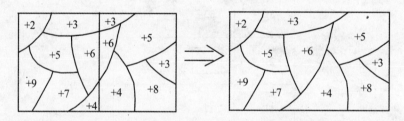

图 5-13 相同属性多边形公共边界的删除与属性合并

  多边形公共边界线的删除，可以通过构成每一面域的线段坐标链，删除其中共同的线段，然后重新建立合并多边形的线段链表，如图 5-14 所示。对于多边形的属性表，除多边形的面积和周长需要重新计算外，其余属性保留其中之一图斑的属性即可。

  五、图形数据编辑

  空间数据输入时会产生一些误差，主要有：空间数据不完整、数据重复、位置不正确、空间数据变形等。因此，在大多数情况下，空间数据输入后，必须进行检核，然后才能进行交互式编辑。

  1. 图形数据编辑的步骤

  (1)利用系统的文件管理功能，把图形数据装入内存；

  (2)开窗显示图形，对照或套合原图检查数字化图形错误之处；

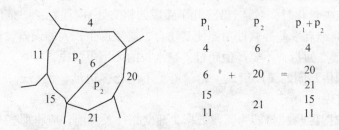

图 5-14 多边形公共边界的自动删除

(3)数字化定位(利用软件提供的功能找到数据库中错误图形的相应数字化数据)和编辑修改;

(4)将编辑好的图形数据存储到地图数据库中。

2. 常用的图形编辑命令

(1)增加数据:输入点、线、面;复制点、线、面;

(2)删除数据:删除点、线、面;

(3)修改图形位置数据:移动点、线、面;旋转点、线、面;镜像点、线、面;

(4)修改图形形状数据:修改线上点、修改面域弧段上的点、延长或缩短线及面域弧段;

(5)修改图形参数(非空间数据):修改点、线、面的颜色;修改点符号及点的高度、宽度和角度;修改线型及线宽;修改面填充符号。

六、建立拓扑关系

在图形矢量化完成之后,对于大多数数字地图而言需要建立拓扑,这样可以避免两次记录相邻多边形的公共边界,减少了数据冗余,同时有利于地图的编辑和整饰。

1. 拓扑处理对数据的要求

在建立拓扑关系的过程中,一些数字化输入过程中的错误需要被改正,否则,建立的拓扑关系将不能正确反映地物之间的关系。ESRI 定义了判断录入图形是否正确的 6 个准则,可以帮助发现拓扑错误。

(1)所有录入的实体都能够表现出来;

(2)没有输入额外的实体;

(3)所有的实体都在正确的位置上,并且其形状和大小正确;

(4)所有具有连接关系的实体都已经连上;

(5)所有的多边形都有且只有一个标志点以识别它们;

(6)所有的实体都在边界之内。

上述的准则,特别是(5)、(6)两条,只是针对 ESRI 的 ARC/INFO 软件而言,其他软件由于具体实现的不同,可能会有差异。

拓扑关系的建立是拓扑处理的核心。为了便于拓扑关系的建立,需要对数据进行预处理。当然前期工作做得比较好,后期的工作(如弧段编辑、剪断等)就可以省掉,建立拓扑也得心应手，基于这方面的原因，需做好以下几点：

（1）数字化或矢量化时，对结点处（几个弧段的相交处）应注意：一是使其断开；二是尽量采用抓线头或结点平差等软件功能使其吻合，避免产生较大的误差。使结点处尽量与实际相符，避免端点回折，不要产生超过 1 毫米长的无用短线段。

（2）面域必须由封闭的弧段组成。尽量避免不闭合多边形、伪结点、悬挂结点和"碎屑"多边形等的出现。

（3）将原始数据（线数据）转为弧段数据，建立拓扑关系前，应将那些与拓扑无关的线或弧段删掉。

（4）尽量避免多余重合的弧段产生。

（5）进行拓扑查错。查错可以检查重叠坐标、悬挂弧段、弧段相交、重叠线段、结点不封闭等严重影响拓扑关系建立的错误。去除所有拓扑错误。

2. 拓扑关系的建立

一般建立拓扑关系有手工建立和自动建立两种方法：手工建立是人机交互操作的方式，用户通过操作输入设备（鼠标或键盘），在屏幕上依次指出构成一个区域的各个弧段、一个区域包含了另外哪几个区域、组成一条线路的各个线段等；自动建立则是利用系统提供的拓扑关系自动建立功能，对获取的矢量数据进行分析判断，从而可以建立多边形、弧段、结点之间的拓扑关系。

自动建立网结构元素的拓扑关系多采用弧段跟踪法。首先，有原始线段数据建立弧段的邻接关系，同时也确定了弧段与结点的关联关系；其次，按一定规则（顺时针或逆时针）沿弧段跟踪形成闭合环（区域），同时记下每个区域的编号；第三，根据点是否在多边形内的判断法则，依次找出区域与区域之间的嵌套关系。

手工建立与自动建立拓扑关系的方法各有其优势和缺点。手工建立拓扑关系的方法操作复杂，工作量大，但对原始数据要求不严，修改时不必重复计算；自动建立拓扑关系的方法生成速度快，但对原始数据要求严，要求弧段结点匹配好。

七、数据压缩的途径

利用现代数据采集系统来量化空间要素，随着分辨率的提高，数据量不断增加，不采用压缩技术，会给系统在存储空间和处理时间上带来巨大压力。此外，随着处理空间数据的比例尺发生变化，同样也存在数据压缩的需要。所谓数据压缩，就是从所取得的数据集合中抽出一个子集，这个子集作为一个新的数据源，在规定的精度范围内最好地逼近原集合，而又可能取得尽可能大的压缩比。空间数据压缩的主要对象是线状要素中心轴线和面状要素边界数据。目前，实现空间数据压缩的途径主要有三种：

1. 使用压缩工具软件压缩

将空间数据编辑成数据文件，运用压缩软件进行压缩，这种方法简单易学，原数据信息基本不丢失而且可以大大节省存储空间，缺点是压缩后的文件必须在解压缩后才能使用。

2. 原始数据的消冗处理

将原数据通过某种算法去除多余数据，这种方法原数据信息不会丢失，得到的文件可以直接使用，缺点是技术要求高，工作量大，对冗余度不大的数据集合效用小。

3. 筛选取点法

按照某种方法,从原数据集合中抽取一个子集,在规定的精度范围内用数据子集代替数据全集。这种方法总是以信息损失为代价,换取空间数据容量的缩小。

八、曲线矢量数据的压缩

1. 间隔取点法

每隔一规定的距离取一点,舍去那些离已选点较近的点,但首末点必须保留。这种方法可大量压缩数字化使用连续方法获取的点和栅格数据矢量化而得到的点,但不一定能恰当地保留方向上曲率显著变化的点。

2. 垂距法

垂距法是按垂距的限差选取符合或超过限差的点。即利用曲线点序列中顺序的 3 点,P_{n-1},P_n,P_{n+1},把 P_{n-1} 和 P_{n+1} 点相连,计算 P_n 点到 P_{n-1},P_{n+1} 线的垂距,并与规定的限差比较,以确定 P_n 点是取还是舍(图 5-15)。

图 5-15 垂距法

3. 偏角法

偏角法也叫光栏法,是按偏角的限差选取符合或超过限差的点。即利用曲线点序列中顺序的 3 点,P_{n-1},P_n,P_{n+1} 把 P_{n-1} 和 P_{n+1} 点相连,计算 P_{n-1},P_n 与 P_{n-1},P_{n+1} 直线的夹角,并与规定的限差比较,以确定 P_n 点是取还是舍(图 5-16)。

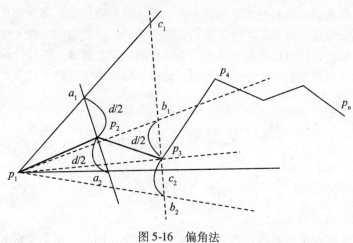

图 5-16 偏角法

垂距法和偏角法虽然不能同时考虑相邻点间的方向和距离,且有可能舍去不该舍去的点,但比间隔取点法好。

4. 特征点筛选法

特征点筛选法是通过筛选抽取曲线特征点，并删除非特征点以实现数据压缩。当要输出该曲线时，通过调用曲线特征点数据，并经内插计算自动加密数据点与特征点相匹配，这样就能输出符合精度要求的一条完整曲线。这种数据压缩方法步骤如下（图 5-17）：

（1）在给定曲线的起点和终点之间建立直线方程。

（2）计算曲线上每一点与直线的垂直距离。

（3）设置数据压缩的垂距极差 ε（被舍去点距离直线之间的最大偏差），若所有点的垂直距离均小于 ε，那么舍去这些点。

（4）若步骤（3）中条件不满足，找出最大垂直距离的点作为保留点，将原曲线分成两段曲线；

（5）重复上述步骤，对它们进行递归操作，直到全部多余点被删除。

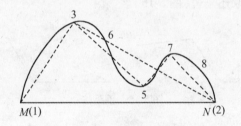

图 5-17　曲线上特征点的筛选

九、面域栅格数据的压缩

同样精度下的一幅图用栅格数据结构表示比矢量结构表示数据量要大得多，遥感数据、DTM 数据等都属于栅格数据，且栅格数据的分辨率与数据量之间呈平方指数率的函数关系。因此，栅格结构的数据冗余问题不容忽视。栅格数据的压缩方法是：通过压缩编码技术来消除冗余数据，例如采用链式编码、游程编码、块式编码、四叉树编码等，使栅格数据冗余大大降低，同时也提高了某些图形操作的效率。此外，随着数据存储硬件技术的飞速发展，大容量高速记录介质物美价廉，适应性强，大大减轻了数据冗余对计算机系统的压力。

5.5　数据质量和质量控制

5.5.1　空间数据质量

一、空间数据质量的概念

空间位置、专题特征和时间是表达现实世界空间变化的三个基本要素。所谓空间数据质量是指空间数据在表达实体空间位置、特征和时间所能达到的准确性、一致性、完整性和三者统一性的程度，以及数据适用于不同应用的能力。

二、空间数据质量评价

1. 与数据质量相关的几个概念

(1)误差：数据与真值之间的差异，是一种常用的衡量数据准确性的表达方式。

(2)准确度：测量值与真值之间的接近程度，可用误差来衡量。

(3)精度：对现象描述的详细程度。数据的精度是指数据表示的有效位数。

(4)不确定性：当某现象不能精确测得，其真值不可测或无法知道时，我们就无法确定误差，因而用不确定性取代误差。不确定性是关于空间过程和特征不能准确确定的程度，是自然界各种空间现象自身固有的属性。在内容上以真值为中心的一个范围，这个范围越大，数据的不确定性也就越大。

2. 空间数据质量标准

空间数据质量标准是生产、使用和评价空间数据的依据。数据质量是数据整体性能的综合体现。空间数据质量标准的建立必须考虑空间过程和现象的认知、表达、处理、再现等全过程。空间数据质量标准要素及其内容如下：

(1)数据说明：要求对空间数据的来源、数据内容及其处理过程等作出准确、全面和详尽的说明。

(2)位置精度：指空间实体的坐标数据与实体真实位置的接近程度，常表现为空间三维坐标数据的精度，包括数学基础精度、平面精度、高程精度、接边精度、形状再现精度、像元定位精度等。

(3)属性精度：指空间实体的属性值与其真值相符的程度。它取决于地理数据的类型，常常与位置精度有关，包括要素分类与代码的正确性、要素属性值的准确性及其名称的正确性等。

(4)时间精度：指时间的现势性，可以通过数据更新的时间和频度来体现。

(5)逻辑一致性：指地理数据关系上的可靠性，包括数据结构、数据内容，以及拓扑性质上的内在一致性。

(6)完整性：指地理数据在范围、内容及结构等方面满足所有要求的完整程度，包括数据范围、空间实体类型、空间关系分类、属性特征分类等方面的完整性。

(7)表达形式的合理性：指数据抽象、数据表达与实体的吻合性，包括空间特征、专题特征和时间特征表达的合理性等。

三、空间数据质量问题的来源与分析

空间数据的质量通常用误差来衡量，数据误差的来源是多方面的，数据采集过程中引入的源误差，从数据录入到地图输出过程中，每一步都会引入新误差。

1. 源误差

空间数据的来源主要有直接从现场利用 GPS 或全站仪采集的数字数据、纸质地图的数字化数据、遥感影像数据或统计调查数据等，都受源误差影响。

(1)地面测量数字数据的误差：来源于地面测量的数字数据中含有控制测量和碎部测量误差。地面测量数据中的误差可以表现为随机误差、系统误差或粗差。

(2)地图数字化数据的误差：地图数字化是 GIS 数据的来源之一，原图固有误差和数字化过程误差是地图数字化数据误差的主要来源。

①制图误差：控制点展绘误差、编绘误差、绘图误差、综合误差、地图复制误差、分色版套合误差、绘图材料的变形误差、归化到同一比例尺所引起的误差、特征的定义误

差、特征夸大误差。

由于很难知道制图过程中各种误差间的关系以及图纸尺寸的不稳定性，因此，很难准确地评价原图固有误差。

②数字化误差：数字化方式主要有手扶跟踪数字化和扫描数字化。在生产实践中，采用扫描数字化，然后屏幕半自动化跟踪。线画跟踪与扫描数字化所引起的平面误差较小，只是在扫描时，要素结合处出现的误差较大。手扶跟踪数字化引起的误差主要与被数字化的要素对象、作业员和数字化仪有关。

（3）遥感数据误差：遥感数据的误差积累过程可以分为：数据获取误差、数据预处理误差和人工判读误差等。

2. 操作误差

除了地图原始录入数据本身带有的源误差外，空间数据处理操作中还会引入新误差。

（1）由计算机字长引起的误差。

（2）空间数据处理中的误差：在空间数据处理过程中，容易产生的误差有以下几种：

①投影变换；

②数据格式转换；

③数据抽象；

④建立拓扑关系；

⑤与主控数据层的匹配；

⑥数据叠加操作和更新；

⑦数据集成处理；

⑧数据的可视化表达；

⑨数据处理过程中误差的传递和扩散。

3. 空间数据使用中的误差

在空间数据使用过程中也会导致误差的出现，主要表现在两方面：一是用户错误理解信息造成的误差；二是缺少文档说明，从而导致用户不正确地使用信息，造成数据的随意性使用而使误差扩散。

一般来说，源误差远大于操作误差，因此，要想控制 GIS 产品的质量，良好的原始录用数据是首要的。

5.5.2　数据的质量控制

数据质量控制是指为达到规范或规定的数据质量要求而采取的作业技术和措施。数据质量控制是个复杂的过程，要控制数据质量，应从数据质量产生和扩散的所有过程和环节入手，分别用一定的方法减少误差。空间数据质量控制常见的方法有：

一、传统的手工方法

质量控制的人工方法主要是将数字化数据与数据源进行比较，图形部分的检查包括目视方法、绘制到透明纸上与原图叠加比较，属性部分的检查采用与原属性逐个对比或其他比较的方法。

二、元数据方法

元数据中包含了大量的有关数据质量的信息，通过它可以检查数据质量，同时元数据也记录了数据处理过程中质量的变化，通过跟踪元数据可以了解数据质量的状况和变化。

三、地理相关法

用空间数据的地理特征要素自身的相关性来分析数据的质量。如从地表自然特征的空间分布着手分析，山区河流应位于微地形的最低点，因此，叠加河流和等高线两层数据时，若河流的位置不在等高线的外凸连线上，则说明两层数据中必有一层数据有质量问题，如不能确定哪层数据有问题时，可以通过将它们分别与其他质量可靠的数据层叠加来进一步分析。因此，可以建立一个有关地理特征要素相关关系的知识库，以备各空间数据层之间地理特征要素的相关分析使用。

5.5.3 空间数据的元数据

随着计算机技术和 GIS 技术发展，特别是网络通信技术的发展，空间数据共享日益普遍。用户对不同类型数据的需求，要求数据库的内容、格式、说明等符合一定的规范和标准，以利于数据交换、更新、检索、数据库集成以及数据的二次开发利用等，而这一切都离不开元数据。对空间数据的有效生产和利用，要求空间数据的规范化和标准化。在这种情况下，元数据成为信息资源有效管理和应用的重要手段。

在 GIS 应用中，元数据的主要作用可归纳为如下几个方面：

(1)帮助数据生产单位有效地管理和维护空间数据，建立数据文档，保证对数据情况了解和使用的持续性。

(2)提供有关数据生产单位数据存储、数据分类、数据内容、数据质量、数据交换网络及数据销售等方面的信息，便于用户查询、检索和使用地理空间数据。

(3)帮助用户了解数据，以便就数据是否能满足其需求作出正确的判断。

(4)提供有关信息，以便于用户检索、访问数据库，可以有效地利用系统资源，对数据进行加工处理和二次开发等。

一、元数据概念与分类

1. 元数据概念

元数据是关于数据变化的描述，是描述数据的数据，它应尽可能多地反映数据集自身的特征规律，以便于用户对数据的准确、高效与充分的开发与利用。元数据并不是一个新的概念，实际上图书馆卡片、图书的版权说明、磁盘的标签等都是元数据；纸质地图的图名、空间参照系、图廓坐标、比例尺、制图内容说明、编制出版单位、出版日期等也是元数据，元数据使得生产者和用户之间容易交流。不同领域数据库，其元数据的内容会有很大差异。到目前为止，科学界仍没有关于元数据的确切公认的定义，不过元数据的共同点是：元数据的目的是促进数据集的高效利用，并为计算机辅助软件工程服务。

2. 元数据的内容

元数据的内容包括：

(1)对数据的描述，对数据集中各数据项、数据来源、数据所有者、数据序代(数据生产历史)等的说明。

（2）对数据质量的描述，如数据精度、数据的逻辑一致性、数据完整性、分辨率、源数据的比例尺等。

（3）对数据处理的说明，如量纲的转换等。

（4）对数据转换方法的描述。

（5）对数据库的更新、集成方法等的说明。

元数据也是一种数据，在形式上与其他数据没有区别，它可以以数据存在的任何一种形式存在。元数据的传统形式是填写数据源和数据生产工艺过程的文件卷宗，也可以使用用户手册。用户手册提供的简洁的元数据容易阅读，并且可以联机查询。元数据更主要的形式是与元数据内容标准相一致的数字形式。数字形式的元数据可以用多种方法建立、存储和使用。

（1）最基本的方法是文本文件。文本文件易于传输给用户，而不论用户使用什么硬件和软件。

（2）元数据的另一种形式是用超文本链接标示语言（HTML）编写的超文本文件。用户可以用 Internet Explorer，Netscape Navigator 查阅元数据。

（3）用通用标示语言（SGML）建立元数据。SGML 提供一种有效的方法连接元数据元素。这种方法便于建立元数据索引和在空间数据交换网络上查询元数据，并且提供一种在元数据用户间交换元数据、元数据库和元数据工具的方法。

3. 元数据的分类

了解元数据分类可以更好地使用元数据。分类原则不同，元数据的分类体系和内容将会有很大的差异。下面列出了几种不同的分类体系。

（1）根据元数据的内容分类：由于不同性质、不同领域的数据所需要的元数据内容有差异，而且为不同应用目的而建立的数据库的元数据内容会有很大差异，所以将元数据划分为三种类型：

①科研型元数据；

②评估型元数据；

③模型元数据。

（2）根据元数据描述对象分类：

①数据层元数据；

②属性元数据；

③实体元数据。

（3）根据数据在系统中的作用分类：

①系统级别元数据；

②应用层元数据；

（4）根据元数据的作用分类：

①说明元数据；

②控制元数据。

二、空间数据元数据所涉及的概念

（1）空间数据：用于确定具有自然特征或者人工建筑特征的地理实体的地理位置、属性及其便捷的信息。

(2)类型：在元数据标准中，数据类型指该数据能接收的值的类型。

(3)对象：对地理实体的部分或整体的数字表达。

(4)实体类型：对于具有相似地理特征的地理实体集合的定义和描述。

(5)点：用于位置确定的零维地理对象。

(6)结点：拓扑连接两个或多个链或环的一维对象。

(7)标识点：显示地图或图表时，用于特征标识的参考点。

(8)线：一维对象的一般术语。

(9)线段：两个点之间的直线段。

(10)弧：由数学表达式确定的点集组成的弧状曲线。

(11)链：两个结点之间的拓扑关联。

(12)链环：非相切线段或由结点区分的弧段构成的有方向无分支序列。

(13)环：封闭状不相切链环或弧段序列。

(14)多边形：在二维平面中由封闭弧段包围的区域。

(15)外多边形：数据覆盖区域内最外侧的多边形，其面积是其他所有多边形的面积之和。

(16)内部区域：不包括其边界的区域。

(17)格网：组成一规则或近似规则的棋盘状镶嵌表面的格网集合，或者组成一规则或近似规则的棋盘状镶嵌表面的点集合。

(18)格网单元：表示格网最小可分要素的二维对象。

(19)矢量：有方向线的组合。

(20)栅格：同一格网或数字影像的一个或多个叠加层。

(21)像元：二维图形要素，它是数字影像最小要素。

(22)栅格对象：一个或多个影像或格网，每一个影像或格网表示一个数据层，各层之间相应的格网单元或像元一致且相互套准。

(23)图形：与预定义的限制规则一致的零维、一维和二维有拓扑相关的对象集。

(24)数据层：集成到一起的面域分布空间数据集，它用于表示一个主体中的实体，或者有一公共属性或属性值的空间对象的联合。

(25)层：在有序系统中数据层、级别或梯度序列。

(26)纬度：在中央经线上度量，以角度单位度量离开赤道的距离。

(27)经度：经线面到格林尼治中央经线面的角度距离。

(28)经圈：穿过地球两极的地球的大圆圈。

(29)坐标：在笛卡儿坐标系中沿平行于 X 轴和 Y 轴测量的坐标值。

(30)投影：将地球球面坐标中的空间特征(集)转化到平面坐标体系时使用的数学转换方法。

(31)投影参数：对数据集进行投影操作时用于控制投影误差、变形实际分布的参考特征。

(32)地图：空间现象的空间表征，通常以平面图形表示。

（33）现象：事实、发生的事件、状态等。

（34）分辨率：由涉及或使用的测量工具或分析方法能区分开的两个独立测量或计算的值的最小差值。

（35）质量：数据符合一定使用要求的基本或独特的性质。

（36）详述：有一对数或三个数分别直接描述水平位置和三维位置的方法。

（37）介质：用于记录、存储或传递数据的物理设备。

三、空间数据元数据的标准

同物理、化学学科使用的数据结构类型相比，空间数据是一种结构比较复杂的数据类型。它既涉及对于空间特征的描述，也涉及对于属性特征以及它们之间关系的描述，所以空间数据元数据标准的建立是项复杂的工作，并且由于种种原因，某些数据组织或数据用户开发出来的空间数据元数据标准很难被地学界广泛接受。但空间数据元数据标准的建立是空间数据标准化的前提和保证，只有建立起规范的空间数据元数据才能有效利用空间数据。目前，空间数据元数据已形成了一些区域性或部门性的标准。表 5-3 列出了有关空间数据元数据的几个现有主要标准。

表 5-3　　　　　　　　　　　　现有的空间数据元数据标准

元数据标准名称	建立标准的组织
CSDGM 地球空间数据元数据内容标准	FGDC（美国联邦空间数据委员会）
GDDD 数据集描述方法。	MEGRIN（欧洲地图事务组织）
CGSB 空间数据集描述	CSC（加拿大标准委员会）
CEN 地学信息-数据描述-元数据	CEN/TC287
DIF 目录交换格式	NASA（美国宇航局）
ISO 地理信息	ISO/TC211

美国联邦空间数据委员会（FGDC）的空间数据元数据内容标准的影响较大，该标准用于确定地学空间数据库的元数据内容。该标准于 1992 年 7 月开始起草，1994 年 7 月 8 日，FGDC 正式确认该标准。该标准将地学领域中应用的空间数据元数据分为 7 个部分，它们是：数据标识信息、数据质量信息、空间数据组织信息、空间参照系统信息、地理实体及属性信息、数据传播及共享信息和元数据参考信息。

四、空间数据元数据的获取与管理

空间数据的地理特征要求对数据的各种操作，在数据获取、数据处理、数据存储、数据分析、数据更新等方面有一套面向地理对象的方法，相应的空间数据元数据的内容和相关的操作也就具有了不同于其他类数据元数据的特点。

1. 空间数据元数据的获取

空间数据元数据的获取是个较复杂的过程，相对于基础数据的形成时间，它的获取分为三个阶段：数据收集前、数据收集中和数据收集后。对于模型元数据，这三个阶段分别是模型形成前、模型形成中和模型形成后。

第一阶段的元数据是根据要建设的数据库的内容而设计的元数据，内容包括：

（1）普通元数据，如数据类型、数据覆盖范围、使用仪器描述、数据变量表达、数据收集方法等。

（2）专指性元数据，即针对要收集的特定数据的元数据，内容包括：数据采样方法、数据覆盖的区域范围、数据表达的内容、数据时间、数据间隔、空间上数据的高度（或深度）、使用的仪器、数据潜在利用等。

第二阶段的元数据随数据的形式同步产生。如在测量海洋要素数据时，测点的水平和垂直位置、深度、温度、盐度、流速、海流流向、表面风速、仪器设置等是同时得到的。

第三阶段的元数据是在上述数据收集到以后，根据需要产生的，它们包括：数据处理过程描述、数据的利用情况、数据质量评估、浏览文件的形成、拓扑关系、影像数据的指示体及指标、数据集大小、数据存放路径等。

空间数据元数据的获取方法主要有五种：

（1）键盘输入法；

（2）关联表法；

（3）测量法；

（4）计算法；

（5）推理法。

在元数据获取的不同阶段，使用的方法也有差异。在第一阶段主要是键盘输入法和关联表法；第二阶段主要是采样测量法；第三阶段主要是计算和推理法。

2. 空间数据元数据的管理

空间数据元数据的理论和方法涉及数据库和元数据两方面。由于元数据的内容、形式的差异，元数据的管理与数据涉及的领域有关，它通过建立不同数据领域基础上的元数据信息系统实现。在元数据管理系统中，物理层存放数据与元数据，该层由一些软件通过一定的逻辑关系与逻辑层关联起来。在概念层中用描述语言及模型定义了许多概念，如实体名称、允许属性值的类型、缺省值、允许输入与输出的内容、元数据的变化、操作模型等。通过这些概念及其限制特征，经过与逻辑层关联可获取、更新物理层的元数据及数据。

五、空间数据元数据的应用

1. 使用元数据的原因

在地理信息系统中使用元数据的原因如下：

（1）完整性：面向对象的地理信息系统和空间数据库的目标之一，就是把事物的有关数据都表示为类的形式，而这些类也包括类自身，即复杂的"类的类"结构。这就要求支持类与类之间相互印证和操作的机制，而元数据可以帮助这个机制的实现。

（2）可扩展性：有意地延伸一种计算机语言或者数据库特征的语义是很有用途的，如把跟踪或引擎信息的生成结果添加到操作请求中，通过动态变化元数据信息可以实现这种功能。

（3）特殊化：继承机制是靠动态连接操作请求和操作体来实现的，语言集数据以结构化和语义信息的关联文件方式把操作请求传递给操作体，而这些信息可以通过元数据表达。

（4）安全性：分类完好的语言和数据库都支持动态类型检测，类的信息表示为元数据，这样在系统运行时，可以被类检测者访问。

（5）查错功能：在查错时使用元数据信息，有助于检测可运行应用系统的解释和修改状态。

（6）浏览功能：为数据的控制开发浏览器时，为显示数据，要求能解译数据的结构，而这些信息是以元数据来表达的。

（7）程序生成：如果允许访问元数据，则可以利用关于结构的信息自动生成程序。如数据库查询的优化处理和远程过程调用残体生成。

2. 空间数据元数据的应用

（1）帮助用户获取数据：通过元数据，用户可以对空间数据库进行浏览、检索和研究等。通过元数据用户可以明白诸如："这些数据是什么数据？""这个数据库对我有用吗？""这是我需要的数据吗？""怎样得到这些数据？"等一系列问题。

（2）空间数据质量控制：无论是统计数据还是空间数据都存在数据精度问题，空间数据质量控制内容包括：

①由准确定义的数据字典，以说明数据的组成、各部分的名称和表征的内容等。

②保证数据逻辑科学地集成。

③有足够的说明数据来源、数据的加工处理过程、数据解译的信息。

（3）在数据集成中的应用：数据集层次的元数据记录了数据格式、空间坐标体系、数据的表达形式、数据类型等信息；系统层次和应用层次的元数据则记录了数据使用软硬件环境、数据使用规范、数据标准等信息。这些信息在数据集成的一系列处理中，如数据空间匹配、属性一致化处理、数据在各平台之间的转换使用等是必需的。这些信息能够使系统有效地控制系统中的数据流。

（4）数据存储和功能实现：元数据系统用于数据库的管理，可以避免数据的重复存储，通过元数据建立的逻辑数据索引可以高效查询检索分布式数据库中任何物理存储的数据。减少用户查询数据库及获取数据的时间，从而降低数据库的费用。数据库的建设和管理费用是数据库整体性能的反映，通过元数据可以实现数据库设计和系统资源利用方面开支的合理分配，数据库许多功能（如数据库检索、数据转换、数据分析等）的实现是靠系统资源的开发来实现的，因而这类元数据的开发和利用将大大增加数据库的功能，并降低数据库的建设费用。

第6章　空间查询与空间分析

空间分析是综合分析空间数据技术的通称，也是 GIS 区别于其他信息系统的一个显著标志。空间分析要求获得目标的空间位置及其属性描述两方面的信息。在空间分析中，如果目标的空间位置发生变化，其分析结果也会随之发生变化，而在统计分析中目标的空间位置与统计分析结果无关。

空间分析技术大体上可归纳为：空间图形数据的拓扑运算、非空间属性数据运算、空间和非空间数据的联合运算等。它是在空间数据库的基础上，运用各种几何逻辑运算手段，通过对原始数据进行适当的构建模型和分析之后得到用户所需要的结果，并以此作为决策的依据，因此空间分析在 GIS 中占有重要位置。

6.1　GIS 空间查询与统计

对空间对象进行查询与定位是地理信息系统的基本功能之一，并且是对地理信息系统进行高层次分析的基础。实际上，空间分析开始于空间数据的查询和统计。

一、空间数据查询

1. 空间数据查询的定义

空间数据查询是指从现有的信息中检索出符合特定条件的信息。通过空间查询，GIS 可以回答用户提出的简单问题，空间数据查询操作并不会改动数据库中的数据，也不会生成任何新的数据或新的实体。

2. 空间数据查询的方式

空间数据查询的方式可以概括为单纯查询、联合查询、模糊查询、自然语言空间查询、超文本查询、符号查询等。我们可以根据给出的图形信息如鼠标点取、拉框等方式检索其相应属性或检索其空间拓扑关系；或根据给出的属性特征条件，检索对应的空间实体及查询属性。具体分类如下：

(1)几何参数查询：几何参数查询包括点的位置坐标，两点间的距离，一个或一段线目标的长度，一个面目标的周长或面积等查询。

(2)空间定位查询：空间定位查询是给定一个点或一个几何图形，检索该图形范围内的空间对象及其属性。主要包括了两种查询：按点查询和开窗查询机区域查询(图6-1)。

(3)空间关系查询：空间关系是指地理实体之间存在的一些具有空间特性的关系。在 GIS 中，空间关系主要包括了拓扑关系、方向关系和度量关系。空间关系查询主要包括了如下查询：

①相邻分析检索：包括面与面之间的查询、线与线之间的查询、点与点之间的查询

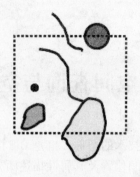

图 6-1　拉矩形查询

（图 6-2）。

②相关分析检索（不同要素之间的关系）：包括线与面之间的查询、点与线之间的查询、点与面之间的查询等。

③包含关系查询：查询某个面状地物所包含的空间对象。有两种方式，一是同层包含，可直接查询拓扑关系表来实现；二是不同层包含即没有建立拓扑，实质是叠置分析检索。

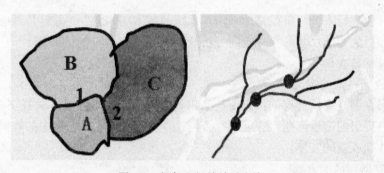

图 6-2　相邻和相关关系查询

④穿越查询：采用空间运算的方法执行，根据一个线目标的空间坐标，计算哪些面或线与之相交。比如我们查询"地球上赤道穿越哪些国家"就是典型的线穿越面的查询。

⑤落入查询：一个空间对象落入哪个空间对象之内。

⑥缓冲区查询：根据用户给定的一个点、线、面缓冲的距离，从而形成一个缓冲区的多边形，再根据多边形检索原理，检索该缓冲区内的空间实体。

⑦边沿匹配检索：空间查询在多幅地图的数据文件之间进行，需应用边沿匹配处理技术。

（4）属性查询：属性查询是指执行数据库查询语言，找到满足要求的记录，得到它的目标标识，再通过目标标识在图形数据文件中找到对应的空间对象，并显示出来。例如在中国行政区划图上查询人口大于 4000 万并且城市人口大于 1500 万的省份有哪些。

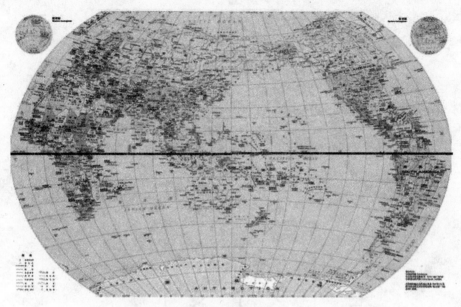

图6-3 穿越查询

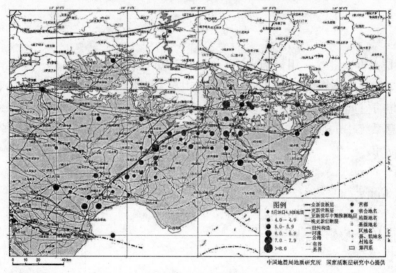

图6-4 落入查询

(5)其他方法：

①可视化空间查询：可视化查询是指将查询语言的元素，特别是空间关系，用直观的图形或符号表示。查询主要使用图形、图像、图标、符号来表达概念。

②超文本查询：图形、图像、字符等皆当做文本，并设置一些"热点"（HotSpot），

103

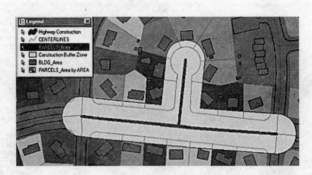

图 6-5　缓冲区查询

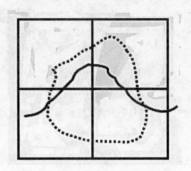

图 6-6　边沿匹配查询

"热点"可以是文本、键等。用鼠标点击"热点"后，可以弹出说明信息、播放声音、完成某项工作等。但超文本查询只能预先设置好，用户不能实时构建自己要求的各种查询。

③自然语言空间查询：这种查询方式只适用于某个专业领域的地理信息系统，而不能作为地理信息系统中的通用数据库查询语言。例如，在 SQL 查询中引入一些自然语言，如温度高的城市：

SELECT　name

FROM　Cities

WHERE　temperature is high。

二、空间数据的统计分析

1. 统计图表分析

统计图表分析能被用户直观地观察和理解数据。统计表格是详尽地表示非空间数据的方法，不直观，但可提供详细数据，便于对数据进行再处理。统计图表主要包括了柱状图、扇形图、直方图、折线图及散点图。如图 6-7 所示统计图表。

2. 属性数据的集中特征数

属性数据的集中特征数即找出数据分布的集中位置。反映属性数据集中特性的参数有：

（1）频数：变量在各组出现或是发生的次数。

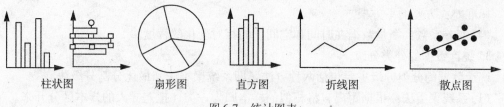

图 6-7 统计图表

(2)频率：各组频数与总频数之比；其公式如下：

$$\begin{cases} \omega^-(i,\ j) = -\alpha(i,\ j) \\ \Delta^-(i,\ j) = f(i,\ j) \end{cases}$$

(3)平均数：反映了数据取值的集中位置，简单算术平均数的计算公式为：

$$\overline{X} = \frac{1}{n}\sum_{i=1}^{n} x_i$$

加权算术平均数的计算公式为：

$$\overline{X} = \sum_{i=1}^{n} P_i x_i \Big/ \sum_{i=1}^{n} P_i$$

(4)数学期望：以概率为权值的加权平均数，其公式如下：

$$E_x = \sum_{i=1}^{n} P_i X_i$$

(5)中数：对于有序数据集 X，如果有一个数 x，能同时满足以下两式：

$$\begin{cases} P(X \geqslant x) \geqslant \dfrac{1}{2} \\[2mm] P(X \leqslant x) \geqslant \dfrac{1}{2} \end{cases}$$

则称 x 为数据集 X 的中数，记为 M_e。若 X 的总项数为奇数，则中数为：

$$M_e = X_{\frac{1}{2}(n-1)}$$

若 X 的总项数为偶数，则中数为：

$$M_e = \frac{1}{2}\left(X_{\frac{n}{2}} + X_{\frac{n-1}{2}}\right)$$

(6)众数：众数是具有最大可能出现的数值。

2. 属性数据的离散特征数

属性数据的离散特征数是描述数据集的离散程度，相对于中心位置的程度。主要参数有：

(1)极差：一组数据中最大值与最小值之差。

(2)离差：一组数据中的各数据值与平均数之差，又包括了平均离差与离差平方。

平均离差：将离差取绝对值，然后求和，再取平均数。

离差平方：离差求平方和。

(3)方差和标准差：

方差：是均方差的简称，是以离差平方和除以变量个数求得的。

标准差：方差的平方根。

(4)变差系数：衡量数据在时间和空间上的相对变化的程度。

3. 统计数据的分类分级

统计数据的分类分级主要包括两种方法，即系统聚类法和最优分割分级法。

(1)系统聚类法：根据距离，将相似的样本归为一类，把差异大的样本区分开来。

(2)最优分割分级法：针对有序样本或可变为有序(排序)的样本。

6.2　空间数据的叠置分析

叠置分析是将同一地区的两组或两组以上的要素进行叠置，产生新的特征的分析方法。叠置的直观概念就是将两幅或多幅地图重叠在一起，产生新多边形和新多边形范围内的属性。

一、叠置分析的概念和作用

从叠置条件看，叠置分析分为条件叠置和无条件叠置两种，条件叠置是以特定的逻辑、算术表达式为条件，对两组或两组以上的图件中相关要素进行叠置。GIS 中的叠置分析，主要是条件叠置。无条件叠置也称全叠置，将同一地区、同一比例尺的两图层或多图层进行叠合，得到该地区多因素组成的新分区图(图 6-8)。

从数据结构看，叠置分析有矢量叠置分析和栅格叠置分析两种。它们分别针对矢量数据结构和栅格数据结构，两者都用来求解两层或两层以上数据的某种集合，只是矢量叠置是实现拓扑叠置，得到新的空间特性和属性关系；而栅格叠置得到的是新的栅格属性。

叠置分析不仅生成了新的空间关系，而且还将输入的多个数据层的属性联系起来产生了新的属性关系。叠置分析要求被叠加的要素层面必须是基于相同坐标系统的相同区域，同时还必须查验叠加层面之间的基准面是否相同。利用叠置地图进行环境评价，将一套环境特征(如物理、化学、生态、美学等)图叠置起来，做出一张复合图来表示地区的特征，用在开发行为影响所及的范围内，判断受影响的环境特征及受影响的相对大小。它的作用在于预测和评价某一地区适合开发的程度，识别供选择的地点或路线。

二、基于矢量数据的叠置分析

基于矢量数据的叠置分析的对象主要为点、线、面(多边形)，它们之间的相互组合可以产生六种不同形式的叠置分析：点与点、点与线、点与面、线与线、线与面、面与面。其中常用的叠置分析类型有三种，即点与多边形、线与多边形、多边形与多边形，具体介绍如下：

1. 点与多边形叠置

点与多边形的叠置是确定一图层上的点落在另一图层的哪个多边形内，以便为图层的每个点建立新的属性。实际上是计算点与多边形的包含关系，可以利用转角法或铅垂线法实现。在计算点与多边形的几何关系后，还要对其属性信息进行处理。最常用最简单的方法是将多边形属性信息叠置到与其计算的点上面。如果是为了对多边形进行标识，也可以将点的属性信息叠加到与其进行计算的多边形上。同时通过该叠置分析，可以计算出多边

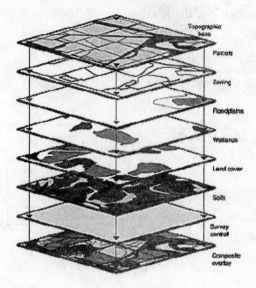

图 6-8　地图叠置

形区域内包含的点的个数。例如一个全国著名景点分布图(点)和全国行政区图(多边形)，二者经过叠置分析后，并将行政区图多边形有关的属性信息加到景点的属性数据表中，然后通过属性查询，可以查询指定的省有多少个景点，级别是什么；而且可以查询某一级别的景点在哪些省有分布等信息。其叠置分析如图 6-9 所示。

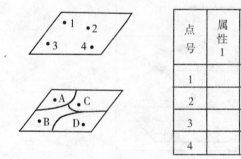

点号	属性1	属性2	多边形号	属性5
1			A	
2			C	
3			B	
4			D	

图 6-9　点与多边形叠置分析

2. 线与多边形叠置

线与多边形的叠置是把一幅图(或一个数据层)中的多边形的特征加到另一幅图(或另一个数据层)的线上。其计算过程就是计算线与多边形的交点，只要相交，就会产生一个交点，并且该交点将原来的线打断成为一条条弧线，并将线段重新编号，再将原来的线和多边形的属性信息赋给新弧段。实际上，线与多边形叠置的算法就是线的多边形裁剪。叠置分析的结果是产生一个新的数据层，同时产生一个相应的属性数据表对原来的线和多边形进行属性信息数据的记录。如果线状图层为河流，叠加的结果是多边形将穿过它的所有河流打断成弧段，可以查询任意多边形内的河流长度，进而计算它的河流密度等；如果线状图层为道路网，叠加的结果可以得到每个多边形内的道路网密度，内部的交通流量，进入、离开各个多边形的交通量，相邻多边形之间的相互交通量。其叠置分析如图 6-10 所示。

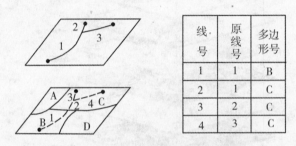

图 6-10 线与多边形叠置分析

3. 多边形与多边形叠置

不同图幅或不同图层多边形要素之间的叠置，根据两组多边形边界的交点来建立具有多重属性的多边形（合成叠置）或进行多边形范围内的属性特性的统计分析（统计叠置）。如图 6-11 所示。

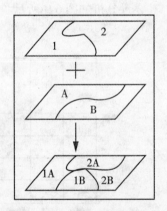

图 6-11 多边形与多边形叠置分析

叠置分析的结果将原来多边形要素分割成新多边形，新多边形要素综合了原来所有叠置图层的属性，可以解决地理变量的多准则分析、区域多重属性的模拟分析、地理特征的动态变化分析，以及图幅要素更新、相邻图幅拼接、区域信息提取等。多边形与多边形的叠置分析具有广泛的应用功能，它是空间叠置分析的主要类型。多边形叠加完成后，根据新图层的属性表可以查询原图层的属性信息，新生成的图层和其他图层一样可以进行各种空间分析和查询操作。

合成叠置和统计叠置是多边形叠置常用的两种类型。其中合成叠置需要进行属性合并。属性合并的方法可以是简单的加、减、乘、除，也可以是平均值、最大值、最小值，或取逻辑运算的结果等；统计叠置是确定一个多边形中含有其他多边形的属性类型的面积等，即把其他图上的多边形的属性信息提取到本多边形中来。

其中对多个多边形之间进行叠置分析的具体步骤如下：

(1)对原始多边形数据形成拓扑关系。

(2)多层多边形数据的空间叠置，形成新的层。

(3)对新层中的多边形重新进行拓扑组建。

(4)剔除多余的多边形，提取感兴趣的部分。

同时多边形之间的叠置分析与前面提到的两个分析相比，该叠置分析存在着一定的难点，具体如下：

(1)叠置后会产生大量与用户无关的多边形，在用户做提取前仍需建拓扑，工作量大，且新层的多边形数目不仅与原多边形数目有关，还与其复杂程度有关，越复杂，多边形数目越多。

(2)由于叠置的多边形往往是不同类型或不同比例尺的地图，在叠置时就会产生一系列无意义的多边形，即产生多边形叠置的位置误差，需要进行处理。

(3)建新多边形拓扑和多边形与新属性的连接，工作量大。

三、基于栅格数据的叠置分析

栅格数据的叠置是一个比较简单的过程，层间叠置可通过像元之间的各种运算来实现。设 A，B，C 等分别表示第一、第二、第三等层上同一坐标处的属性值，f 表示叠加运算函数，U 为叠置后属性输出层的属性值，则：

$$U = f(A, B, C, \cdots)$$

栅格数据叠置分析后输出的结果数据可能有四种情况，具体输出结果如下：

(1)各层属性数据的平均值(算术平均或加权平均)。

(2)各层属性数据的极值。

(3)算术运算结果。

(4)逻辑条件组合。

在地理分析中，栅格方式的叠置分析十分有用，是进行适宜性分析的基本手段。通常，在 GIS 中，将栅格数据的分析分为两种，即单层栅格数据分析和多层栅格数据分析。

1. 单层栅格数据分析

单层栅格数据分析是空间变换之一，是只针对一个栅格数据的分析。空间变换是对原始图层及其属性进行一系列的逻辑或代数运算，以产生新的具有特殊意义的地理图层及其属性的过程。单层栅格数据分析的方法主要包括布尔逻辑运算、重分类、滤波运算、特征参数运算、相似运算等，具体的计算方法介绍如下：

(1)布尔逻辑运算：用布尔逻辑运算组合更多的属性作为检索条件，以进行更复杂的逻辑选择运算。

(2)重分类：重分类是将属性数据的类别合并或转换成新类。即对原来数据中的多种属性类型，按照一定的原则进行重新分类，以利于分析。

（3）滤波运算：滤波运算可将破碎的地物合并和光滑化，以显示总的状态和趋势，也可以通过边缘增强和提取，获取区域的边界。

（4）特征参数运算：即对栅格数据计算区域的周长、面积、重心等，以及线的长度、点的坐标等。

（5）相似运算：相似运算是指按某种相似性度量来搜索与给定物体相似的其他物体的运算。

2. 多层栅格数据分析

多层栅格数据分析是对多个栅格数据源进行统一分析。多层栅格数据分析的方法有三种即单点变换、区域变换及邻域变换，具体如下：

（1）单点变换：只将对应栅格单元的属性作某种运算（加、减、乘、除、三角函数、逻辑运算等）得到新图层属性，而不受其邻近点的属性值的影响。

（2）区域变换：新属性的值不仅与对应的原属性值相关，而且与原属性值所在的区域的长度、面积、形状等特性相关。

（3）邻域变换：计算新图层属性时，不仅考虑原始图上对应栅格本身的值，还需考虑该图元邻域关联的其他图元值的影响。

6.3　空间数据的缓冲区分析

邻近度描述了地理空间中两个地物距离相近的程度，是空间分析的一个重要手段。在经济地理与区域规划研究中，距交通线、居民点和中心商业区等线、点地理实体的距离，是进行土地估价和空间布局规划的重要指标。在林业规划中，为了防止水土流失，可建立一缓冲区，在该区域内森林不予砍伐。又如，根据高速公路噪声引起污染的范围，可建立一个缓冲区，在区域内不建立学校等。以上列举的例子，均是一个邻近度问题。缓冲区分析是解决邻近度问题的空间分析工具之一。

一、缓冲区的概念与作用

缓冲区是地理空间目标的一种影响范围或服务范围，具体指在点、线、面实体的周围，自动建立的一定宽度的多边形。缓冲区实际上是一个独立的多边形区域，它的形态和位置与原来因素有关。

从数据的角度出发，其基本思想是：给定一个空间对象或集合，确定它们的邻域，因此，以对象 OI 为例，其缓冲区的定义为：

$$B_i = \{x: d(x_i, o_i) \leqslant R\}$$

其中，R 为缓冲宽度，或缓冲半径。

矢量数据缓冲区主要包括了点对象的缓冲区、线对象的缓冲区、面对象的缓冲区。如图 6-12 缓冲区示例所示。

缓冲区分析的作用是用来限定所需处理的专题数据的空间范围，一般认为缓冲区以内的信息均是与构成缓冲区的核心实体相关的，即邻接或关联关系，而缓冲区以外的数据与分析无关。

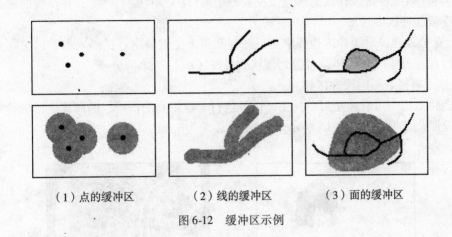

　（1）点的缓冲区　　　　（2）线的缓冲区　　　　（3）面的缓冲区

图 6-12　缓冲区示例

二、缓冲区的建立

1. 基于矢量数据的缓冲区建立

点的缓冲区的生成比较简单,是以点实体为圆心,以测定的距离为半径绘圆,这个圆形区域即为缓冲区。如果有多个点实体,缓冲区为这些圆区域的逻辑"并"。

线和面的缓冲区生成,实质上是求折线段的平行线。算法是在轴线首尾点处,作轴线的垂线并按缓冲区半径 R 截出左右边线的起止点;在轴线的其他转折点上,用于该线所关联的前后两邻边距轴线的距离为 R 的两平行线的交点来生成缓冲区对应顶点,如图 6-13 所示。

图 6-13　缓冲区建立原理

以线的缓冲区建立为实例,步骤如下(图 6-14):

图 6-14　线缓冲区建立过程及效果

(1)线的重采样,对线进行化简,以加快缓冲区建立的速度。线的矢量数据压缩算法。

（2）建立线缓冲区，在线的两边按一定的距离（缓冲距）绘平行线，并在线的端点处绘半圆，连成缓冲区多边形。

（3）重叠处理：对缓冲区边界求交，并判断每个交点是出点还是入点，以决定交点之间的线段保留或删除。这样就可得到岛状的缓冲区。

2. 基于栅格数据的缓冲区建立

在栅格数据中可看做是对空间实体向外进行一定距离的扩展，因而算法比较简单。核心算法是距离变换，如图 6-15 所示。

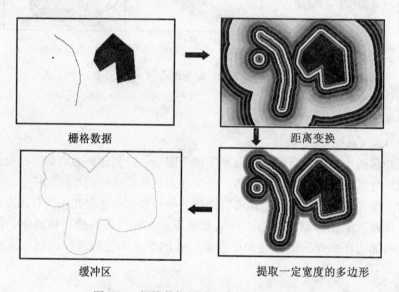

栅格数据　　　　　　　　　　　　距离变换

缓冲区　　　　　　　　　　提取一定宽度的多边形

图 6-15　栅格数据缓冲区建立过程及效果

6.4　空间数据的网络分析

网络分析是 GIS 空间分析的重要组成部分，在 GIS 中有着广泛的应用，如公共交通运营线路选择和紧急救援行动线路的选择，城市消防站分布和医院的配置等。

一、网络分析的概念与作用

网络通常用来描述某种资源或物质在空间上的运动。GIS 中的网络分析是依据网络的拓扑关系（线性实体之间、线性实体与结点之间、结点与结点之间的连接、连通关系），通过考察网络元素的空间及属性数据，以数学理论模型为基础，对网络的性能特征进行多方面的分析计算。网络数据模型是真实世界中网络系统的抽象表示。

网络是由若干线性实体互连而成的一个系统，资源经由网络来传输，实体间的联系也经网络来达成。构成网络的基本元素主要包括：

（1）结点：网络中任意两条线段或路径的交点如图 6-16 所示，其属性如方向数、资源数量等。

（2）链：连接两个结点的弧段或路径，网络中资源流动的通道。其属性如资源流动的时间、速度、资源种类和数量、弧段长度等。

（3）障碍：指资源不能通过的结点，如被破坏的桥梁、禁止通行的关口等。它是唯一不表示任何属性的元素。

（4）拐角：在网络的结点处，资源移动方向可能转变，从一个链经结点转向另一个链，例如在十字路口禁止车辆左拐，便构成拐角。拐角的属性有阻力，如拐弯的时间和限制等。

（5）中心：指网络中具有从链上接收和发送资源能力的结点所在地，如水库、商业中心、电站、学校等，其属性如资源最大容量、最大服务半径等。

（6）站点：是网络中装卸资源的结点所在地，例如车站、码头等。其属性如资源需求量等。

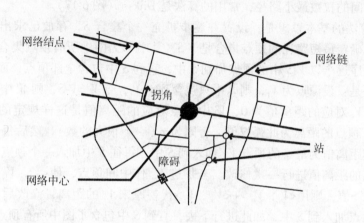

图 6-16　网络基本要素

除了基本的组成部分外，有时还需要增加一些特殊的结构，例如邻接点链表用来辅助进行路径分析。

除此之外，网络分析中还具有网络属性，如阻碍、资源需求量、资源容量等。

（1）阻碍：资源在网络中运行的阻力。

（2）资源需求量：网络中与弧段和停靠点相联系资源的数量，如某条街所住的学生数。

（3）资源容量：网络中心为弧段的需求能容纳或提供的资源总数量，如接收的学生总数。

网络分析主要研究内容包括路径分析、连通分析、资源分配分析、流分析等，它在土地管理、城市规划、电力等方面有着重要的应用。下面主要对路径分析、连通分析、资源分配分析进行详细介绍。

二、路径分析

路径分析是在指定的网络结点间找出最佳路径，即找出的路径满足某种最优化条件。其最优化条件可以为距离最短、用时最少、费用最低等。路径分析主要包括了静态求最佳路径分析、N 条最佳路径分析、最短路径或是最低耗费路径分析、动态最佳路径分析。

（1）静态求最佳路径：在给定每条链上的属性后，求最佳路径。一般分析从 p_1 到 p_2 共 n 条路径，计算各路径上的权数之和，取最小者为最佳路径。

（2）N 条最佳路径：给定起点、终点，求代价最小的 N 条路径，事实上，理论上只有一条，实际上需选择 N 条近似最佳路径。

（3）最短路径或最低耗费路径：确定起点、终点和要经过的中间点、链，求最短或耗费最小路径。

（4）动态最佳路径分析：实际网络分析中，权值是随着权值关系式变化的，而且可能会出现一些障碍点，所以往往需要动态地计算最佳路径。

为了进行网络最短路径分析，需要将网络转换成有向图。其中计算最短路径与最佳路径的算法是一致的，其区别在于有向图中每条弧的权值的不同设置。而路径分析的核心算法即为求两点间的权数最小路径，常用的算法是 Dijkstra（图 6-17）。

Dijkstra 算法的基本思想是：设置并逐步扩充一个集合 S，存放已求出其最短路径的顶点，则尚未确定最短路径的顶点集合是 V-S，其中 V 为网中所有顶点集合。按最短路径长度递增的顺序逐个以 V-S 中的顶点加到 S 中，直到 S 中包含全部顶点，而 V-S 为空。

具体做法是：设源点为 V_l，则 S 中只包含顶点 V_l，令 W=V-S，则 W 中包含除 V_l 外图中所有顶点，V_l 对应的距离值为 0，W 中顶点对应的距离值是这样规定的：若图中有弧 $<V_l, V_j>$ 则 V_j 顶点的距离为此弧权值，否则为 ∞（一个很大的数），然后每次从 W 中的顶点中选一个其距离值为最小的顶点 V_m 加入到 S 中，每往 S 中加入一个顶点 V_m，就要对 W 中的各个顶点的距离值进行一次修改。若加进 V_m 作中间顶点，使 $<V_l, V_m>$+$<V_m, V_j>$ 的值小于 $<V_l, V_j>$ 值，则用 $<V_l, V_m>$+$<V_m, V_j>$ 代替原来 V_j 的距离，修改后再在 W 中选距离值最小的顶点加入到 S 中，如此进行下去，直到 S 中包含了图中所有顶点为止。

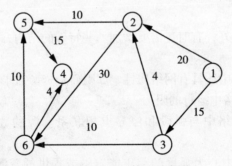

图 6-17　Dijkstra 算法示意图

1 点到其他各顶点的距离 $S[1, i]$ 为：

$S[1, 2]=20$，$S[1, 3]=15$，$S[1, 4]=\infty$，$S[1, 5]=\infty$，$S[1, 6]=\infty$

最小的距离是 $S[1, 3]=15$；

$S[1, 2]=S[1, 3]+S[3, 2]=15+4=19<20$；

$S[1, 4]=S[1, 3]+S[3, 4]=15+\infty$；

$S[1, 5]=S[1, 3]+S[3, 5]=15+\infty$；

$S[1, 6]=S[1, 3]+S[3, 6]=15+10=25<\infty$;

最小的距离是 $S[1, 2]=19$ ；

$S[1, 4]=S[1, 2]+S[2, 4]=19+\infty$ ；

$S[1, 5]=S[1, 2]+S[2, 5]=19+10=29$ ；

$S[1, 6]=S[1, 3]+S[32, 6]=19+30=49>25$ ；

最小的距离是 $S[1, 6]=25$ ；

$S[1, 4]=S[1, 6]+S[6, 4]=25+4=29$ ；

$S[1, 5]=S[1, 6]+S[6, 5]=25+10=35>29$ ；

最小的距离是 $S[1, 4]=29$, $S[1, 5]=29$ 。

这样我们就得到 1 点到其他各点的最短距离为：

①—③—②：19

①—③：15

①—③—⑥—④：29

①—③—②—⑤：29

①—③—⑥：25

三、连通分析

连通分析实际上就是生成最小生成树。在连通分析中，若一个图中任意两个结点之间都存在一条路，则为连通图；若在一个连通图中不存在任何回路，则称为树；若生成树是图的极小连通子图，则称为最小生成树。假设 T 为图 G 的一个生成树，若把 T 中各边的权数相加，则这个和数称为生成树 T 的权数。在 G 的所有生成树中，权数最小的生成树称为 G 的最小生成树。以在 n 个城市间建立通信线路为例进行连通分析。如图 6-18 所示，对此进行分析。

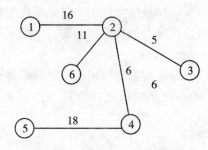

图 6-18　城市间的通信线路

图的顶点表示城市，边表示两城市间的线路，边上所赋的权值表示代价。对 n 个顶点的图可以建立许多生成树，每一棵树可以是一个通信网。若要使通信网的造价最低，就需要构造图的最小生成树。在此，构造最小生成树的依据主要有两个：一是在网中选择 $n-1$ 条边连接网的 n 个顶点；二是尽可能选取权值为最小的边。采用 Kruskal 算法，即克罗斯克尔算法，也称为"避圈"法。假设 G 是由 m 个结点构成的连通赋权图，则构造最小生成树的步骤如下：

115

（1）先把图 G 中的各边按权数从小到大重新排列，并取权数最小的一条边为 T 中的边。

（2）在剩下的边中，按顺序取下一条边。若该边与 T 中已有的边构成回路，则舍去该边，否则选进 T 中。

（3）重复上述步骤，直到有 $m-1$ 条边被选进 T 中，这 $m-1$ 条边就是 G 的。

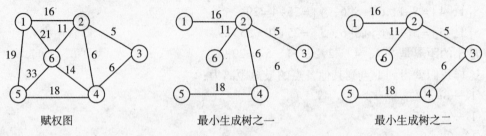

|赋权图|最小生成树之一|最小生成树之二|

图 6-19　最小生成树生成过程

四、资源分配

资源分配网络模型由中心点（分配中心）及其状态属性和网络组成。分配有两种形式，一种是由分配中心向四周输出；另一种是由四周向中心集中。这种分配功能可以解决资源的有效流动和合理分配。在资源分配模型中，研究区可以是机能区，根据网络流的阻力来研究中心的吸引区，为网络中的每一链接寻找最近的中心，以实现最佳服务。资源分配还可以模拟资源如何在中心和它周围的网络元素之间流动。

1. 定位与分配

定位与分配模型是根据需求点的空间分布，在一些候选点中选择给定数量的供应点以使预定的目标方程达到最佳结果，即最佳分配中心或是最优配置。其中定位问题是指已知需求源的分布，确定在哪里布设供应点最合适的问题；分配问题是确定这些需求源分别受哪个供应点服务的问题。

在运筹学的理论中，定位与分配模型常可用线性规划求得全局性的最佳结果。由于其计算量以及内存需求巨大，所以在实际应用中常用一些启发式算法来逼近或求得最佳结果。

实际应用中，选择供应点时，并不只是要使总的加权距离为最小，有时需要使总的服务范围为最大，有时又限定服务的最大距离不能超过一定的值，因此仅仅是 P 中心模型不足以解决更多的实际问题，需要进行修改、扩充。资源分配模型可以用来为电站确定其供电区，为消防站确定服务范围，为学校选址，确定垃圾收集站点分布；也可用来计算中心地的等时区、等交通距离区、等费用距离区等；还可以用来进行城镇中心、商业中心或港口等地的吸引范围分析，以用来寻找区域中最近的商业中心，进行各种区划和港口腹地的模拟等。

2. 最小费用最大流

资源分配中最重要的是最小费用最大流问题，也是经济学和管理学中的一类典型问题。在一个网络中每段路径都有"容量"和"费用"两个限制的条件下，此类问题的研究试图寻找出：流量从 A 到 B，如何选择路径、分配经过路径的流量，可以在流量最大的前提下，达到所用的费用最小的要求。如 n 辆卡车要运送物品，从 A 地到 B 地。由于每条路段都有不同的路费要缴纳，每条路能容纳的车的数量有限制，最小费用最大流问题指如何分配卡车的出发路径可以达到费用最低，物品又能全部送到。

解决最小费用最大流问题，一般有两条途径。一条途径是先用最大流算法算出最大流，然后根据边费用，检查是否有可能在流量平衡的前提下通过调整边流量，使总费用得以减少。只要有这个可能，就进行这样的调整。调整后，得到一个新的最大流。

然后，在这个新流的基础上继续检查、调整。这样迭代下去，直至无调整可能，便得到最小费用最大流。这一思路的特点是保持问题的可行性（始终保持最大流），向最优推进。另一条解决途径和前面介绍的最大流算法思路相类似，一般首先给出零流作为初始流。这个流的费用为零，当然是最小费用的。然后寻找一条源点至汇点的增流链，但要求这条增流链必须是所有增流链中费用最小的一条。如果能找出增流链，则在增流链上增流，得出新流。将这个流作为初始流看待，继续寻找增流链增流。这样迭代下去，直至找不出增流链，这时的流即为最小费用最大流。这一算法思路的特点是保持解的最优性（每次得到的新流都是费用最小的流），而逐渐向可行解靠近（直至最大流时才是一个可行解）。

由于第二种算法和已介绍的最大流算法接近，且算法中寻找最小费用增流链，可以转化为一个寻求源点至汇点的最短路径问题。现在介绍这一算法过程：

①对网络 $G=[V, E, C, W]$，给出流值为零的初始流。

②作伴随这个流的增流网络 $G'=[V', E', W']$。G' 的顶点同 G：$V'=V$。若 G 中 $f(u, v)=0$，则 G' 中建边 (v, u)，$w'(v, u)=-w(u, v)$。

③若 G' 不存在 x 至 y 的路径，则 G 的流即为最小费用最大流，停止计算；否则用标号法找出 x 至 y 的最短路径 P。

④根据 P，在 G 上增流：对 P 的每条边 (u, v)，若 G 存在 (u, v)，则 (u, v) 增流；若 G 存在 (v, u)，则 (v, u) 减流。增（减）流后，应保证对任一边有 $c(e) \geqslant f(e) \geqslant 0$。

⑤根据计算最短路径时的各顶点的标号值 $L(v)$，按下式修改 G 一切边的权数 $w(e)$：

$$L(u)-L(v)+w(e) \rightarrow w(e)$$

⑥将新流视为初始流，转②。

6.5 数字地形模型分析

数字地形模型（digital terrain model，DTM）是在测绘工作中，用数字表达地面起伏形态的一种方式。DTM 最初被提出是为了在高速公路的自动设计中应用。之后，它被应用于各种线路选线（铁路、公路、输电线）的设计以及各种工程的面积、体积、坡度计算，任意两点间的通视判断及任意断面图绘制。在测绘中被用于绘制等高线、坡度坡向图、立体透视图，制作正射影像图以及地图的修测。在遥感应用中可作为分类的辅助数据。它还是地理信息系统的基础数据，可用于土地利用现状的分析、合理规划及洪水险情预报等。

在军事上可用于导航及导弹制导、作战电子沙盘等。DTM 的精度问题、地形分类、数据采集、DTM 的粗差探测、质量控制、数据压缩、DTM 应用以及不规则三角网 DTM 的建立与应用等内容成为了 DTM 主要研究的内容。

一、基于 DEM 的信息提取

DTM 是地形表面形态属性信息的数字表达，带有空间位置特征和地形属性特征的数字描述。若 DTM 中地形属性为高程，则称为数字高程模型，即 DEM。在地理空间中，高程是第三维坐标。传统的地理信息系统的数据结构都是二维结构，因此，DEM 的建立成为了一个必要的补充。通常用地表规则网格单元构成的高程矩阵表示 DEM，广义的 DEM还包括了所有表达地面高程的数字表示，如等高线、三角网。在 GIS 中，DEM 是建立DTM 的基础数据，其他的地形要素数据可直接或间接地从 DEM 中获取，如坡度、坡向等。如图 6-20 所示，通过 DEM 得到的坡度图与坡向图。

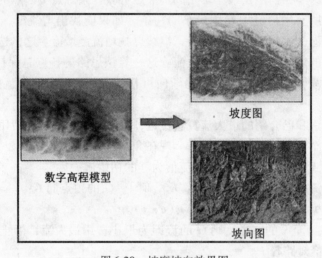

图 6-20　坡度坡向效果图

1. 坡度

坡度定义为地表单元的法向与 Z 轴的夹角，即切平面与水平面的夹角。同时，坡度是评价耕地质量的主要指标，也是衡量土地利用是否合理的一个关键因子。在计算出各地表单元的坡度后，可对不同的坡度设定不同的灰度级，得到坡度图。地表单元的坡度就是其切平面的法线方向 $\bar{n}$ 与 Z 轴的夹角(图 6-21)。

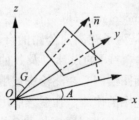

图 6-21　坡度计算示意图

坡度 G 的计算公式为：

$$\tan G = \sqrt{(\Delta z / \Delta x)^2 + (\Delta z / \Delta y)^2}$$

例如，对于格网 DEM，如图 6-22 所示：

图 6-22　格网例图

若 Z_a、Z_b、Z_c、Z_d 是一个格网上的四个格网点的高程，d_s 为格网的边长，则格网的坡度可由下式计算：

$$G = \arctan\sqrt{u^2 + v^2}$$

其中：

$$u = \frac{\sqrt{2}(Z_a - Z_b)}{2d_s}$$

$$v = \frac{\sqrt{2}(Z_c - Z_d)}{2d_s}$$

2. 坡向

坡向是地表单元的法向量在水平面上的投影与 X 轴之间的夹角，在计算出每个地表单元的坡向后，可制作坡向图，通常把坡向分为东、南、西、北、东北、西北、东南、西南 8 类，再加上平地，共 9 类，用不同的色彩显示，即可得到坡向图。坡向是地表单元的法向量在 OXY 平面上的投影与 X 轴之间的夹角。坡向决定了地表局部地面接收阳光和重新分配太阳辐射量的重要地形因子，直接造成局部地区的气候特征差异。坡向的计算公式如下：

$$\tan A = \frac{\Delta z / \Delta y}{\Delta z / \Delta x}(-\pi < A < \pi)$$

对于格网 DEM，如图 5-15 所示格网，则坡度的计算公式为：

$$A = \arctan\left(-\frac{V}{U}\right)$$

其中：

$$u = \frac{\sqrt{2}(z_a - z_b)}{2d_s}$$

$$v = \frac{\sqrt{2}(z_c - z_d)}{2d_s}$$

二、基于 DEM 的可视化分析
1. 剖面分析

剖面分析可在格网 DEM 或三角网 DEM 上进行。已知两点的坐标 $A(x_1, y_1)$，$B(x_2, y_2)$，则可求出两点连线与格网或三角网的交点，并内插交点上的高程，以及各交点之间的距离。然后按选定的垂直比例尺和水平比例尺，按距离和高程绘出剖面图。剖面图不一定必须沿直线绘制，也可沿一条曲线绘制。

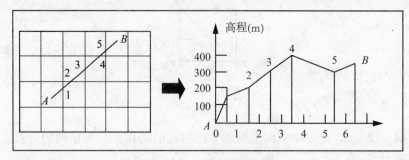

图 6-23　沿直线绘制图

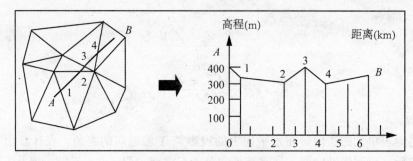

图 6-24　沿曲线绘制图

常常可以以线代面，研究区域的地貌形态、轮廓形状、地势变化、地质构造、斜坡特征、地表切割强度等。如果在地形剖面上叠加其他地理变量，例如坡度、土壤、植被、土地利用现状等，可以提供土地利用规划、工程选线和选址等的决策依据。

2. 通视分析

通视分析是指以某一点为观察点，研究某一区域通视情况的地形分析。典型的例子是观察哨所的设定，显然观察哨的位置应该设在能监视某一感兴趣的区域，视线不能被地形挡住。这就是通视分析中典型的点对区域的通视问题。通视分析的核心是通视图的绘制。以图 6-25 为例，方法具体如下：

（1）以 O 为观察点，对格网 DEM 或三角网 DEM 上的每个点判断通视与否，通视赋值为 1，不通视赋值为 0。由此可形成属性值为 0 和 1 的格网或三角网。对此以 0.5 为值追踪等值线，即得到以 O 为观察点的通视图。

（2）以观察点 O 为轴，以一定的方位角间隔算出 0°～360°的所有方位线上的通视情况。对于每条方位线，通视的地方绘线，不通视的地方断开，或相反。这样可得出射线状的通视图。

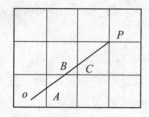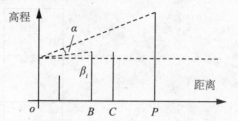

图 6-25 方法辅助图

三、谷脊特征分析

在地表的基本形态中，山谷和山脊是常见的两种主要形态。它在区域地形研究和制图综合中具有重要的意义。利用数字高程模型可对谷脊特征作概略分析。

1. 谷点和脊点的判定

谷点是地势相对最低的点集，脊点为地势相对最高的点集，如图 6-26 所示，要判定高程为 $Z_{i,j}$ 网格的形态特征，按照以下判别式可直接提取谷点和脊点。

如果 $(Z_{i,j-1} - Z_{i,j})(Z_{i,j+1} - Z_{i,j}) > 0$，

当 $Z_{i,j+1} > Z_{i,j}$ 时，则 $P(i,j) = -1$ (6-1)

当 $Z_{i,j+1} > Z_{i,j}$ 时，则 $P(i,j) = -1$ (6-2)

如果 $(Z_{i-1,j} - Z_{i,j})(Z_{i+1,j} - Z_{i,j}) > 0$，

当 $Z_{i+1,j} > Z_{i,j}$ 时，则 $P(i,j) = -1$ (6-3)

当 $Z_{i+1,j} > Z_{i,j}$ 时，则 $P(i,j) = 1$ (6-4)

如果式(6-1)和式(6-4)或式(6-2)和式(6-3)同时成立，则 $P(i,j) = 2$；如果以上条件均不成立，则 $P(i,j) = 0$。

其中：

$$P(i,j) = \begin{cases} -1, & \text{表示谷点} \\ 1, & \text{表示脊点} \\ 2, & \text{表示鞍点} \\ 0, & \text{表示其他点} \end{cases}$$

若对谷脊特征作精确分析时，可以建立地表单元的拟合曲面方程，然后确定曲面上各插值点的极值，以及当插值点在两个相互垂直方向上，分别为极大值和极小值时，确定出谷点、脊点和鞍点。

2. 沟谷密度分析

沟谷密度是表征地面破碎程度的一种指标，它是沟谷总长度（$\sum L$）与地表单元总面积（$\sum A$）之比。提取谷点和脊点，将地表单元内所有谷点在单元区域内的延伸长度累加，便获得单元的沟谷长度。沟谷密度为：

$$VD = \sum_{k=1}^{n} L_k \Big/ \sum_{i=1}^{m} A_i, \quad k = 1, 2, 3, \cdots, n, \quad i = 1, 2, 3, \cdots, m$$

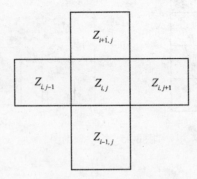

图6-26　点和脊点的判定

沟谷密度的精度与插值间隔有关。提取谷脊信息时给定的插值间距小，则一般沟谷密度的计算精度高。

3. 切割深度分析

地表单元的谷点与最近脊点的平均高差为谷点的切割深度，区域平均切割深度为若干谷点切割深度的平均值。

$$VH = \sum_{k=1}^{n} (\bar{h}_{Rk} - \bar{h}_{Vk})/n, \quad k = 1, 2, 3, \cdots, n$$

式中，h_R 为距该谷点最近的脊点的平均高程值，h_V 为谷点高程。

四、淹没损失估算

DEM 数据不仅直接用于各种地形因素的分析，而且还可以与有关信息进行复合，研究地形要素与其他要素之间的相互联系。其中洪水淹没损失估算，就是研究 DEM 与土地利用之间的关系。为了科学合理地估算，首先将数字高程的数据与土地利用数据进行匹配；其次是根据淹没高程，在 DEM 上确定淹没范围；最后统计淹没范围内的土地类型和面积，就能精确估算出淹没损失。

五、地貌类型的自动划分

在 DEM 数据文件的基础上，进行地貌类型的自动分类。首先根据区域的地形特点，拟定地形分类的高程界值；然后，计算机根据确定的高程界值自动提取地形类型信息，便可获得区域的地形分类系统，如平原、丘陵、低山、中山和高山等；最后输出地貌类型图。

六、从 DEM 数据自动形成地形轮廓线

高程矩阵没有存储山脊线、山谷线等地形特征线，或者在地形图数字化时，对这些地形特征线没有单独数字化，在这种情况下，用程序自动地将它们从高程矩阵中提取出来也许是必要的。例如从叠置到 DEM 的卫星图像上勾绘出集水范围线，使遥感图像与特殊地理景观联系在一起。高程矩阵用于其他数量分析如费用量、集水范围、旅行时间等时，应有一种方法来描述线、面特征。

1. 山脊线和谷底线的探测

为了自动探测山脊线和谷底线，设计了专门的运算算子。较为简单的算子是 4 个像元的局部算子。该算子在高程矩阵中移动并比较每一位置处 4 个像元的高程值，同时标出其中高程最大(探测谷底线)或最小(探测山脊线)的像元。标记过程完成后，剩下未标记的像元就是山脊线和山谷线所在的像元。下一步就是把它们连接成线模式，形成山脊线或山谷线。

2. 集水范围的确定

集水范围即流域范围的确定，对流域分析十分必要。流域探测除确定边界线外，还要将整个范围从整个数据库中分离出来。探测方法是：首先需要交互式地确定河流流域的出口，并作为搜索工作的起点。以 3×3 算子的中心像元置于起始点，比较中心像元相邻近的 8 个像元的坡向。如果坡向朝向中心像元，则认为它是中心像元的上游，算子的中心像元移至新的"上游"点，重复比较过程又能得到新的"上游"点。已有"上游"标志的不予比较，整个数据范围都运算完毕后，流域范围就全部标记出来了。用户可以对这些像元重新编码，形成某一流域的分布图。

七、地形可视化

可视化是指人脑中形成对某种事物(人物)的图像，是一个心智处理过程，促进对事物的观察及概念的建立。地形可视化是根据地表高程变化或加上地表覆盖物种类而建立的反映地物空间起伏分布的视觉模型。地形的可视化方法主要有：

1. 根据 DEM 制作等高线图

利用格网 DEM 生成等高线时，需要将其中的每个点视为一个几何点，而不是一个矩形区域，也就是说在格网 DEM 中寻找等值点，然后内插形成等值线图，即等高线。等值点的内插是在三角形的边上进行的，分为两个步骤：第一，确定各边上有无等值点；第二，对等值点进行追踪，等值线可能是开曲线，也可能是闭曲线。

一条等值线的等值点都找出来后，可以采用 3 次样条曲线将它们连成光滑的曲线，另外还要找一段曲率较小的地方进行注记。

对所有等值线重复上面的操作，就可生成一幅等值线图(图 6-27、图 6-28)。

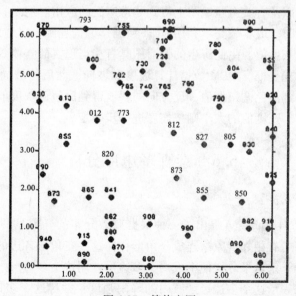

图 6-27 等值点图

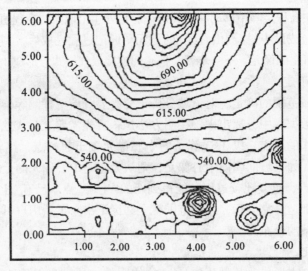

图 6-28　等高线图

2. 根据 DEM 制作透视立体图

立体图是表现物体三维模型最直观的图形，它可以生动逼真地描述制图对象在平面和空间上分布的形态特征和构造关系。通过分析立体图可以了解地理模型表面的起伏状况，可以看出各个断面的形态，这对研究区域的轮廓形态、变化规律以及内部结构是非常有益的。计算机自动绘制透视立体图的理论基础是透视原理，而 DEM 是其绘制的数据基础。制作透视立体图的基本步骤包括：建立透视变换基础、DEM 高程阵列剖面布设、消除隐藏线处理和粘贴表面影像与纹理。

3. 根据 DEM 制作晕渲图

晕渲图是通过模拟实际地面反映地形起伏特征的重要地图制图学方法，在各种小比例尺地形图、地理图，以及有关专题地图上得到非常广泛的应用。但是，传统的人工描绘晕渲图的方法费工、费时、成本较高。利用 DEM 数据作为信息源，以地面光照通量为依据，计算该栅格所输出的灰度值，由此产生的晕渲图具有相当逼真的立体效果。自动地貌晕渲图的计算步骤为：首先是根据 DEM 数据计算坡度和坡向，然后将坡向数据与光源方向比较，向光源的斜坡得到浅色调灰度值，反方向的斜坡得到深色调灰度值，介于中间坡向的斜坡得到中间灰度值。灰度值的大小则按坡度进一步确定。

6.6　泰森多边形分析

一、泰森多边形的概念

荷兰气候学家 A. H. Thiessen 提出了一种根据离散分布的气象站的降雨量来计算平均降雨量的方法，即将所有相邻气象站连成三角形，作这些三角形各边的垂直平分线，于是每个气象站周围的若干垂直平分线便围成一个多边形。用这个多边形内所包含的一个唯一气象站的降雨强度来表示这个多边形区域内的降雨强度，并称这个多边形为泰森多边形。

泰森多边形又叫冯洛诺伊图(Voronoi diagram)，得名于 Georgy Voronoi，是由一组由连接两邻点直线的垂直平分线组成的连续多边形组成。北京奥运会的水立方即是基于此原理设计(图 6-29)。

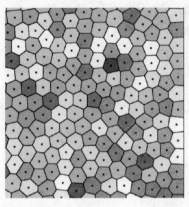

图 6-29　泰森多边形

二、泰森多边形的特性

(1)每个泰森多边形内仅含有一个离散点数据。

(2)泰森多边形内的点到相应离散点的距离最近。

(3)位于泰森多边形边上的点到其两边的离散点的距离相等。

泰森多边形可用于定性分析、统计分析、邻近分析等。例如，可以用离散点的性质来描述泰森多边形区域的性质；可用离散点的数据来计算泰森多边形区域的数据；判断一个离散点与其他哪些离散点相邻时，可根据泰森多边形直接得出，且若泰森多边形是 n 边形，则就与 n 个离散点相邻；当某一数据点落入某一泰森多边形中时，它与相应的离散点最邻近，无需计算距离。

在泰森多边形的构建中，首先要将离散点构成三角网。这种三角网称为 Delaunay 三角网。

三、泰森多边形的建立步骤

建立泰森多边形算法的关键是将离散数据点合理地连成三角网，即构建 Delaunay 三角网。建立泰森多边形的步骤为：

(1)离散点自动构建三角网，即构建 Delaunay 三角网。对离散点和形成的三角形编号，记录每个三角形是由哪三个离散点构成的。

(2)找出与每个离散点相邻的所有三角形的编号，并记录下来。这只要在已构建的三角网中找出具有一个相同顶点的所有三角形即可。

(3)对与每个离散点相邻的三角形按顺时针或逆时针方向排序，以便下一步连接生成泰森多边形。设离散点为 o。找出以 o 为顶点的一个三角形，设为 A；取三角形 A 除 o 以外的另一顶点，设为 a，则另一个顶点也可找出，即为 f；则下一个三角形必然是以 of 为边的，即为三角形 F；三角形 F 的另一顶点为 e，则下一三角形是以 oe 为边的；如此重复进行，直到回到 oa 边。

（4）计算每个三角形的外接圆圆心，并记录之。

（5）根据每个离散点的相邻三角形，连接这些相邻三角形的外接圆圆心，即得到泰森多边形。对于三角网边缘的泰森多边形，可作垂直平分线与图廓相交，与图廓一起构成泰森多边形。

第7章 空间信息的可视化

空间信息可视化是指运用计算机图形图像处理技术，将复杂的科学现象和自然景观及一些抽象概念图形化的过程。具体地说，是利用地图学、计算机图形图像技术，将地学信息输入、查询、分析、处理，采用图形、图像，结合图表、文字、报表，以可视化形式，实现交互处理和显示的理论、技术和方法。本章论述了空间信息可视化技术、动态现象可视化以及 GIS 的输出。

7.1 地理信息的可视化

一、基本概念

1. 可视化

可视化是将符号或数据转化为直观的图形、图像的技术，它的过程是一种转换，它的目的是将原始数据转化为可显示的图形、图像，从而全面且本质地把握住地理空间信息的基本特征，便于最迅速、形象地传递和接收它们。

2. 科学计算可视化

1986 年 NSF 特别专家会议提出，1987 年发表了正式的 ViS(Visualization in Scientific Computing)报告，给出定义。科学计算可视化指运用计算机图形学和图像处理技术，将科学计算过程中产生的数据及计算结果转换为图形和图像显示出来，并进行交互处理的理论、方法和技术。

1)科学计算可视化的功能

(1)人机协同处理。

①客观现象数据质量与结构的控制；

②科学数据可视化计算与分析；

③计算机图形制作与显示；

④图像数据的计算机处理；

⑤四维时空现象的模拟；

⑥人机交互的可视化界面设计。

(2)科学研究成果的信息表达。

①制作直观化的科学图像，以阐明科学研究中的各种现象；

②科学研究过程的模拟；

③复杂数据的可视化处理；

④研究成果的可视化表达。

2)科学计算可视化在 GIS 中的应用

①空间位置的直观表示：空间位置可以用平面直角坐标(或地理坐标)给予精确描述，利用可视化技术，借助图形、图像等多种形式形象直观地表达空间物体的分布状况。

②空间分析的可视化描述：利用可视化技术，可将地理现象的空间分析过程和结果直观、形象地表现出来，随空间或时间变化的现象，如迁移、运输或区域经济发展等，均可方便地用二维或三维动画技术进行描述和表达，而且还能够模拟空间变化的过程。

③动态制图：是可视化技术在地图中的主要应用之一，利用三维模型及动画和仿真等可视化技术，既可以制作二维的地理现象分布图，也可以制作随时间而变化的三维地图和四维动态地图等。

④空间信息的可视化查询：通过可视化的查询语言，实现对数据库内容及与之相关的图形或媒体对象进行形象化、直观化的查询操作。

⑤面向对象的模型化(object modeling)：目前的 GIS 一般只具有表面模型化(surface modeling)，如 DTM 功能，借助于可视化技术，可将表面模型化与动画制作技术相结合，实现面向对象的模型化，其进一步的发展就是虚拟现实。

3. 空间信息的可视化

空间信息可视化是指运用地图学、计算机图形学和图像处理技术，将地学信息输入、处理、查询、分析以及预测的数据及结果采用图形符号、图形、图像，并结合图表、文字、表格、视频等可视化形式显示，并进行交互处理的理论、方法和技术。

1)空间信息可视化的特征

(1)交互性：是空间信息可视化技术向用户提供灵活、有效地控制和使用信息的主要手段和方法，是空间信息系统推广应用的重要前提。借助于交互性，系统用户可以自由地操纵和使用空间信息，主动地找出自己所需要的现象或事件，甚至可以介入到某一事件的发展过程中。

①系统界面的交互性；

②信息检索的交互性；

③系统交互性。

(2)信息载体的多维性：是指表达空间环境信息具有多种媒体形式，不再局限于数值、文本、图形，而是扩展到数值、文本、图形、图像、声音、动画、视频图像、三维仿真乃至虚拟现实。

(3)信息表达的动态性：动态性主要是由于数据库中时间维的引入而产生的，通过对时间维的描述，并借助于可视化方法可以直观地表达空间信息的动态变化。

①信息检索、表示的动态性；

②借助于动态地图和时间序列地图表达瞬间或某一时段内某种现象的移动、变迁过程；

③借助于视频图像真实地表现某一环境现象的实地状况。

(4)媒体信息的集成性：文本、图形、图像、色彩、动画、声音和视频图像等被有机地结合并连接成一个整体，从而以多形式、多视角、多层次、综合地表现空间环境信息。

二、空间信息的可视化

1. 空间信息可视化的形式

（1）纸质地图：纸质地图包括地形图（普通地图）、专题地图及特种地图，它们既是传统地理信息的表达工具，同时也是计算机环境下空间信息可视化的一种重要而基本的可视化产品类型。

（2）电子地图：是基于计算机数字处理和屏幕显示的地图。它是空间信息可视化的主要产品形式之一，大部分的空间客体信息进入计算机后都能够以电子地图的形式直观地显示在计算机屏幕上，供用户查阅。

（3）多媒体地学信息：综合、形象地表现空间信息所使用的文本、表格、声音、图像、图形、动画、音频、视频各种形式逻辑地联结并集成为一个整体概念，是空间信息可视化的重要形式。

（4）三维仿真地图：是基于仿真技术的一种三维地图，它借助于仿真技术将空间现象信息以三维的、立体的或动画的形式直观、真实地表现出来，使用户有进入真实环境之感，因而它也是空间信息可视化的一种主要和具有发展潜力的产品形式之一。如图 7-1 为一幅三维仿真地图，图 7-2 为三维仿真地图流程。

图 7-1　三维仿真地图

（5）虚拟现实：它是由计算机和其他设备如头盔、数据手套等组成的高级人机交互系统，以视觉为主，也结合听、触、嗅甚至味觉来感知环境，使人们有如进入真实的地理空间环境之中并与之交互作用。

2. 空间信息可视化的基本工具

（1）传统地图制图软件。

（2）三维模型制图软件。

（3）地理信息系统软件。

（4）多媒体地图系统。

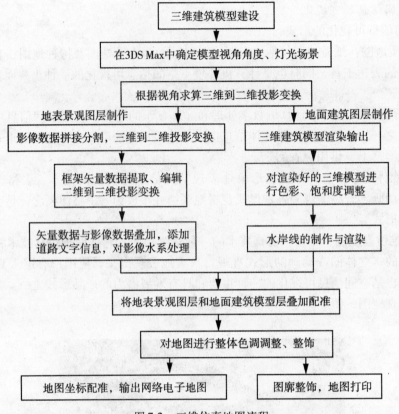

图 7-2　三维仿真地图流程

（5）虚拟现实。

三、电子地图

电子地图(屏幕地图或瞬时地图)：以地图数据库为基础，以数字形式存储在计算机外存储器上，并依托于空间信息可视化系统实时再现地理信息的数字化地图。

电子地图集：为了一定用途，采用统一、互补的制作方法系统汇集的若干电子地图。

1. 电子地图(集)的基本特征

（1）能够全面继承并发展地图科学中对地学信息进行多层次智能综合加工、提炼的优点。

（2）很强的空间信息可视化性能，具有严密的数学基础、科学而系统的符号系统、强有力的可视化界面，支持地图的动态显示，并可采用闪烁、变色等手段增强读图效果。

（3）支持空间信息的多种形式的查询、检索和阅读。

（4）支持基本的统计、计算和分析。

（5）支持电子出版。

（6）大多数电子地图支持多媒体信息技术。

2. 电子地图与 GIS 的区别

（1）电子地图包含了 GIS 的主要功能，但不是全部功能。

(2)电子地图侧重于可见实体的显示。

(3)不同来源的电子地图数据，难以赋予统一的空间数学基础，因而空间分析相对于GIS薄弱，这也是两者的分水岭。

(4)电子地图(集)是一种新型的、内容广泛的GIS产品，电子地图(集)系统则是一些内容广泛、功能各异的新型GIS系统。

四、动态地图

1. 概念

动态地图是能集中、形象地表示空间信息的时空变化状态和过程的电子地图。它的产生和发展是时空GIS发展的必要基础和前提。

2. 特征和作用

特征：可以直观而又逼真地显示地理实体运动变化的规律和特点。

作用：①动态模拟：使重要事物的变迁过程得以再现。它可以通过增加或降低变化速度，改变观察地点和视角，获取运动过程中的各种信息；②实时跟踪：如在运动物体上安装全球定位系统GPS，它能够显示运动物体各时刻的运动轨迹，使空中管制、交通状况监控、疏导，以及战役和战术的合围、围堵，均具有可靠的时空信息保证。

3. 表示方法

(1)利用传统的地图符号和颜色等方法表示。例如采用传统的视觉变量大小、色相、方位、形状、位置、纹理和密度，组成动态符号，结合定位图表，分区统计图表法以及动线法来表示。

(2)采用定义了动态视觉变量的动态符号来表示。用视觉变量的变化时长、速率、次序及节奏设计一组相应的动态符号，并加上电子地图的闪烁、跳跃、色度、亮度变化反映运动中物体的矢量、数量、空间和时间的变化特征。

(3)采用连续快照方法制作多幅或一组地图，采用一系列状态对应的地图来表现时空变化的状态，这一方法在状态表现方面是较为全面的，但对变化表达不够明确，同时数据冗余量较大。

(4)地图动画：适当地在空间差异中内插足够密度的快照，使状态差异由突变变为渐变。

五、虚拟现实(VR)技术

1. 虚拟现实(virtual reality)

这是一种最有效地模拟人在自然环境中视、听、动等行为的高级人机交互技术，是当代信息技术高速发展和集成的产物。

2. VR分类

根据VR的交互性质，即根据它能实现人的视感、听感、触感、嗅感和传感器的程度和质量可将VR分为下列几种：

(1)世界之窗(window on world system, WOW)：仅用显示器和音卡来显示虚拟世界，其衡量标准是"看起来真实，听着真实，行为真实"。

(2)视频映射：在WOW基础上把用户的轮廓剪影作为视频输入与屏幕二维图形合成，屏幕上显示用户身体和虚拟世界的交互过程。

（3）沉浸式系统：完全的 VR 系统把用户的视点和其他感觉完全沉浸到虚拟世界中，它可以是头盔加其他交互硬件，也可以是多个大型投影仪产生的一个洞穴。

（4）遥视、遥作：遥视把用户的感觉和真实世界中的远程传感器、遥测仪连接起来，并用机器人、机器手进行远程操作。实际上，阿波罗登月计划和网络会诊、网络手术已显现这方面的实际进展。

（5）混合现实：遥现和虚拟现实的结合产生了混合现实和无缝仿真，例如脑外科手术时，脑外科医生看到的是由真实场景、预先得到的扫描图像和实时超声图像组合而成的场景，领航员则在它的头盔或显示屏上既看到电子地图和数据，又看到真实景象。

六、地图语言与地图的色彩

1. 地图语言

地图是一种信息的传输工具，实现了从制图的地理环境到用图者认识地理环境之间的信息传递。在地图语言中：

（1）地图符号及其系统，被称为图解语言，它形象直观，既显示出制图对象的空间结构，又能表示在空间和时间中的变化。

（2）地图注记，借用自然语言和文字形式来加强地图语言的表现效果，完成空间信息的传递（属于地图符号的范畴）。

（3）地图色彩，既可充当地图符号的重要角色，还有装饰美化地图的功能。

（4）地图的影像，是空间信息特征的空间框架（不属于地图符号的范畴）。

（5）装饰图案，多用于地图的图边装饰，可以增加地图的美感，并且可以烘托地图的主题（不属于地图符号的范畴）。

2. 地图的色彩

色彩是地图语言的重要内容。

（1）地图上运用色彩可增强地图各要素分类、分级的概念，反映制图对象的质量与数量的多种变化。

（2）利用色彩与自然地物景色的象征性，可增强地图的感受力。

（3）运用色彩还可简化地图符号的图形差别和减少符号的数量。

（4）运用色彩又可使地图内容相互重叠而区分为几个"层面"，提高了地图的表现力和科学性。

七、地图符号（库）的功能、分类和设计

1. 地图符号的概念

地图符号是指在地图上用以表示各种空间对象的图形记号，还包括与之配合使用的注记。地图符号对表达地图内容具有重要的作用：

（1）是地图区别于其他表示地理环境的图像的一个重要特征。

（2）是丰富地图内容、增强地图的易读性和便于地图编绘的必要前提。

（3）地图符号不仅能反映制图对象的个体存在、类别及其数量和质量特征，而且通过它们的联系和组合，还能反映出制图对象的空间分布和结构以及动态变化。

2. 地图符号的基本功能

（1）能指出目标种类及其数量和质量特征。

（2）能确定对象的空间位置和现象的分布。

3. 地图符号的分类

（1）点状符号：当地图符号所代表的概念在抽象意义下可认为是定位于几何上的点时，称为点状符号。符号大小与比例尺无关，具有定位和方向的特征。

（2）线状符号：当地图符号所指代的概念在抽象意义下可认为是定位于几何上的线时，称为线状符号。符号沿着某个方向延伸，宽度与地图比例尺可以没有关系，而长度与地图比例尺有关系。

（3）面状符号：当地图符号所代表的概念在抽象意义下可认为是定位于几何上的面时，称为面状符号。符号所代表的范围与地图比例尺有关，且不论这种范围是明显的还是隐喻的，是精确的还是模糊的。如图7-3所示地图符号。

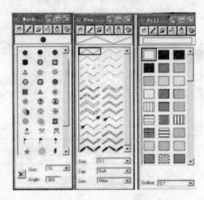

图7-3　地图符号

4. 地图符号的设计

设计地图符号，除优先考虑地图内容各要素的分类、分级的要求外，还应着重顾及构成地图符号的6个图形变量，即形状、尺寸、方向、亮度、密度、色彩，其中以图形的形状、尺寸和色彩最为重要，被传统的地图符号理论称为地图符号的三个基本要素。按符号的生成方式地图符号分为：矢量符号和栅格符号。如图7-4所示地图符号设计。

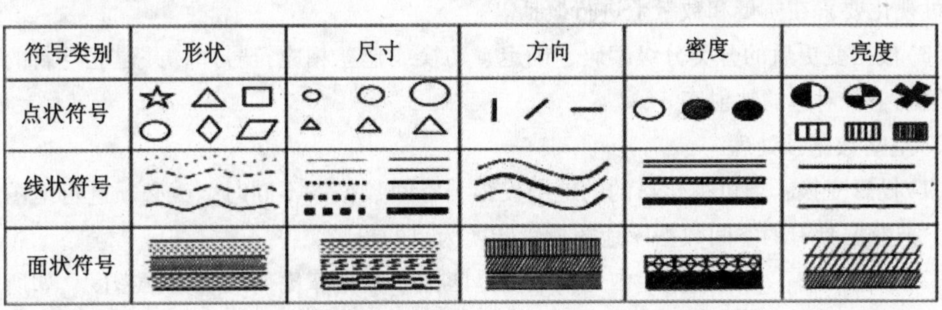

符号类别	形状	尺寸	方向	密度	亮度
点状符号	☆ △ □ ○ ◇ ▱	○ ○ ○ △ △ △	| / —	○ ● ●	◑ ⊕ ✖ ▯ ▥ ▨
线状符号					
面状符号					

图7-4　地图符号设计

133

5. 地图符号库设计的基本原则

(1)必须符合国家规定的地图图式(图形、颜色、符号含义、适用比例尺)。

(2)专题地图部分,尽可能采用国家及行业部门的符号标准,有益于标准化、规范化。

(3)新设计符号应遵循图案化及整个符号系统逻辑性、统一性、准确性、对比性,色彩象征性、制图和印刷可能性等一般原则。

(4)符号库具有可扩充性。

八、空间数据

空间数据的可视化过程如图 7-5 所示。

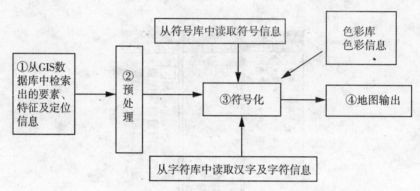

图 7-5　空间数据的可视化过程

1. 从地理数据库中检索图形数据

(1)按可视化的目的对一定区域,一定属性组合的地理对象进行检索。

①必须组织属性检索、区域检索、拓扑检索和各种特定检索、组合检索;

②得到全部应表达的地理对象;

③这种检索最好能在可视化界面下进行,使观察全面,易于查错、编辑及修改。

(2)根据可视化目的,检索出对象的质量和数量,分级分类的调整、变更和合并,这是对可视化要素在质量和数量上进行概括。

(3)根据变更后的分类分级编码,确定、切换或建立相应符号库,并建立与新的分类分级编码一一对应的映射表。

2. 空间数据预处理

(1)投影变换:当可视化目的的地图投影与空间数据库不同时,就必须进行地图投影变换,把数据具有的空间数据库地图投影转换为目的投影。

(2)数据压缩:空间数据库内几何数据是匹配于数据库比例尺的数据密度,如所需可视比例尺变化,尤其是缩小后,数据冗余很大,必须压缩。

(3)几何数据的光滑:线实体呈折线和光滑曲线两种方式延伸,空间数据库内几何数据一般以中心轴线上特征点离散方式存储,为正确表达呈光滑曲线延伸的要素,必须依据该曲线的离散数据进行光滑,使符号化后线状符号符合要求。

(4)数据转换:由于目前 GIS 空间数据库的数据来源于多种渠道,不够统一规范,因而一个可视化系统很难即时适应众多空间数据库,因此必须进行必要的数据类型及格式的转换,可完成矢量转换、关系转换和栅格转换。

3. 地图符号化

大型 GIS 系统一般提供符号库设计和管理功能,根据需要增加点、线、面符号。在制图输出时,根据空间实体类型从符号库中找出相应符号对实体进行符号化。

(1)符号的信息表示:信息块法是目前计算机制图常用的符号构造方法。信息块是描述符号的参数集,在绘图时只要通过程序处理已存在于符号库中的信息块,就可完成实体的符号化。

①直接信息法:信息块中存储符号图形的向量资料(图形特征点坐标)或栅格资料(足够分辨率的点阵资料),直接表示符号图形的每个细节。这种信息块占用存储空间大,但绘图程序的算法统一。

②间接信息法:信息块中只存储符号图形的几何参数(如图形的长、宽、间隔、半径、夹角等),其余资料都由计算机按相应绘图程序的算法解算出来。这种信息块占用存储空间小,但需编制专门程序。

(2)空间实体符号化:将特定地理空间信息转换成地图输出,必须对空间实体配置符号,这就要建立实体与符号库中具体符号的联系。空间实体与符号之间的关系有多种形式:

①空间实体与符号存在宽松的联系:通过对照表,建立地物类型与符号的一一对应关系,当用户要改变某种地物的显示符号时,只需修改对照表中符号标识与用户标识的对应关系,且只修改一次(图 7-6)。

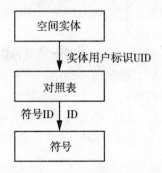

图 7-6 空间实体与符号的宽松联系

②空间实体与符号存在紧密的联系:地物类型与符号存在直接的一一对应关系,当用户要改变某种地物的显示符号时,需要修改制图区内所有空间实体的用户标识。为满足这种关系的需要,要求符号代码与地物编码严格一一对应,符号库中符号的个数应与 GIS 工

程的地物编码个数相同(图 7-7)。

图 7-7 空间实体与符号的紧密联系

③空间实体与符号存在紧密的联系，但地物类型与符号不存在严格的一一对应关系，根据地物的属性值选择空间实体的符号。这种方法适合于根据地物属性值选择绘制符号的情况。如专题地图制图、海图导航标志符号的制图等(图 7-8)。

图 7-8 根据地物的属性值选择空间实体的符号

(3)图形要素的自动注记：地图上的文字和数字总称为地图注记，它是地图内容的重要部分。注记本身并不是自然界中的一种要素，但它与地图上表示的点、线、面要素有关，用于表示这些要素的名称或某些质量和数量属性特征。注记一般分为名称注记、说明注记和数字注记三种，注记的文字使用不同的字体、大小和颜色来表示它所关联的实体类别或性质。地图上注记数量较多时，它们可以位于地图中的任一部分，但是注记的排列和配置是否恰当，常常会影响读图的效果。

注记配置的基本原则是：不应使注记压盖图上的其他图形符号；注记应与其所说明的事物关系明确。对于点状地物，应以点状符号为中心，在其上下左右四个方向中的任一适当位置配置注记，注记呈水平方向排列；对于线状事物，注记沿线状符号延伸方向从左向右或从上向下排列，字的间隔均匀一致，特别长的线状地物，名称注记可重复出现；对于面状事物，注记一般置于面状符号之内，沿面状符号最大延伸方向配置，字的间隔均匀一致。

7.2 地理信息可视化技术

一、虚拟现实

虚拟现实(virtual reality, VR)是由美国 VPL 公司创建人拉尼尔(Jaron Lanier)在 20 世纪 80 年代初提出的，它是指综合利用计算机图形系统和各种显示及控制等接口设备，在计算机上生成的、可交互的三维环境中提供沉浸感觉的技术。VR 的基本特征是沉浸（immersion）、交互（interaction）和构想（imagination）。与其他的计算机系统相比，VR 系统可提供实时交互性操作、三维视觉空间和多通道（目前主要限于视觉和听觉，但触觉和嗅觉方面的研究也正在不断取得进展）的人机界面。作为一种新型的人机接口，VR 不仅使参与者沉浸于计算机所产生的虚拟世界，而且还提供用户与虚拟世界之间的直接通讯手段。利用 VR 系统，可以对真实世界进行动态模拟，产生的动态环境能对用户的姿势、语言命令等作出实时响应，也就是说计算机能够跟踪用户的输入，并及时按照输入修改模拟获得的虚拟环境，使用户和模拟环境之间建立起一种实时交互性关系，进而使用户产生一种身临其境的感觉。虚拟现实技术目前得到了广泛的应用，当前的研究重点是实现分布式环境下的协同虚拟现实显示。

可以通过 GIS 软件支持的 DEM 功能、3DMAX，AutoCAD 中的三维实体建模，以及 VRML，OPENGL 或 Direct X，Java3D 或 Flash，ViewPoint 等实现或辅助实现虚拟现实。下面重点介绍 VRML 和 OpenGL。

1. VRML

VRML（virtual reality modeling language）即虚拟现实建模语言，是一种用于建立真实世界的场景模型或人们虚构的三维世界的场景建模语言，也具有平台无关性，是目前 Internet 上基于 WWW 的三维互动网站制作的主流语言。VRML 是虚拟现实造型语言（virtual reality modeling language）的简称，本质上是一种面向 Web，面向对象的三维造型语言，而且它是一种解释性语言。VRML 的对象称为结点，子结点的集合可以构成复杂的景物。结点可以通过实例得到复用，对它们赋以名字，进行定义后，即可建立动态的 VR（虚拟世界）。

如今，在国外 VRML 已经广泛应用于生活、生产、科研教学、商务甚至军事等各种领域，并取得了巨大的经济效益。VRML 给我们带来了一个全新的三维世界，让我们的互联网不再仅仅停留在平面上，它使这个虚拟的世界动了起来，而且不仅是它自己能动，我们还可以让它按照我们的意志动。

2. OpenGl

OpenGL™是行业领域中最为广泛接纳的 2D/3D 图形 API，其自诞生至今已催生了各种计算机平台及设备上的数千优秀应用程序。OpenGL™是独立于视窗操作系统或其他操作系统的，亦是网络透明的。在包含 CAD、内容创作、能源、娱乐、游戏开发、制造业、制药业及虚拟现实等行业领域中，OpenGL™帮助程序员实现在 PC、工作站、超级计算机等硬件设备上的高性能、极具冲击力的高视觉表现力图形处理软件的开发。OpenGL 有如下特点。

①建模：OpenGL 图形库除了提供基本的点、线、多边形的绘制函数外，还提供了复杂的三维物体（球、锥、多面体、茶壶等）以及复杂曲线和曲面绘制函数。

②变换：OpenGL 图形库的变换包括基本变换和投影变换。基本变换有平移、旋转、缩放、镜像四种变换，投影变换有平行投影（又称正射投影）和透视投影两种变换。其变换方法有利于减少算法的运行时间，提高三维图形的显示速度。

③颜色模式设置：OpenGL 颜色模式有两种，即 RGBA 模式和颜色索引（color index）。

④光照和材质设置：OpenGL 光有自发光(emitted light)、环境光(ambient light)、漫反射光(diffuse light)和高光(specular light)。材质用光反射率来表示。场景(scene)中物体最终反映到人眼的颜色是光的红绿蓝分量与材质红绿蓝分量的反射率相乘后形成的颜色。

⑤纹理映射(texture mapping)：利用 OpenGL 纹理映射功能可以十分逼真地表达物体表面细节。

⑥位图显示和图像增强：图像功能除了基本的拷贝和像素读写外，还提供融合(blending)、抗锯齿(反走样)(antialiasing)和雾(fog)的特殊图像效果处理。以上三条可使被仿真物更具真实感，增强图形显示的效果。

⑦双缓存动画(double buffering)：双缓存即前台缓存和后台缓存，简言之，后台缓存计算场景、生成画面，前台缓存显示后台缓存已画好的画面。

此外，利用 OpenGL 还能实现深度暗示(depth cue)、运动模糊(motion blur)等特殊效果，从而实现了消隐算法。

二、增强现实技术

增强现实技术：20 世纪 90 年代初期，波音公司的 Tom Caudell 和他的同事在他们设计的一个辅助布线系统中提出了"增强现实"(augmented reality，AR)这个名词。增强现实技术就是将计算机生成的虚拟对象与真实世界结合起来，构造出具有虚实结合的虚拟空间。虽然目前 AR 的研究都集中在视觉上，但是 AR 并不仅限于此，还包括听觉、触觉和味觉的所有感官。AR 起始于 20 世纪 60 年代，Sutherland 发明了头盔显示器显示 3D 图形。但是直到近些年，AR 才成为一个研究领域。

由于 AR 应用系统在实现的时候涉及多种因素，因此 AR 研究对象的范围十分广阔，包括信号处理、计算机图形和图像处理、人机界面和心理学、移动计算、计算机网络、分布式计算、信息获取、信息可视化，新型显示器、传感器的设计等。AR 系统虽不需要显示完整的场景，但是由于需要通过分析大量的定位数据和场景信息来保证由计算机生成的虚拟物体精确地定位在真实场景中，因此，AR 系统的构建中一般都包含以下 4 个基本步骤：

(1)获取真实场景信息。

(2)对真实场景和相机位置信息进行分析。

(3)生成虚拟景物。

(4)合并视频或直接显示：即图形系统首先根据相机的位置信息和真实场景中的定位标记来计算虚拟物体坐标到相机视平面的仿射变换，然后按照仿射变换矩阵在视平面上绘制虚拟物体，最后直接通过 S-HMD 显示或与真实场景的视频合并后，一起显示在普通显示器上。AR 系统中，成像设备、跟踪与定位技术和交互技术是实现一个基本系统的支撑技术。

三、自适应显示技术

自适应显示技术："自适应"在生物学中是指生物变更自己的习性以适应新环境的一种特征，这一理论在不少学科中都得到了应用。自适应理论在本质上阐明不同系统产生相互作用时，能够主动变化的系统通过改变自身特征来促成系统间作用的顺利进行。当前自适应地图可视化研究的内容主要集中在用户模型的自适应、图形表达自适应、内容自适应和界面自适应等方面。其最终目标是在系统设计时使用户的各种认知因素得到体现，以便系统能够主动地适应用户的认知特征，更好地被具有不同特征和不同需求的用户所使用。系统适应用户的目标可以分解成以下几个子目标：建立适应不同类型用户的用户模型；建立对地图可视化系统用户进行分类的标准；建立能够根据用户需求进行动态构建和重构的数据管理机制；自适应的图形和符号显示以及具有自适应特征的用户界面。

四、地理信息全息显示技术

地理信息全息显示技术：全息技术是当前最为重要的显示技术之一，尤其在立体显示方面，逼真的显示效果和丰富的信息量是其他显示技术无法比拟的。当前，全息显示技术已经向计算机全息与电子显示全息技术相结合的方向迈进，全息动态实时三维显示的前景已日趋明朗。

7.3　动态现象可视化

一、地理现象的时空变化分类

时间、空间和属性是地理实体和地理现象本身所固有的 3 个基本特征，是反映地理实体的状态和演变过程的重要组成部分。地理现象的时空变化特点可以分为 3 类：空间域中的变化、时间域中的变化以及总体时空变化模式。

1. 空间域中的变化

在地理现象中，空间域的变化分为 3 类：出现/消失、变化和运动(图 7-9)。

（1）出现/消失：出现/消失是指一种地理现象是否存在的一种改变，即一种新的现象出现或者是已有的一种现象消亡。这种出现/消失的地理现象非常多，比如龙卷风、地震、森林大火等。但是已经存在的地理现象，其本质发生变化的(比如火山开始变得活跃等)则不属于出现/消失，而是下面一个概念。

（2）变化：变化是指某种已经存在的地理现象，其属性发生了变化。在这里变化并不包括该地理现象的几何特性发生变化。变化可以继续细分为两类：

①质变：一种是地理现象发生了本质的变化，比如下雨变成下雪、草原退化成沙地都属于质变。

②量变：一种是地理现象发生了数量上的变化，量变主要是指数量上增加或者减少。比如龙卷风强度的变化、云层覆盖的厚度变化和降水量的变化等。

（3）运动：是指地理事物空间位置发生变化或者几何形状发生变化。运动也可以继续细分为以下两类：

①一种是该地理现象的空间位置沿某一路径发生变化。这种变化通常不会发生在某一时刻，而是一段连续时间。同时该地理现象沿某一路径发生变化时，可能几何形状也会发生变化。

②另一种是该地理现象的几何形状发生变化，而位置通常不发生变化。这种变化通常是突然的变化或者是一个长期的变化过程。

2. 时间域中的变化

地理现象中的时间可以描述为如下两种类型。一种时间是线性的，即时间是从过去到

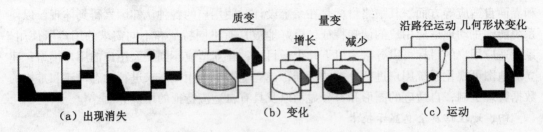

图 7-9　地理现象在空间域中的 3 种变化

将来持续变化的，且是单向不可逆的。另一种时间是周期性的，即事件总是按照一种周期，周而复始地发生。比如一天二十四个小时，一年春夏秋冬等。无论是线性时间，还是周期性时间，地理现象在时间域中都存在如下 5 种变化(图 7-10)。

(1)时刻的变化，即在某一时刻，地理现象发生变化。

(2)频率，即同一地理现象在固定时间内出现的次数。

(3)时长，即变化所持续的时间长度或者是两种地理现象之间的间隔长度。

(4)时序，即地理现象发生的先后顺序。

(5)时速，即变化发生的快慢。

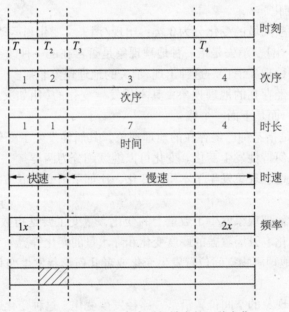

图 7-10　地理现象在时间域中的 5 种变化

3. 总体时空变化模式

地理现象中的总体时空变化模式通常是时间、空间和属性 3 种变化组合而成，经由一个较长时间而形成的一种规律。总体时空变化模式可以分为以下两类：

(1)循环：这是指一种周期性发生的地理现象。例如热带草原草木，湿季荣、干季枯。再比如候鸟 1 月南迁，7 月北迁。还有一些地理现象，例如地表的侵蚀、昆虫造成的传染病流行等，也存在着一定循环的规律。如果掌握了这种规律，则有助于预测未来的情况。

（2）趋势：它是一种结构性，但也是一种非循环的地理现象，它预示着地理现象未来的走向。例如居民地在空间上的扩张、干旱的减少和飓风发生的频率等。如果掌握了这种趋势规律，就可以对时间作进一步的外推。部分地理现象在总体时空变化上存在着循环或者趋势这两种规律，一旦掌握了这种规律，则有助于预测未来可能发生的地理现象。但是也有很多地理现象并不存在这种规律，或者尚未发现其中的规律。

二、动态地理现象可视化方法

动态现象可视化方法分类如图 7-11 所示。图 7-11 中动态现象可视化方法可以分为两

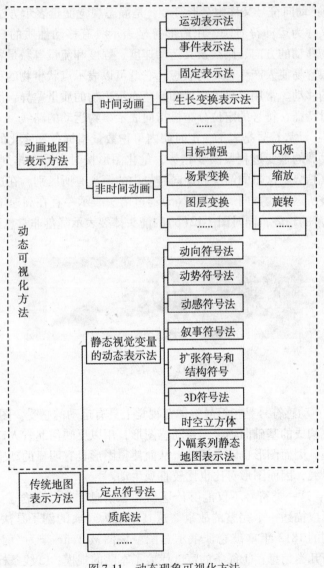

图 7-11　动态现象可视化方法

大类，一类隶属于静态地图表示方法，即通过静态视觉变量(颜色、形状、尺寸等)去表现动态信息；而另一类是动画地图表示方法。静态视觉变量的动态表示法可以进一步细分为动向符号法、动势符号法、动感符号法和叙事符号法等。动画地图表示方法按照动画地图的类型细分为两类：一类是与时间相关的，即时间动画表示方法；另一类与时间无关，即非时间动画表示方法。时间动画和非时间动画表示方法还可以进一步细分。时间动画分为运动表示法、事件表示法、固定表示法和生长表示法等。非时间动画分为目标增强、场景变换和图层变换等。

1. 静态视觉变量表示方法

静态视觉变量表示方法是指通过颜色、形状和尺寸等静态视觉变量来表达动态现象，即在静态图形上表达动态的地理现象。

(1)动向符号：动向符号又称为箭形符号，是静态视觉变量表示方法中最为典型的例子。在地图学中又称为运动符号法，用箭形符号表示具有移动性质的自然、社会经济事物，侧重表示事物移动的方向、路线及其运动速度、强度和流量等数量特征。由于箭形符号具有指向性，很容易使人产生移动的联想，它既可以表示点状事物的移动，也可以表示线状和面状事物的移动。常用符号的形状和颜色表示事物的质量差异，用符号的宽度和粗细表示事物的数量特征，符号的定位分布机指向表示事物运动的路线。

(2)动势符号：动势符号是表示一定时期内事物数量指标发展变化的符号，利用它可以揭示事物历史发展的量变过程及演变趋势，量化图形按时间顺序排列。图 7-12 主要是通过箭头来表示其趋势。这里的箭头和动向符号中的箭头有所区别，在这里箭头是为强调趋势，而不是代表所运动的方向。图 7-12(a)通过箭头表示一直在高速增长的趋势，而图 7-12(b)则表示降落的趋势，同时图 7-12(b)的箭头摔裂表示降落非常急而不平稳。

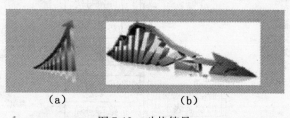

(a)　　　　　　　　　(b)

图 7-12　动势符号

(3)动感符号：动感符号是指符号整体在视觉上具有运动的感受。图 7-13 是由一条直线轴和一条曲线轴构成的基础曲轴坐标系动感图形，用以反映河北省人口增长。图中由于数量轴为波状曲线，因而图形也随之波动，从而使得图形具有明显的动感。在图中由于直接给出了数量指示线，因而图形对比也比较直观生动。

(4)叙事符号：这一类符号不仅能够传递出动态信息，而且包含了大量的其他信息，甚至透过该符号可以描述一个完整的故事。这其中最为经典的例子是法国工程师 Charles Joseph Minard 绘制的 1812 年拿破仑征俄示意图。该图被 Tufte 誉为"前无古人的作品"。该图至少包含以下几类信息：①线条的宽度代表了军队的规模；②线条标明了军队移动所到之处的经纬度；③不同的颜色区分了军队移动的方向，棕色表示前进，而黑色表示撤

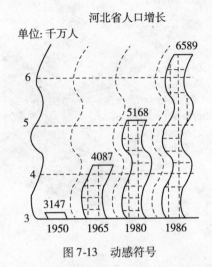

图 7-13　动感符号

退；④军队在某些特定日期的所在地点；⑤撤退途中的温度变化。

（5）扩张符号和结构符号：空间目标数量属性的变化可以采用几何图形的扩张符号（如正方形、三角形、圆等），如图 7-14 表示不同时间数量变化的绝对指标，也可采用结构符号（结构圆、玫瑰图、曲线图等）表示不同时间数量变化的相对指标。如果目标同时有空间和属性方面的变化，可以考虑组合使用这两种可视化方法。

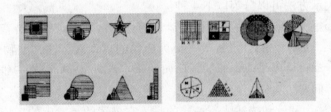

图 7-14　扩张符号和结构符号

（6）3D 符号法：3D 符号法是空间信息在二维平面上的展现，时间信息或者其他属性信息在三维空间中展现的一种符号方法。Christian T 等曾将 3D 符号引入地图制作中，并指出 3D 符号不仅可以表达数据的多个属性，也可以表达不同类型的时间信息（线性时间和周期性时间）。他针对不同疾病流行的时间及其周期分别设计了铅笔模型（线性时间）和螺旋形模型（周期性时间）。

（7）时空立方体：时空立方体最早是由 Kraak 提出来的。时空立方体在揭示运动对象复杂的时空变化时，是非常有效的。因为时间信息和空间信息可以同时在时空立方体上面展现。虽然时空立方体和 3D 符号，都是将时间作为一个维度，但是两种表示方法还是有本质的不同。3D 符号侧重描述的是一个地理要素，且该地理要素多为点状或者面状要素，而时空立方体则侧重描述整个地理现象。时空立方体尤其适合描述物体随时间变化沿某一

143

路径运动的地理现象，如图 7-15 所示。

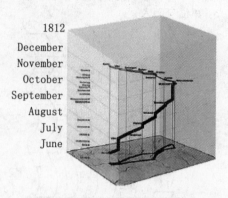

图 7-15　时空立方体

（8）小幅系列静态地图表示法：小幅系列静态图的形式由来已久，它用多幅不同时态的静态地图表达变化的现象，但是所有的图都展示在一张图上，它的局限也很明显，即幅面很小，所能表达的数据量小。但它是一种非常有效的表达动态地理现象的方法，用户可以通过一系列的不同时间的图清晰地辨认出现象的变化。

（9）动画地图表示方法：动画地图的表示方法按照动画地图的类型不同分为两种，一种是时间动画的表示方法，而另一种则是非时间的动画表示方法。

2. 时间动画表示方法

时间动画的表示方法可以分为以下 4 种：

（1）运动表示法：这种方法主要是描述运动的物体，是指对象会沿着某条运动路径进行运动的动画效果，如车、船、飞机等。最为简单的运动表示法，如物体的运动是匀速的。但是物体的运动也可以是非匀速的，比如加速或者减速，同时在三维的空间中，还需要考虑物体姿态等问题。

（2）事件表示法：和运动描述法不一样的是，它描述的是发生的事情。这种动画通常描述的是离散变化的数据，它需要告诉用户的是在什么地方和什么时间发生了什么。如图7-16 所示一个地区不同时间段的犯罪地点或者车祸地点等。

（3）固定表示法：固定表示法描述的是位置不变，而属性发生改变的地理现象。比如某一地区随时间而改变的风向、风力等天气状况，或者道路随时间而改变的车流量等。

（4）生长变化表示法：生长变化表示法描述的是随时间不断变化或者生长的地理现象，如人口的分布、海上漏油污染分布、核污染扩散等。

3. 非时间动画

非时间动画只是通过动画的方法来表现动态现象，而这种动态现象与时间并无直接关系。这种动态效果按照不同目的可以进一步细分为目标增强动画、场景变换动画和图层变换动画等。

（1）目标增强动画：目标增强动画主要是通过一定间隔时间内改变目标的属性，如颜色、尺寸等来达到增强对象的效果。目标的闪烁、缩放、旋转以及鱼眼效果等均属此类表

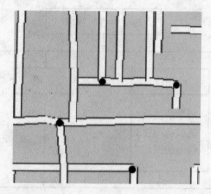

图 7-16 事件表示法(黑点表示随时间变化出现的交通事故地点)

示方法。

(2)场景变换动画:场景变换动画通常是为用户探索地理环境而提供的一种动画方法,即通过漫游、缩放甚至飞行等动画技术来切换地理场景,使用户产生临景感。这种动画也分为交互式和非交互式。在交互式动画里,通常是提供一组缩放和漫游工具,让用户通过工具的操作改变观察视角。而非交互式则是预先定义好一条路径,比如飞行路径。那么动画则以沿路径飞行的视角,去观察地理场景。

(3)图层变换动画:与场景变化动画不同的是,图层变换动画并不改变地理区域的位置,而是在原有的地图上叠加新的图层或者隐藏已有的图层来达到动画效果。图层的出现和消失可以使用淡入、淡出等多种动画效果。图层变换动画和固定表示法以及事件表示法都有相似之处。但是图层变化动画侧重的是一类地理数据,而固定表示法和事件表示法都是针对某一个或者几个地理要素。同时,固定表示法和事件表示法主要是描述有真实时间意义的地理现象,而图层变换动画则主要是通过动画强调某一类型的地理数据。

7.4 GIS 输出

地理信息系统分析和处理的过程或结果可以通过输出设备,如显示器、打印机和绘图机等以各种图形、表格、数据或文字等形式输出。地理信息的输出除必须具备硬件设备以外,还必须有相应的软件支持。

一、地理信息输出系统

1. 地理信息的输出设备

地理信息输出系统是 GIS 平台软件不可缺少的重要模块。目前,地理信息系统软件都有输出图形、图像和属性数据报表功能,输出的方式主要有屏幕显示、打印输出、绘图机输出和数据输出四种形式。GIS 常用的输出设备如图 7-17 所示。

2. 屏幕显示

地理信息可以由屏幕显示。

3. 打印输出

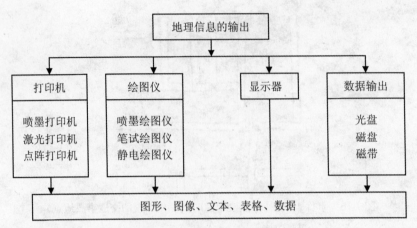

图 7-17　GIS 常用的输出设备

地理信息可以经由打印输出。

4. 绘图机输出

平台式绘图机、滚筒式绘图机、彩色喷墨绘图机、静电式绘图机。

二、地理信息系统产品的类型

GIS 最重要的功能是通过对原始地理数据的加工、分析处理提取有效数据结果，而结果的显示除了最常用的文字表述外，还有图形、图像和统计图表等多种形式。人的感知系统对图形、图像的接收和把握能力远胜于对简单文字符号的接收能力。因此，地理信息产品的可视化输出就显得尤为重要。可视化的基本含义是将科学计算产生的大量非直观的、抽象的或不可见的数据，借助计算机图形学和图像处理等技术，用几何图形、纹理、透明度、对比度及动画技术为手段以图形图像信息的形式，直观、形象地表达出来，并进行交互处理，这一技术还成为科学发现和工程设计及决策的有力工具。

地理信息的可视化对地学研究有着十分重要的意义。当前，在 GIS 中，地理信息系统产品的可视化输出，主要有以下四种类型。

①地图。

②影像图。

③统计图表。

④电子沙盘。

⑤电子地图：电子地图，也称为数字地图，是一种数字化的地图。电子地图可以存放在磁带、软盘、CD-ROM、DVD-ROM 等介质上，电子地图图形可以显示在计算机屏幕上，也可以随时打印输出到纸面上。

电子地图根据可视的表现形式不同，分为平面显示电子地图(以等高线表示地貌)和立体显示地图(其中又可分为线画立体和影像灰度立体)，当多媒体技术与电子技术相结合时，便可形成可视、可听的多媒体电子地图。电子地图与网络技术相结合，产生能在网上发布、使用的电子地图。另外，虚拟现实技术与地图制图相结合，产生虚拟现实地图，也可称为"可进入"地图。

1)电子地图的特点:电子地图与纸质介质的地图相比具有许多优点:交互性;无级缩放;无缝;动态载负量调整;多维化;实现信息共享性;编辑修改容易;检索方便;量测自动化;生产周期短。

2)电子地图的运行环境:电子地图的制作和效用的发挥必须有一定的硬件和软件环境的支持。硬件设备主要由电子计算机、输入设备、存储设备和图形显示设备等组成。软件主要由系统软件和应用软件组成(图7-18)。

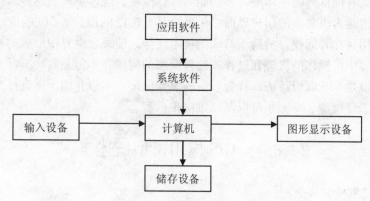

图 7-18 电子地图的运行环境

3)电子地图的生成和显示。

(1)电子地图的生成:一般要经过数据采集、数据处理和符号化三个步骤。

①数据采集:数据采集是生成电子地图的前提条件。电子地图的数据源一般为已出版的纸质地图、地形像片或数字地图图像、野外地形测量、各种统计资料和地图数据库等。电子地图的数据采集就是将各种地理信息通过某种数字化途径变为计算机可以存储管理的数字形式。电子地图的数据采集通过数字化设备,如数字化仪、扫描仪等,将地图信息转换为数字形式,获得地图中每一对象的属性、空间坐标、关系和名称等原始数据。

②数据处理:电子地图的数据处理是指对获得的电子地图的原始数据进行处理。原始数据有矢量数据和像素数据两种。

③符号化处理:符号化处理是利用数学方法将电子地图的原始数据转化为图形数据,即将数字化对象的属性、空间位置、关系和名称编码,经计算机利用数学方法处理,转换成该对象的符号图形和注记的坐标串及色码。生成模块包括地图制图、文字编辑、图表生成、数据更新等功能。

(2)电子地图的显示:目前电子地图的显示,广泛应用光栅扫描图形显示器。这种显示器是由矢量光栅转换器、帧存储器、显示控制器和 CRT 所组成。它要求将显示文件置于帧存储器中,然后在显示控制器的控制下,将图形或图像显示在 CRT 屏幕上。

第8章　地理信息系统的应用模型

由于 GIS 具有优良的硬件环境，多功能的软件模块，能客观地表达地理空间的数据模型，以及便于沟通人机联系的用户界面，使系统具有广泛的用途。GIS 的应用模型，就是根据具体的应用目标和问题，借助于 GIS 的技术优势，使观念世界中形成的概念模型，具体化为信息世界中可操作的机理和过程。这种模型的构建，不但是解决实际复杂问题的必要途径，而且也是 GIS 取得经济和社会效益的重要保证。本章介绍了适宜性分析模型、发展预测模型、选址模型、专家系统以及三维虚拟模型。

8.1　GIS 应用模型概述

一、GIS 应用模型的分类

GIS 应用模型根据所表达的空间对象的不同，可以分为三类，如表 8-1 所示：一类是基于理化原理的理论模型，又称数学模型，是应用数学方法建立的表达方式，反映地理过程本质的理化规律，如地表径流模型、海洋和大气环流模型等；二类是基于变量之间的统计关系或启发式关系的模型，这类模型统称为经验模型，是通过理化统计方法和大量观测试验建立的模型，如水土流失模型、适应性分析模型等；三类是基于原理和经验的混合模型，这类模型中既有基于理论原理的确定性变量，也有应用经验加以确定的不确定性变量，如资源分配模型、位置选择模型等。

按照研究对象的瞬时状态和发展过程，可将模型分为静态、半静态和动态三类。静态模型用于分析地理现象及要素相互作用的格局；半静态模型用于评价应用目标的变化影响；动态模型用于预测研究目标的时空动态演变及趋势。

表 8-1　　　　　　　　　　　　　　　地球科学模型分类

模型分类	理论依据	应用领域	模型
理论	物理或化学原理	地表径流	运动方程
混合	半经验性	资源分配	运输方程
经验	启发式或统计关系	水土流失	统计、回归

目前，GIS 技术的应用，已经从数据存储管理和查询检索，演进到以时空分析为主体，正在向着支持区域系统空间机构演化的预测、动态模拟及其空间格局的优化的发展新阶段。科学预测、动态模拟和辅助决策是 GIS 应用的高层次阶段，构建区域空间动力学应

148

用模型将是区域可持续发展研究和 GIS 的应用向纵深发展的交汇点。

二、GIS 应用模型的构建

应用模型的构建实际上包括目的导向(goal-driven)分析和数据导向(data-driven)操作两个过程。目的导向分析，是将要解决的问题与专业知识相结合，从问题开始，一步步地推导出解决问题所需要的原始数据、精度标准、模型的逻辑结构和方法步骤。数据导向操作，是将已经形成的模型逻辑结构与 GIS 技术相结合，从各类数据开始，一步步地将数据转换成问题的答案，必要时还需要进行反馈和修改，直到取得满意的结果，最后以图形或图表的形式输出最终结果。

1. 应用模型建模步骤

应用模型建模的步骤包括：①明确分析的目的和评价准则；②准备分析数据；③空间分析操作；④结果分析；⑤解释、评价结果(如有必要，返回第一步)；⑥结果输出(地图、表格、文档)。

例如，要进行道路拓宽改建中拆迁指标的计算，首先明确分析的目的和标准：本例的目的是计算由于道路拓宽而需拆迁的建筑面积和房产价值；道路拓宽改建的标准是，道路从原有的20m拓宽至60m，拓宽道路应尽量保持直线，部分位于拆迁区内1层以上的建筑不拆除等。

接着准备用于分析的数据：本例涉及两类数据，一类是现状道路空间分布数据；另一类为分析区域内建筑物空间分布数据及相关属性数据。

进行空间分析操作：首先选择拟拓宽的道路，根据拓宽半径，建立道路的缓冲区。然后将此缓冲区与建筑物层数据进行拓扑叠加，产生新的建筑物分布数据，此数据包括全部或部分位于拓宽区内的建筑物信息。进行统计分析：首先对全部或部分位于拆迁区内的建筑进行按楼层属性的选择，凡部分落入拆迁区且楼层高于 10 层以上的建筑，将其从选择组中去掉，并对道路的拓宽边界进行局部调整，然后对所有需拆迁的建筑物进行拆迁指标计算。

最后将分析结果以地图和表格的方式打印输出。

2. 应用模型建模途径

应用模型的构建，通常采用以下三种不同的途径：

(1)利用 GIS 系统内部的建模工具：如利用 GIS 软件提供的宏语言(VBA 等)、应用函数库(API)或功能组件(COM)等，开发所需的空间分析模型。这种模型法是将由 GIS 软件支持的功能看做模型部件，按照分析目的和标准，对部件进行有机结合。因此，这种建模方法充分利用 GIS 软件本身所具有的资源，建模和开发的效率比较高。

(2)利用 GIS 系统外部的建模工具：如利用 MatLab 和 IDL 等。

(3)独立开发实现一个 GIS 应用软件系统：如国产的 MapGIS、SuperMap 等软件包含了很多自行开发实现的应用分析模型。

3. 应用分析建模的方法——制图建模(cartographic modeling)

应用分析建模由于是建立在对图层数据的操作上的，所以又称为制图建模。它是通过组合各种空间分析的操作，回答有关空间问题的一个过程。更形式化的定义是通过作用于原始数据和派生数据的一组顺序的、交互的空间分析操作命令，对一个空间分析过程进行的实现模拟。

制图建模的结果得到一个应用模型，它是对空间分析过程及其数据的一种图形或符号表示，目的是帮助分析人员组织和规划所要完成的分析过程，并逐步指定完成这一分析过程所需的数据。制图建模也可用于研究说明文档，作为分析研究的参考和素材。

制图建模的实现方法采用空间分析流程的逆过程，即从空间分析的最终结果开始，反向一步步分析并得到最终结果，需要采取哪些空间分析方法？哪些数据是必需的？并确定每一步要输入的数据以及这些数据如何派生而来。

可视化制图建模工具为用户提供了高层次的设计工具和手段，可使用户将更多的精力集中于专业领域的研究。

8.2　适宜性分析模型

适宜性分析是指针对土地某种特定开发活动的分析，这些开发活动包括农业应用、城市化选址、作物类型布局、道路选线、选择重新造林的最适宜的土地等。因此，建立适宜性分析模型，首先确定具体的开发活动，其次选择其影响因子，然后评判某一地域的各个因子对这种开发活动的适应程度，以作为土地利用规划决策的依据。过去这种适宜性分析一般是采用各个因子间单叠合分析或通过地图覆盖的方法来解决，20 世纪 60 年代后期，由于重视开发活动引起的环境效应，以及系统论方法在土地利用规划中的应用，逐渐利用以计算机为中心的 GIS 进行土地利用规划的研究。

一、一般形式

设有某项评价目标或开发活动 T，该 T 对应用一组影响因素 X_1，X_2，$\cdots$，X_m；每个因素对应一组参评因子 x_1，x_2，$\cdots$，x_l；每个因子有一组属性 v_1，v_2，$\cdots$，v_m；因此，每个因素对应一个属性集 V_i：

$$V_i = [v_{11}, \cdots, v_{jk}, \cdots, v_{nl}], \quad i=1, 2, \cdots, m, \quad j=1, 2, \cdots, n, \quad k=1, 2, \cdots, l \tag{8-1}$$

显然，每个因素的属性集都是一个对指定的 T 从优到劣的全序集，且满足

$$V_{11} > V_{j1} > V_{nl} \tag{8-2}$$

各个参评因子及其属性值的取得由数据库提取，或由 GIS 空间分析软件生成。各个因素按其属性集的优劣，可用下列矩阵表示：

$$R = \begin{bmatrix} W_1 P_{11} & \cdots & W_i P_{1i} & \cdots & W_m P_{1m} \\ \vdots & & \vdots & & \vdots \\ W_1 P_{j1} & \cdots & W_i P_{ji} & \cdots & W_m P_{jm} \\ \vdots & & \vdots & & \vdots \\ W_1 P_{n1} & \cdots & W_i P_{ni} & \cdots & W_m P_{nm} \end{bmatrix} \tag{8-3}$$

式中：P 为 X_i 对 T 的贡献函数值；W 为 X_i 对 T 的权重值。

P 值的确定方法为：将各因子最适宜的指标值定为贡献函数值 100，将各因子最不适宜的指标值定为贡献函数值 0，在这之间，指标值与函数值按线性关系计算和确定。

有了上述矩阵数据和 GIS 功能的支持，可以求取基于栅格单元的评价分值

$$R(T) = \frac{1}{100} \sum_{i=1}^{m} W_i P_{ji}, \ j = 1, \ 2, \ \cdots, \ n \tag{8-4}$$

然后，根据使

$$G(P_{ji}) = 1 - |R(T) - P_{ji}/100| \tag{8-5}$$

的值为最大时的 P 所对应的 j，即为所求的某个 T 的适应级 S_j。显然当适宜级为 S_2 或 S_3 时，必须同时确定其限制性因子。限制性因子的计算公式为

$$L(x_i) = f \max_{1 \leqslant i \leqslant m} \{ [100 - P(x_i)] W_i \} \tag{8-6}$$

二、应用实例

GIS 技术在土地评价中的应用，已有许多成功的范例。这里以某地区的玉米种植地评价为例，介绍适宜性分析模型的应用及基于 GIS 的土地评价方法和过程。

1. 评价对象

玉米种植用地的土地适宜性评价，通过评价将研究、区分出不同的适宜性等级 S_1（最适宜）、S_2（次适宜）、S_3（临界适宜）和 N（不适宜）。

2. 评价方法

采用基于 GIS 的土地质量评价法，即将玉米作物生长有关主导生态条件与土地质量（供水、供肥）相比照，从而评定土地的适宜性等级 Q_1。

3. 评价过程

（1）评价对象生态条件的调查。评价对象玉米属禾本科，为一年生草本，其主导生态条件如喜高温，需水量大，要求土壤肥沃和土层疏松，其根系生长要求防止土壤侵蚀等。

（2）确定评价对象的影响因素和因子。根据将玉米作物生长有关的生态条件与土地质量相对照，除了温度可通过季节调节外，其他影响因子和因素如图 8-1 所示。

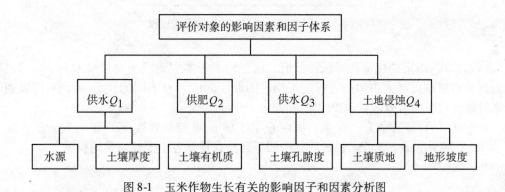

图 8-1　玉米作物生长有关的影响因子和因素分析图

（3）利用 GIS 生成影响因素数据。例如供水有效性，其影响因子为水源和土层厚度，

它们对供水或保水有效性的属性分级如表 8-2 所示。

表 8-2   **供水影响因子及属性分级**

供水级别	距水源距离/m	土层厚度/cm
1	<100	>50
2	100～200	50～20
3	200～500	20～10
4	>500	<10

根据表 8-2 和相应的空间数据，通过如图 8-2 所示的 GIS 操作过程，可以有效生成基于栅格单元的供水条件等级数据 R_1。同理，可以生成供肥条件等级数据 R_2、供养条件等级数据 R_3 和土壤侵蚀等级数据 R_4。这些数据是土地适宜性评价的重要基础，而它们的可靠性又取决于各个参评因子及属性集的确定。

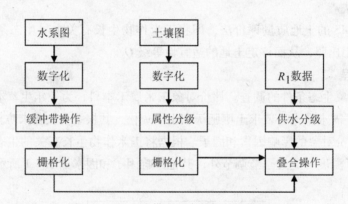

图 8-2   GIS 生成供水因素数据的操作过程

（4）计算各因素的权重和贡献函数值。由于每个影响因素或土地质量 $Q_i(i=1，2，3，4)$ 对评价对象的贡献大小和适宜程度不同，因此不同因素有不同的权重 W_i，不同级别的因素对评价对象的贡献函数值 P_{ji} 也不相同。

权重 W_i 的计算方法为：首先，确定 Q_{i+1} 对 Q_i 的重要性程度 $V_{i+1,i}$ 用倍数表示，并令 $V_{1,0}=1$，其结果如表 8-3 所示；最后，按照下列公式计算各个土地质量的权重

$$W_i = U_i \Big/ \sum_{i=1}^{m} U_i \tag{8-7}$$

式中，$U_1=V_{1,0}$，$U_2=V_{2,1}\times V_{1,0}$，$\cdots$，$U_i=V_{i,i-1}\times V_{i-1,i-2}\times\cdots\times V_{1,0}$，所以，和土地质量 Q_i($i=1，2，3，4$)对应的权重分别为 $W_1=0.67$，$W_2=0.17$，$W_3=0.08$，$W_4=0.08$。

表8-3   **土地质量重要性比较表**

土地质量 Q_i	土地质量重要性比较及取值 $V_{i+1,i}$
$Q_4(Q_1')$	$1(V_{1,0})$
$Q_3(Q_2')$	$2(V_{2,1})$
$Q_2(Q_3')$	$3(V_{3,2})$
$Q_1(Q_4')$	$4(V_{4,3})$

贡献函数值可以按照影响因素的级别来确定。例如，如果将各因子最适宜的指标值定为贡献函数值100，将各因子最不适宜的指标值定为贡献函数值0，当影响因素分为4级时，则各因素的 P 值分别为：

$$P_{1i}=100,\ P_{2i}=67,\ P_{3i}=33,\ P_{4i}=0 \tag{8-8}$$

根据各因素的权重与贡献函数值的关系式，可以建立各因素的评价指标表，如表8-4所示。该指标表与不同土地质量数据 R_i 相结合，为土地适宜性评价提供依据。

（5）计算机适宜性评级。通过将不同土地质量数据 R_i 的等级，切换为与表8-4相同等级对应的指标值，便可计算出基于栅格单元的评价分值 $R(T)$

$$R(T)=\frac{1}{100}\sum_{i=1}^{m}W_iP_{ji},\ j=1,\ 2,\ \cdots,\ n \tag{8-9}$$

表8-4   **因素、等级评价指标表**

指标 等级 \ 因素	Q_1	Q_2	Q_3	Q_4
1	67.0	17.0	8.0	8.0
2	44.8	11.4	5.4	5.4
3	22.2	5.6	2.6	2.6
4	0	0	0	0

然后，根据使式（8-9）的值为最大时的 P 所对应的 j，即为所求的对 T 的适应性等级 S_j。例如，当某栅格单元 Q_1 的指标值为67.0，Q_2 的指标值为11.4，Q_3 为2.6，Q_4 为0时，该栅格单元的 $R(T)=81.0$，然后将该值和 P_{ji} 的值一次代入式（8-9）进行计算，只有当取 $P_{2i}=67$ 时，$G(P_{2i})$ 的值为最大0.86。所以该栅格单元的适宜性等级为 S_2（次适宜）。直至所研究地区全部栅格单元都获得相应的适宜性等级，得到玉米作物种植用地的适宜性分级图（图8-3）。

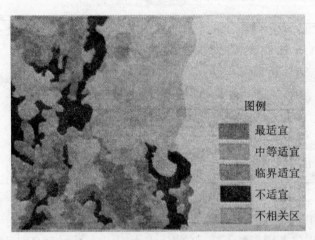

图 8-3 玉米作物种植用地适宜性分级图

8.3 发展预测模型

一、一般介绍

发展预测是运用已有的存储数据和系统提供的手段，对事物进行科学的数量分析，探索某一事物在今后的可能发展趋势，并做出评价与估计，以调节、控制计划或行动。在地理信息研究中，如人口预测、资源预测、粮食产量预测以及社会经济发展预测等，都是经常要解决的问题。

预测方法通常分为定性、定量、定时和概率预测。在信息系统中，一般采用定量预测方法，它利用系统存储的多目标统计数据，由一个或几个变量的值，来预测或控制另一个研究变量的取值。这种数量预测常用的数学方法有移动平均数法、指数平滑法、趋势分析法、时间序列分析法、回归分析法，以及灰色系统理论模型的应用。

二、应用实例

下面以人口和劳动力的预测为例，说明人口统计数据如何在定量预测模型中的应用。根据人口预测模型

$$P_t = P_0 e^{(\lambda-\mu)t} \tag{8-10}$$

式中：P_t 为第 t 年人口数；P_0 为基年人口数；λ 为人口出生率；μ 为人口死亡率；t 为时间(年份)。

设根据研究地区一组人口统计数据的分析，得 $\lambda = 1.25\%$，$\mu = 0.65\%$，将基年定为 2005 年，并且 $P_0 = 612.7$ 万人。设每年净迁入该研究地区的人口数为 $W = 5$ 万人，则

$$\left.\begin{aligned}
P_1 &= P_0 e^{(\lambda-\mu)} + W \\
P_2 &= P_1 e^{(\lambda-\mu)} + W \\
&\cdots \\
P_t &= P_{t-1} e^{(\lambda-\mu)} + W
\end{aligned}\right\} \tag{8-11a}$$

于是可得到规划期的人口预测数，如表 8-5 所示。

表 8-5 规划期人口预测数

年份	2005	2006	2007	2008	2009	2010	增长速度
人口数/万人	612.7	621.4	630.1	638.9	647.7	656.6	1.43%

同理，根据劳动力预测方程

$$L(t) = LR(t) \cdot L(t-1) + LW(t) \tag{8-11b}$$

式中：$L(t)$ 为第 t 年劳动力状态向量，即 $L(t) = (L'_{18}, L'_{19}, \cdots, L'_{60})$；$LW(t)$ 为第 t 年劳动力迁移向量，即 $LW(t) = (LW'_{18}, LW'_{19}, \cdots, LW'_{60})$；$LR(t)$ 为劳动力存留系数矩阵，即

$$LR(t) = \begin{bmatrix} r'_{18} & & & 0 \\ & r'_{19} & & \\ & & \ddots & \\ 0 & & & r'_{60} \end{bmatrix}$$

其中，下标 18～60 表示劳动力年龄；r' 代表年龄层的劳动力存留比率。

于是，得到研究地区规划期劳动力的预测数，如表 8-6 所示。

表 8-6 规划期劳动力预测数

年份	2005	2006	2007	2008	2009	2010	增长速度
劳动力人口数/万人	335.1	341.4	348.3	353.4	359.5	367.1	2.17%

有了这些预测的结果，将这些结果与表示每个镇、市中心点的 x、y 坐标联系起来，便得到一组点的数据，这组数据加上研究地区的边界数据，输入 GIS 软件，通过使用绘制等值线，便可输出人口发展预测图，该图表示出预测年的人口密度，概括地显示出所预测的人口的增长趋势，作为区域经济发展规划的依据，以便寻找对策，使人口的增长与有效的土地面积和其他的资源相适应。

8.4 选址模型

一、选址的意义

选址在整个物流系统中占有非常重要的地位，主要属于物流管理战略层的研究问题。选址决策就是要确定所要分配的设施的数量、位置以及分配方案。这些设施主要指物流系统中的结点，如制造商、供应商、仓库、配送中心、零售商网点等。

二、选址的影响因素

按照影响因素的性质的不同，可把影响因素分成两大类：即成本因素和非成本因素。还可以根据因素对设施选址的重要性，分为：关键因素、重要因素、次要因素等。具体如

表 8-7 所示。

表 8-7 选址的影响因素

成本因素	重要性等级	非成本因素	重要性等级
原料供应及成本	关键	地区政府政策	关键
动力、能源供应及成本	关键	政治环境	关键
水资源及其成本	关键	环境保护要求	关键
劳动成本	重要	气候和地理环境	重要
产品运至分销点成本	重要	文化习俗	重要
配件从供应点运来成本	重要	城市规划和社区情况	重要
建筑和土地成本	重要	发展机会	次要
税率、利率和保险	次要	同一地区的竞争对手	次要
资本市场和流动资金	次要	地区的教育服务	次要
各种服务及维修费用	次要	供应、合作环境	次要

三、选址模型

1. 简单模型

在一条直线上(街道)选择一个有效位置(商店),即一种设施,让这条街道上的所有顾客到达商店的平均距离最短。

假设街道上顾客分布的概率(密度)为 $w_i(orw(x))$ 则目标函数为:

$$\min z = \sum_{i=0}^{s} w_i(s - x_i) + \sum_{i=s}^{n} w_i(x_i - s)$$

或者

$$\min z = \int_{x=0}^{s} w(x)(s - x)\mathrm{d}x + \int_{x=s}^{L} w(x)(x - s)\mathrm{d}x$$

式中:x_i 为大街上第 i 个位置到所选地址的距离;s 为选择投资的位置。

2. 交叉中值模型(cross median)

通过交叉中值的方法对单一设施平面选址问题的加权城市距离进行最小化。其目标函数为:

$$Z = \sum_{i=1}^{n} w_i\{|x_i - x_s| + |y_i - y_s|\}$$

式中:w_i 为第 i 个点对应的权重,例如需求;(x_i, y_i) 为第 i 个需求点的坐标;(x_s, y_s) 为服务设施的坐标;n 为需求点的总数目。

交叉中值模型的目标函数可以用两个互不相干的部分来表达:

$$\min z = \sum_{i=1}^{n} w_i|x_i - x_s| + \sum_{i=1}^{n} w_i|y_i - y_s|$$

x_s 是 x 方向所有权重的中值点;y_s 是 y 方向所有权重的中值点。当 x_s 与 y_s 为不同值时表示的形态不同，具体如表 8-8 所示。

表 8-8 x_s 与 y_s 组合表

x_s	y_s	
	唯一值 点	某一范围 线段
唯一值 某一范围	线段	区域

一个报刊连锁公司想在一个地区开设一个新的报刊亭零售点，主要的服务对象是附近的 5 个住宿小区的居民，他们是新开设报刊亭零售点的主要顾客源。图 8-4 坐标系中确切地表明了这些需求点的位置，表 8-9 为各个需求点对应的权重。权重代表每个月潜在的顾客需求总量，基本可以用小区中总的居民数量来近似。经理希望通过这些信息来确定一个合适的报刊零售点的位置，要求每个月顾客到报刊零售点所行走的距离总和最小。

图 8-4   需求点位置

表 8-9   需求点权重

需求点	x 坐标	y 坐标	权重
1	3	1	1
2	5	2	7
3	4	3	3
4	2	4	3
5	1	5	6

首先，确定中值（表 8-10、表 8-11）：

$$\bar{W} = \frac{1}{2} \sum_{i=1}^{n} w_i = \frac{1}{2}(1 + 7 + 3 + 3 + 6) = 10$$

表 8-10   **需求点沿 x 轴的权重表**

需求点	沿 x 轴的位置	$\sum W$
从左到右		
5	1	6
4	2	$6+3=9$
1	3	$6+3+1=10$
3	4	
2	5	
从右到左		
2	5	7
3	4	$7+3=10$
1	3	
4	2	
5	1	

表 8-11   **需求点沿 y 轴的权重表**

需求点	沿 y 轴的位置	$\sum W$
从上到下		
5	5	6
4	4	$6+3=9$
3	3	$6+3+3=12$
2	2	
1	1	
从下到上		
1	1	1
2	2	$1+7=8$
3	3	$1+7+3=11$
4	4	
5	5	

    由此可以得出需求点 1 和需求点 3 无论是 x 轴方向还是 y 轴方向权重都是最大的，所以选址结果如图 8-5 所示。

    选址结果权重如表 8-12 所示。

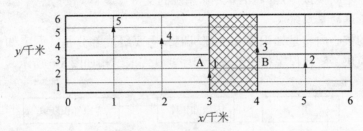

图 8-5 选址结果

表 8-12   选址结果权重表

位置 A(3, 3)				位置 B(4, 3)			
需求点	距离	权重	总和	需求点	距离	权重	总和
1	2	1	2	1	3	1	3
2	3	7	21	2	2	7	14
3	1	3	3	3	0	3	0
4	2	3	6	4	3	3	9
5	4	6	24	5	5	6	30
			56				56

3. 精确重心法(exact gravity)

交叉中值模型使用城市距离,适合小范围城市内选址问题;精确重心法使用直线距离,适合大范围城市间选址问题,目标函数为:

$$minz = \sum_{i=1}^{n} w_i [(x_i - x_s)^2 + (y_i - y_s)^2]$$

式中:w_i 为第 i 个点对应的权重,例如需求;(x_i, y_i) 为第 i 个需求点的坐标;(x_s, y_s) 为服务设施的坐标;n 为需求点的总数目。

8.5 专家系统

专家系统是研究模拟有关专家的推理思维过程,将有关领域专家的知识和经验,以知识库的形式存入计算机。系统可以根据这些知识对输入的原始事实进行复杂的推理,并做出判断和决策,从而起到专门领域专家的作用,具有这种功能的系统称为专家系统。将专家系统应用于地理信息系统领域有重要的意义:首先,GIS 需要利用专家系统来提高系统的推理分析功能和智能决策功能,专家系统所需的许多知识恰好隐含在 GIS 数据库中,这就为专家系统在地理信息系统中的应用提供了一个相互促进、相互作用的集成环境;其次,GIS 的数据采集输入、数据质量控制、数据查询与管理、空间分析与评价、图形输出等模块都可以利用专家系统获得智能化支持;另外,GIS 在各领域的应用(如进行环境评价、城市规划、空间模拟等)都离不开专家系统的支持。

一、专家系统的基本组成

专家系统的核心内容是知识库和推理机制,主要组成部分是:专家知识库、推理模块、用户控制模块、解释程序和知识获取程序,其一般结构如图 8-6 所示。

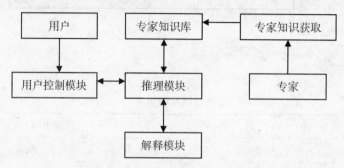

图 8-6　专家系统的基本结构

它的主要工作原理:对某个领域有透彻了解和丰富知识的专家们,将他们的知识以某种方式输入计算机,这称作知识获取。获取的知识被转换成一系列的规则,存储在知识库中,用这些规则去识别或描述知识库中的实体。同时,用户对知识库进行访问,达到咨询和调用的目的。

二、专家系统的知识表示与推理

知识表示综合采取多种有效的形式,推理模块是不同应用领域相关模块的有机综合。推理模块是其关键所在,是空间分析模块与专家系统的结合,稳定、完善的推理模块是系统成败的关键问题。

1. 知识表示

(1)知识表示的形式:效果最好的知识表示形式是产生式规则。其他知识表示形式如语义网络、框架、过程性知识等,单独使用的不多,大多是以产生式规则为主体,增加和扩展使用语义网络、框架和过程性知识。

产生式规则的知识一般表示为:if A then B,简化为 A→B(产生式规则)。意思是:如果 A 成立,则 B 成立。

产生式规则的知识表示具有如下特点:

①相同的条件可以得出不同的结论;

②相同的结论可以由不同的条件来得到;

③条件之间可以是"与"(AND)连接和"或"(OR)连接;

④一般规则中的结论,可以是另一条规则中的条件。

由于具有以上特点,产生式规则表示的知识集能够应用不同的知识推理方法,能够把知识集中的所有规则连接成一棵"与或"推理知识树。

(2)知识精确程度:由于专家的大部分决策都是在知识不确定的情况下做出的,因此,在决策模型的实际应用过程中,经常使用可信度(CF)来表示事实和规则的确信程度。

造成事实不确定性的因素有含糊性、不完全性、不精确性、随机性和模糊性。事实的不确定性可以用可信度 CF 值表示，CF 的取值范围为：

$$0 \leqslant CF \leqslant 1 \text{ 或 } 0 \leqslant CF \leqslant 100$$

（3）规则的结构形式：一个规则的前提条件可以是一个对象的事实也可以是两个或两个以上对象事实经过逻辑"与"、"或"的连接来表达。但后续结果只能包含一个对象事实。规则中的前提条件和后续结果除了可以表示不同的对象事实之间的关系以外，还可以表示对象事实和函数之间的关系。

2. 知识推理

知识推理方法有前向推理（数据驱动）和后向推理（目标驱动）。由于空间决策问题的复杂性，在空间决策分析过程中，两种推理方法经常结合起来使用。规则推理经常使用后向推理方法，而模型推理则使用前向推理方法。

三、人工智能与专家系统

从广义上讲，一般认为用计算机模拟人的智能行为就属于人工智能的范畴。人工智能广泛应用于知识工程、专家系统、决策支持系统、模式识别、自然语言理解、智能机器人等方面。专家系统（ES）是人工智能应用最为成熟的一个领域，与模式识别、智能机器人并列为人工智能技术中最活跃的三个领域。专家系统能像领域专家一样工作，运用专家积累的工作经验与专门知识，在很短时间内对问题得出高水平的解答。专家系统把某一领域内专家的知识、人类长期总结出来的基本理论和方法输入其中，模仿人类专家的思维规律和处理模式，按一定的推理机制和控制策略，利用计算机进行演绎和推理，使专家的经验变为共享财富，克服了专家严重短缺的现象，充分利用了现代计算机的高速、高效、可靠的优越性。

将专家系统应用到决策支持系统（DSS）形成"智能决策支持系统（IDSS）"，GIS 与决策支持系统结合形成空间决策支持系统（SDSS），ES、人工智能（AI）、GIS、DSS、从数据库中发现知识（KDD）相结合则形成智能空间决策支持系统（ISDSS）。智能空间决策支持系统应该不仅具有传统的数据管理和模型分析的功能，还包括人工智能和专家系统的许多方面，如人机用户界面、自然语言理解、知识学习和积累、知识表达、模型组织等，能够在人机结合的集成环境下解决复杂的实际应用问题。

实践证明，利用人工智能和专家系统技术，基于地理科学的理论、规则、专家的知识和经验、实际工作的要求建立专家系统的知识库，以有效的表达方式对知识进行表示，综合利用推理机制和空间分析模型建立推理机制，可以实现人工智能和专家系统在地理科学各领域的应用。随着计算机技术的发展和地理学科与相关学科的交叉、综合，人工智能和专家系统在地理科学中有着广泛的应用前景，是地理科学适应信息时代要求的基本技术手段。人工智能和专家系统将与 GPS、GIS、RS、DPS、DSS、KDD 等技术相结合，将建立集成化、自动化的空间智能决策支持系统，为可持续发展提供有力的技术支持。

8.6 三维虚拟模型

三维虚拟模型的建模包含多种事物的三维建模，在 GIS 中应用最广泛的是三维虚拟地理环境建模，下面具体介绍三维虚拟地理环境的建模。

一、三维虚拟地理环境建模的方案

三维虚拟地理环境建模在技术上通常可由空间几何建模与纹理映射建模两部分组成。

1. 空间几何建模

空间几何建模指利用研究区域的地理空间基础资料，采用野外数字地形测量、地形图数字化、全数字摄影测量与遥感图像处理等方法，获取研究区域的地理空间数据等。例如三维虚拟城市的建筑物几何建模，建筑物的几何形体的描述信息（包括空间三维坐标信息和构建该建筑物的点、线、面信息）、建筑物的三维坐标（包括高度信息）可以运用全数字摄影测量的方法来获取，而建筑物的点、线、面信息需根据建筑物的实际外形特点进行分类，如一般房屋、房中房、人字形顶、弧形屋顶、不规则屋顶等。具体包括：

（1）城市地理空间框架确定。

（2）正射影像（DOM）数据制作。

（3）数字高程模型构建。

（4）城市建构筑物的几何建模与配准。

（5）三维的植被的几何建模与配准。

基于 GIS 的三维虚拟地理环境建模主要研究基于地理空间矢量数据和城市大比例尺数字影像的三维城市建模与显示。目前，典型研究方向有：

（1）从城市影像中自动提取建筑物，如基于知识的系统，检测二维建筑物等和 DEM 数据、知觉组合线条分析、使用阴影、透视几何等辅助信息，直接对建筑物或表面进行建模。

（2）结合已有的二维地图矢量数据，利用航空激光扫描，或激光高度计数据。

（3）利用三维深度传感器、多 CCD 相机和彩色高分辨率数字相机获取的数据实现建筑物建模。

2. 纹理建模

纹理的意义可简单归纳为：用图像来替代实体模型中的可模拟或不可模拟细节，提高模拟逼真度和显示速度。在三维虚拟地理环境条件下，存在大量的不规则物体需要模拟：如树木、花草、路灯、路牌、栅栏、桥梁、火焰、烟雾等；在环境仿真中，往往要求天空呈现出晴、多云、阴、多雾，还有清晨、黄昏等效果；视线远景地形有诸如海洋、山脉、平原等效果。它们是构成地理环境、提高模拟地理环境逼真度必不可少的部分。可以采用纹理映射技术较好地模拟这类物体，实现三维虚拟模型逼真度和运行速度的平衡。具体包括：

（1）城市建构筑物纹理采集与处理。

（2）三维的植被纹理采集与处理。

（3）三维虚拟地理环境地貌纹理采集与处理。

（4）纹理模型与空间几何模型的融合。

3. 三维虚拟模型纹理数据的获取

真实感的三维虚拟城市的生成需要在城市地形模型和建筑物模型表面粘贴真实的纹理影像，地形模型纹理影像主要通过制作正射影像来获取。对于 3 层以上（包括 3 层）建筑物通过数码相机在实地拍摄真实纹理，然后粘贴到建筑物上，对3层以下的建筑物我们统一贴上一种纹理，这样可节省工作量。

4. 三维虚拟模型地表起伏的获取

在三维虚拟城市中，地表的起伏是用数字高程模型来描述的，这个高程模型可由全数字摄影测量工作站来完成，也可通过提取地形图上的高程点构建 TIN 来完成(图 8-7)。

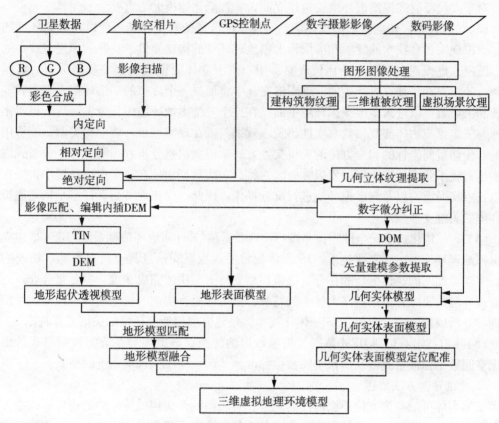

图 8-7　三维虚拟地理环境建模工艺流程

5. 三维虚拟地理环境建设的关键技术

三维虚拟地理环境的建设涉及多种技术，包括计算机技术、全数字摄影测量技术、仿真技术、GIS 技术、三维建模技术等，它们所采用的关键技术主要有：

(1)数据获取技术：指采用野外测量、地图数字化、全数字摄影测量和高分辨率遥感影像解释等方法，获取建模区域内的地理空间数据，包括数字高程模型、数字正射影像图、数字线画图、建筑物外表结构与纹理数据等。地理空间数据是三维虚拟地理环境构建的基础空间框架和特殊材质。目前，DGPS(差分全球定位系统)测量可以快速获取高精度大地控制点坐标，为三维虚拟地理环境定位；全数字摄影测量是技术工艺较成熟的区域地理空间数据采集技术，但航空摄影像更新不便、周期长、成本较高；高分辨率遥感影像数据采集技术成本较低，更新周期短，数据获取更便捷，尤其便于三维虚拟地理环境的实时更新。高分辨率遥感影像信息快速提取是当前需要解决的技术热点，高分辨率遥感影像信息获取将是三维虚拟地理环境构建的数据获取发展方向。

(2)三维实体快速建模技术：指根据采集到的数据，利用建模软件建立各种地理实体。智能化实时建模技术是当前研究的技术热点，主要涉及建模信息智能提取和优化，例如空间几何与属性分布的离散光滑插值、建模流程的智能化更新和随数据变化的自动建模。对于大尺度的虚拟地理环境快速建立而言，智能化建模尤为重要。

(3)仿真技术：建立虚拟仿真环境，实现建模区域的真实环境再现以及规划环境的预见。虚拟现实仿真技术的发展和应用为虚拟地理环境的构建提供了良好的理论与技术的支撑。沉浸式虚拟现实系统已经比较成熟，用户戴上立体眼镜或头盔、数据手套、数据衣等，可使用户在与计算机产生的三维图形交互中，形成一个虚拟的三维环境。观测者、操作者和决策者可以进入多维虚拟环境里面，在这个三维虚拟环境中行走、飞行，可以多感知地与三维虚拟物体交互，其真实性感觉或效果与人在现实城市环境中相类似，能够用透视的、确切空间坐标的和全方位的人机交互方式来提高信息分析和理解能力。分布式虚拟现实仿真技术是虚拟现实新的发展方向，它将分布式数据集成在一个虚拟环境中，操作者可以任意实时漫游以及与虚拟环境进行交互操作。因此，虚拟现实仿真技术是构建虚拟地理环境的关键支撑技术。

(4)3S 一体化技术：全球定位系统(GPS)、遥感(RS)和地理信息系统(GIS)是建立三维虚拟地理环境的主要支撑技术。3S 一体化将使地理空间信息具有获取准确、快速的能力，实现数据库的快速更新和在分析决策模型支持下，快速完成多维、多元复合处理。虚拟地理环境需要综合运用这三大技术的特长，形成准确、快速、智能化的对地观测、信息处理和分析模拟能力。因此，3S 一体化技术将是建立虚拟地理环境的关键支撑技术之一。

(5)接口技术：包括 DEM 数据、矢量数据的转换；虚拟现实系统的数据格式转出为国家空间数据标准格式以及国家空间数据标准格式转入为虚拟现实系统的格式。

6. 三维建模方法概述

三维实体可抽象为方位不同的面的集合，有限面的开集构成体，体的边界面构成体表面，两个邻接边界面的交集构成边廓线，三个邻接边界面的交集构成顶点。三维建模实际上是在计算机内部用点、线、面和体的数据及数据关联描述二维实体，在显示工具上看到的是三维实体模型的数字图像。在计算机内部，点由其坐标值确定，线由其数学公式定义，面由它们的表达式描述，有限面的并集内点的集合即为体素。由于三维实体模型是在二维坐标系中定义的数学模型，所以，通过数据变换，我们既可以得到某一基本视图，又可以得到轴测图，还可以从任意的方位观测模型。

描述点、线、面、体几何特征的信息称"几何信息"，描述点、线、面、体之间连接关系的信息称"拓扑信息"，三维实体的形状特征由其几何/拓扑信息唯一确定。根据描述方法的不同，三维实体模型可分为线框模型、曲面模型和实体模型。

线框模型用边轮廓线和顶点的几何信息描述模型，模型如同用金属丝做的三维实体的框架。由于没有面、体的信息，边轮廓线没有可视和不可视之分，在显示工具上难以准确辨认边轮廓线之间的关系。线框模型的优点是信息量少，对计算机硬件要求低。

曲面模型用面的几何/拓扑信息描述模型，模型如同给线框模型蒙上面的薄壳，在显示工具上可以看到它逼真的彩色图像。由于没有体的信息，无法确定其物质特性。曲面模型主要适用于不能用简单数学模型进行描述的物体，如飞机、汽车的外形，动画制作人大多也采用曲面模型。

实体模型体的几何/拓扑信息描述模型，模型的外观与线框模型、曲面模型几乎一样，区别在于实体模型可以确定其物质特性。构造实体模型的常用方法有轮廓扫描法和基本体素引用法。由一个（或一组）平面图形沿一条（或一组）空间参数曲线作扫描运动从而生成实体模型的方法称"轮廓扫描法"；先创建棱柱、棱锥、圆柱、圆锥、球体等基本体素，然后通过并、交、差集合运算生成较为复杂实体模型的方法称"基本体素引用法"。

7. 三维建模方法总结

（1）矢量模型：矢量模型将三维世界抽象为三维点/线/面/体几何对象的集合。三维矢量模型中对体（多面体）的表达一般只表达体的边界，故又称矢量边界模型。构模方法有不规则三角网（TIN）构模、边界表示（B-rep）构模、线框（wire frame）构模、格网（grid）构模、断面（section）构模、多层 dem 构模等。

TIN 构模是按某种规则将采样的散乱数据进行三角剖分，形成连续的但不重叠的不规则三角面片网，用于表达地质体的表面。由于它适用于表达复杂的表面，因此，TIN 构模广泛应用于表面构模。目前 TIN 构建算法成熟，主要有三角网生长算法、内插算法和分割-合冲算法等，目前采后两者或是后两者的综合比较多见。

B-rep 构模是通过面、环、边、点来表达目标的形态，该模型记录了建模目标的所有几何元素的信息及其拓扑关系，这样就可以直接存取构成形体的各个顶点、面的边界以及形体的各个面的定义参数，方便实现各种几何运算和操作。B-rep 构模适宜于描述结构比较简单的三维形体，表达不规则的地质体时则效率低下。Grid 是考虑采样密度和分布的非均匀性，经内插处理后形成规则的平面分割网格。上述两种方法一般用于地形表面构模、地层构模。

Wire Frame 构模是用直线连接同一面上采样点形成一系列的多边形，多边形面拼接形成多边形网格，用于表达建模目标的边界，简化了模型的生成，数据结构简单，数据存储量小，对硬件要求不高，易于掌握"。但是其所构成的图形含义不确定，不能唯一定义空间，也无法表示实体之间的拓扑关系，无法把信息与面和实体相联系。

Section 构模将三维问题二维化，通过一系列的平面图或剖面图来表达目标体，便于描述目标体，但表达不完整，Section 构模通常与其他构模方法配合使用。

多层 DEM 构模是利用 DEM 的方法对实测的可以揭示地层界面的点数据进行空间插值和拟合运算，形成每个地层的 DEM，然后按各地层的属性、地层年代的上下关系及地质变迁规律等对多层 DEM 进行插值拟合和交叉划分处理，形成空间中严格按照岩性（或土壤性质）为要素划分的 3D 地层模型的骨架结构。对空间中的一系列的空间现象，引入点、线、面、体对象，并按拓扑关系，建立局部拓扑模型，完成对三维空间的完整剖分。多层 DEM 方法相对于体素构模法，具有速度快，占用空间少等特点，而地层大多是规则且连续的，所以该方法有很大的可行性和实用性。但是基于多层 DEM 方法只能进行一些比较简单数据的层状实体模型构建，如果模型中包含空洞等一些复杂数据，该方法就无能为力，就必须寻求其他的方法进行重构。

三维矢量模型的优势是：①表达精确、数据量小；②有直接的对象概念；③能显式地表达点/线/面/体之间的拓扑关系；④易于进行查询、邻接分析、联通分析等空间操作。缺点是：①边界曲面的表达算法复杂；②顾及拓扑关系时拓扑关系的建立与维护的代价高昂；③不能表达体内以及曲面上的非均匀属性；④一些空间操作（如叠加、求交）算法复杂。尽管有上述缺点，矢量模型仍然是真三维 GIS 模型的基础。

（2）体元模型：体元模型也称基于体的表达、基于空间剖分的表达、体元镶嵌模型、体素（voxel）模型等。它把三维空间分为一系列相邻但不重叠的几何体元素（简称体元或体素），然后给这些体元赋以不同的属性值。体元模型根据所采用的体元的不同，又分为不同的亚类。基于体模型的构模侧重于三维地质体的边界与内部的整体表示，以体元为基本单元来表达三维实体。由于体元的属性可以独立描述和存储，因而可以对实体进行三维空间操作和分析。但存储空间大，计算速度慢。目前常用的基于体模型的构模方法有三维栅格、四面体格网（TEN）、八叉树（octree）构模、三棱柱（TP）构模、似三棱柱构模、实体几何结构（CSG）等。

三维格网模型是二维栅格模型在三维的推广，其体元为等大立方体。三维栅格构模是以一组规则尺寸的三维体元剖分所要表达的三维空间，由体元三维行、列、深度号来表示地理实体的空间位置，体元与属性实时关联。该模型结构简单，体元剖分足够小，数据充足，可以准确表达属性变化，且空间分析和布尔操作方便。其缺点是通过缩小体素的尺寸来提高构模精度，但是空间单元树目及储量将呈三次方增长。存储空间浪费很大，计算速度较慢，因此，一般只作为中间表示使用。

TEN（tetrahedron）模型，其基本体元为不规则的四面体，是二维 TIN 模型在三维的推广构模，一个三维矢量数据结构模型，它是将空间中的散乱点剖分成一系列连接而不重叠的不规则四面体，以这些四面体作为最基本体素来描述三维空间实体。TEN 具有体素结构简单、快速几何变换、拓扑关系的快速处理，适用于快速显示等优点，其缺点是数据量很大，且难以表达面状和线状目标。

Octree 立方体体元边长可对半细分，是二维四叉树模型在三维的推广。为了提高效率，人们又研究了线形八叉树等改进的八叉树模型；构模是一种改进的三维栅格结构，它采用树形结构分级描述一个物体，其基本过程是：首先对形体定义一个外接立方体，再把它分解成八个子立方体，如立方体单元中属性一致，即为满（该立方体中充满形体）成为空（该立方体中没有形体），则该立方体停止分解，否则继续将它分解为八个立方体。其特点有：它通常由其他格式（如三维栅格）转换生成；适合于近似表达复杂形状的对象；在进行布尔操作和计算整数特征时效率很高；由于具有内在的空间顺序方便可视化，但是难以进行几何变换。

TP 构模是以三棱柱体为最基本的体素来表达三维空间体的一种构模方法，三棱柱体元模型，其体元为不规则的三棱柱，可视为沿平面 TIN 剖分线垂直切割而形成。它把三维空间体划分为一系列连接但不重叠的三棱柱体的格网，由于其前提是三条棱边相互平行，故难以处理复杂地质构造。

STP 构模可以看成是对 TP 构模方法的扩展，它考虑了实际的偏斜钻孔的情形，更加符合实际情况，不仅可以精确模拟地层成矿层的层面和内部，还可以有效表达断层、裙曲、空间、开挖边界等复杂构造形态。广义三棱柱体元，简称 GTP(generalized tri prism)模型，它是以地质钻孔为棱边进行三棱柱剖分，因钻孔经常斜歪，形成的三棱柱并不标准(甚至退化)而称广义三棱柱。

CSG 构模是预先定义规则的基本体元(如立方体、球体、圆柱体、圆锥体等)，然后将它们通过正则集合运算(并、交、差)和几何变换(平移、旋转)形成一棵有序的二叉树(称为 CSG 树)，以此来组合成一个复杂形体。其特点是有效描述结构简单的三维目标，但是表达复杂不规则地质体的效率大大降低。

(3)混合模型：混合模型也称不同表达模型的集成。人们已经认识到不同的数据模型都有一定的优势和局限性，因此不少学者提出了不同三维数据模型融合的多种方案。多种模型的混合构模按实现的方式可以分为以下几种：

①互补式混合：多种构模方法在表达上都具有互补性，由多种构模方法对三维空间实体进行分区、分类表达，然后基于某一指标实现不同对象子区间的无缝连接。由一种模型的优点去弥补另一模型的缺陷，在一定程度上使它们相对于各模型单独描述实体更加准确。如 Octree-TEN 混合模型，Octree 模型一般不保留原始采样数据，只是近似表达目标，而 TEN 模型保存原始数据，能够精确表达目标和较为复杂的空间拓扑关系。该模型综合两者的优点，它以 Octree 描述整体，以 TEN 描述局部。该模型的优点是可以解决地质体中断层或结构面等复杂的建模问题，缺点是不易建立空间实体的拓扑关系。

②转换式混合：它主要是根据不同构模方法的特点，面向不同的应用目标，对同一空间实体进行不同构模方法之间的转换。如光栅与矢量模型的相互转换，充分利用矢量模型的编辑方法实现地质模型的快速编辑，同时利用了栅格模型的特点，保证了所生成的模型间正确的拓扑关系。

③链接式混合：在应用时要对不同的数据模型进行链接、调用，它既可以是表达同一对象的不同数据模型之间的低级互操作，也可以是多种数据模型混合时使用中间过渡结构的一种形态。如 TIN Octree 的混合构模以 TIN 表达三维实体的表面，以 Octree 表达实体内部结构，用指针将 TIN 与 Octree 联系起来。这种模型集中了 TIN 和 Octree 两者的优点，使得拓扑关系的搜索很有效，而且可以充分利用映射和光线跟踪等可视化技术，便于空间实体可视化。其缺点是 Octree 模型数据必须随着 TIN 数据的变化而变化，否则会引起指针混乱，导致数据维护困难。

④集成式混合：根据通用数据库的建库思想，将各种数据模型进行一体化表达，即将各种数据模型所需的基本数据信息用一个统一的一体化数据库进行管理，从而实现多种数据结构的混合式存储与分布式利用。

8.7 控件决策支持

一、决策的概念

决策是为达到某一目的而在若干可行方案中经过科学分析、比较、判断，从中选取最优方案并赋予实施的过程。

决策过程一般分为五个步骤：

（1）识别问题或对决策的要求；

（2）分析和阐明方案；

（3）做出选择；

（4）传达和执行决策；

（5）追踪和反馈决策的结果。

根据决策过程的可描述程度，西蒙（H. A. Simon）把决策划分为结构化决策、非结构化决策和半结构化决策三种。

以上三种划分不是绝对的，它随着人们对决策认识程度的加深而变化。从认识论的角度看，非结构化问题会不断进化为半结构化问题，进而完全被认识为结构化问题。

二、决策支持系统的概念和特点

1. 决策支持系统的概念

决策支持系统（DSS）是以管理科学、运筹学、控制论和行为科学为基础，以计算机技术、仿真技术和信息技术为手段，利用各种数据、信息、知识、人工智能和模型技术，面对半结构化的决策问题，支持决策活动的人机交互信息系统。

它能为决策者提供决策所需要的数据、信息和背景材料，帮助明确决策目标和进行问题的识别，建立和修改决策模型，提供各种备选方案，并对各种方案进行评价和优选，通过人机对话进行分析、比较和判断，为正确决策提供有益帮助。

2. 决策支持系统的特点

（1）主要解决半结构化的决策问题。

（2）面向决策者。DSS 的输入和输出、起源和归宿都是决策者。

（3）强调支持的概念。力求扩展决策者做出科学决策的能力，而不是取而代之。

（4）模型和用户共同驱动。决策过程和决策模型是动态的，根据决策的不同层次、周围环境，按用户需求提供新的性能。

（5）强调交互式的处理方式。问题的解决是一个交互的和递归的过程，通过大量、反复、经常性的人机对话方式将计算机无法处理的因素（如人的偏好、主观判断能力、经验、价值观念等）输入计算机，并以此规定和影响着决策的进程。

三、决策支持系统的构成

DSS 的构成如图 8-8 所示。它由下述子系统构成。

（1）交互语言系统。

（2）问题处理系统：它是整个 DSS 的核心部分，其他各部分都是为问题处理系统服务的。问题处理系统的主要功能有：

①根据交互式人机对话的结果，识别问题。

②根据所识别的问题构造出求解问题的模型和方案。

③根据所构造的模型和方案，联系或匹配所需要的算法、变量、数据等。

④运行求解系统。

⑤根据实际问题、用户要求、评价结果和反馈信息等，修正方案或模型。

⑥形成最终问题的解，以支持用户进行决策。

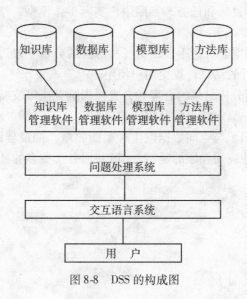

图 8-8 DSS 的构成图

⑦提供一种问题描述语言，以帮助用户更方便地描述问题和构造整个问题处理系统的框架。

（3）知识库系统：它是一个能提供各种知识的表达方式，能够把知识存储于系统之内并能够实现对知识方便灵活调用和管理的程序系统。一般由知识库和知识库管理系统两部分构成。

当求解问题时，利用逻辑语言进行问题描述，然后在知识库中寻求相关知识，并利用 DSS 规则模型进行推理判断，从而模拟人的决策思维过程，达到辅助决策的目的。

（4）数据库系统：它由数据库及数据库管理系统组成。

（5）模型库系统：它由模型库及其管理系统组成。

DSS 是由模型驱动的，模型库和模型管理系统是 DSS 软件系统的核心。DSS 的模型库具有智能作用。在 DSS 中，模型的重要性大大提高了，数据需求由模型确定，DSS 的分析与设计是以决策所依据的模型为重要对象的。在 DSS 中，不是简单地使用模型，而是帮助人构建模型、检验模型、修改模型和开发模型，并提供强有力的分析功能。

（6）方法库系统：它由方法库及其管理系统组成。其基本功能是对各种模型的求解分析提供必要的算法。

四、空间决策支持的一般过程

1. 空间决策支持的概念

空间决策支持是应用空间分析的各种手段，对空间数据进行变换，以提取出隐含于空间数据中的某些事实与关系，并以图形和文字的形式直观地加以表达，为现实世界中的各种应用提供科学、合理的支持，帮助决策者解决复杂的空间问题。

2. 空间决策支持的一般过程

（1）确定目标。根据用户的要求、任务等，确定目标。

（2）搜集数据。广泛搜集与解题有关的各种数据，包括定位数据和属性数据。

(3)建立模型。根据目标和任务，参照用户实际工作模型，结合数据的空间特点，形成定量分析模型。

(4)寻求手段。寻找空间分析手段，对各种可能的分析手段进行分析，确定可行性的分析过程，最后形成分析的结果，提交用户使用。

(5)结果评价。空间分析结果的合理性，直接影响到决策支持的效果。因此，应对空间分析的结果进行评价，确定结果的可靠性和合理性。

空间决策支持经常用于与空间数据发生关系的领域，如最佳路径、选址、定位分析、资源分配等，通过对这些应用领域的延伸，GIS 将服务于更多的社会部门或经济部门。

第9章　地理信息系统的开发

GIS 按其功能和内容，可以分为基础型 GIS 和应用型 GIS。基础型 GIS 是指如 ArcGIS 等 GIS 平台。应用型 GIS 是指在基础型 GIS 的基础上，经过二次开发，建成满足专门用户、解决实际问题的 GIS。因此，应用型 GIS 的主要特点是具有特定的用户和应用目的，具有为适应用户需求而开发的地理空间实体数据库和应用模型，继承基础型 GIS 开发平台提供的部分功能，并具有专门开发的用户界面。本章的内容主要指应用型 GIS 的开发与评价。

9.1　地理信息系统的开发过程

一、地理信息系统设计的基本思想和要求

GIS 的开发设计不仅有其既定的目标，而且有其阶段性。GIS 的开发研究分为四个阶段：系统分析、系统设计、系统实施、系统维护与评价，如图 9-1 所示。系统分析是系统设计的依据，而系统设计又为系统实施奠定了基础，系统评价则是对所设计的 GIS 进行评定，包括技术和经济两方面。

地理信息系统设计要满足三个基本要求，即加强系统实用性，降低系统开发和应用的成本，提高系统的生命周期。系统设计要根据设计原理，采用结构化的分析方法。结构化就是有组织、有计划、有规律的一种安排。结构化系统分析方法就是把一般系统工程分析法和有关结构概念应用于地理信息系统的设计，采用自上而下划分模块，逐步求精的系统分析方法。其基本思想包括：

(1) 系统的观点：首先要从总体出发，考虑全局的问题，然后再自上而下，一层一层地完成系统的研制，这是结构化思想的核心；

(2) 调研的原则；

(3) 结构化的方法；

(4) 面向用户的观点。

二、地理信息系统设计的步骤

地理信息系统的设计，首先需要进行大量仔细的调查工作和准备工作，其中包括了解和掌握有关部门已做了些什么，有什么文献可供参考等。在获取大量可供使用的资料并明确系统目标的基础上，从系统观点出发，对地理事物进行分析和综合，然后才是系统的设计，具体步骤如下。

1. 系统分析

系统分析就是要解决"做什么"的问题，它的核心是对地理信息系统进行逻辑分析，

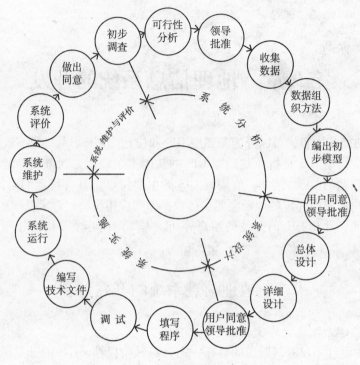

图 9-1　GIS 的研制过程

包括需求分析、可行性分析和系统分析。

(1)需求分析：对用户及相应的用户群的要求和对用户及其群体的情况进行调查分析。用户需求调查的好坏在很大程度上决定了一个地理信息系统的成败。要集中力量，多次进行，调查层面广泛，全面调查，并留下文字资料，作为开发工作的重要档案。需求分析的内容有：①调查用户的性质、规模、结构、职责；②调查传统的处理方法；③调查要求新系统产生的结果和可获得资料、数据的程度；④调查用户对应用界面和程序接口的要求；⑤调查潜在用户和地理信息系统的潜力。

(2)可行性分析：对建立系统的必要性和实现目标的可能性，从社会、技术、经济三个方面进行分析，以确定用户实力，系统环境、资料、数据、数据流量、硬件能力、软件系统、经费预算以及时间分析和效益分析。可行性分析的内容有：①新系统的社会、经济效益分析；②该任务的人员、质和量方面是否足以完成该任务；③技术上的关键问题及难点、是否都能予以适当解决以及解决计划；④资料和数据的总量，可获取的资料、数据清单；⑤软件系统和开发能力能否切实并留有余地地完成该系统的各项要求；⑥所能够拥有的硬件的能力能否充分保证系统的各项指标；⑦所提供的经费是否能略有余地地保证任务完成及新系统产生效益估计；⑧任务的时间计划表是否合理并有适度余量。

(3)系统分析：在用户需求调查分析、可行性分析的基础上，深入分析，明确新建系统的目标，建立新建系统逻辑模型。这里的逻辑模型指的是对具体模型的地理信息上的抽象，即去掉一些具体的非本质的东西，保留突出本质的东西及其联系。这里的本质指地理信息专业概念表达。系统分析的内容有：①分析传统的工作流程，导出逻辑模型；②把用户需求分析的集中描述，概括为系统明确目标；③分析描绘新系统流程，列出逻辑模型。最后，系统分析工作还要写出系统分析报告，作为系统设计的依据，内容同样包括需求分析、可行性分析、业务调查、系统逻辑模型（系统业务流程、数据流程、数据内容形式、处理功能和性能要求）等。

2. 系统设计

系统设计就是将分析阶段提出的逻辑模型转化为物理模型，其设计的内容随系统的目标、数据的性质和系统环境的不同而有很大的差异。一般而言，首先应根据系统研制的目标，确定系统必须具备的空间操作功能；其次是将数据分类和编码，完成空间数据的存储和管理；最后是系统的建模和产品的输出。因而，系统设计阶段的工作包括系统总体设计、系统详细设计和实施方案制定等工作。

（1）系统总体设计。总体设计又称功能设计或概念设计。它的主要任务是：①系统目的、目标及属性确定；②根据系统研制的目标来规划系统的规模和确定系统的组成与功能；③模块或系统的相互关系描述及接口设计规定；④硬、软件配置的环境设计；⑤数据源评估，数据库方案及建库方法；⑥人才培训；⑦系统建立计划和经费预算；⑧成本及收益分析。

（2）系统详细设计。详细设计是在总体设计基础上进一步细化、具体化、物理化，主要内容有：①模块设计；②数据分级分类及编码设计；③数据库设计：包括数据获取方案设计、数据存储设计及数据检索设计；④输入、输出方式及界面设计；⑤安全性设计；⑥实施的计划方案。

通过总体设计和详细设计，将任务分解，根据任务、财力支持和人力状况进行任务实施的安排，确定每项任务的实施人员、可利用的资源和完成时间。系统设计是地理信息系统整个研制工作的核心。不但要完成逻辑模型所规定的任务，而且要使所设计的系统达到优化。

3. 系统实施

系统实施是指根据系统设计将物理模型转化为实际系统，其工作包括硬件配置、软件编制、数据准备、人员培训、系统组装、试运行和测试，最后交付使用。系统实施过程中要进行实施组织，实施管理小组负责整个系统实施的进度和质量管理。

在以上工作完成后，将整个系统进行组装，把数据、程序都按系统设计组织起来。然后使用采集的数据对软件、硬件进行测试。测试工作一般按标准测试工作模式，进行较详细的测试。该模式的主要特点是：硬件提供者要回答一系列问题，并用图件或数据证实该硬件、软件能完成用户提出的操作任务，或者直接在计算机上演示。测试工作可详可简，当用户已掌握某些必须满足的系统标准时，可以集中测试作为评判标准的各指标能否达到要求，否则逐项测试工作过程的各个部分。

测试完成后，选择小块实验区（或用模拟数据）对系统的各个部分、各个功能进行全面的试运行实验。实验阶段不仅进一步测试各部分的工作性能，同时还要测试各部分之间数据的传送性能、处理速度和精度，保证所建立的系统正常工作，且各部分运行状况良好。如果发现不正常状况，则应查清问题的原因，对系统不足之处进行改进，直到满足用户要求为止，系统即可交付使用。

系统实施阶段将产生一系列的系统文档资料，一般包括用户手册、操作手册、系统测试说明书、程序设计说明书和测试报告等。

4. 系统维护与评价

系统维护是指在 GIS 整个运行过程中，为了适应环境和其他因素的各种变化，保证系统正常工作而采取的一切活动，包括系统功能的改进和解决在系统运行期间发生的一切问题和错误。GIS 规模大，功能复杂，对 GIS 进行维护是 GIS 建设中一个非常重要的内容，要在技术上、人力安排上和投资上给予足够的重视。GIS 维护的内容主要包括以下四个方面。

(1)纠错：纠错性维护是在系统运行中发生异常或故障时进行的，往往是对在开发期间未能发现的遗留错误的纠正。任何一个大型的 GIS 系统在交付使用后，都可能发现潜藏的错误。

(2)完善和适应性维护：软件功能扩充、性能提高、用户业务变化、硬件更换、操作系统升级、数据形式变换引起的对系统的修改维护。

(3)硬件设备的维护：包括机器设备的日常管理和维护工作。一旦机器发生故障，则要有专门人员进行修理。另外，随着业务发展的需要，还需要对硬件设备进行更新。

(4)数据更新：数据是 GIS 运行的"血液"，必须保证 GIS 中数据的现势性，进行数据的实时更新。

系统评价是指对一个 GIS 系统从系统性能和经济效益两方面进行评价。新系统的全面评价一般应在新系统稳定运行一段时间后才进行，以达到公正、客观的目的。系统评价的结果是写出评价报告和改进效益措施的实施。

1) GIS 评价的目的。

GIS 评价的目的主要为：

(1)确认开发的 GIS 系统是否达到了预期目标；

(2)了解系统中各项资源的利用效率如何；

(3)根据分析和评价结果，找出系统存在的问题，并提出改进的方法。

2) 系统评价指标。

系统评价指标是客观评价的依据，一般分为性能指标和经济效益指标两大类。必须明确 GIS 与一般的信息系统是有差别的。GIS 一般是宏观的，它的对象是一个较大的地理区域，是以探索和研究这个宏观区域上地理现象的未知关系和规律为目的的。它一般不仅是已有生产方式的再组织和再生产，它除了有信息系统的一般特性指标外，还有自己特有的专业特性，并且目前正在迅速发展，尚无统一的阐述。GIS 系统评价包含以下三个指标：一般系统的性能指标、专业性能指标、经济效益指标。

(1)一般系统的性能指标。一般系统的性能指标包括：

①GIS 稳定性和平均无故障时间；

②GIS 联机响应时间、处理速度和吞吐量；

③GIS 的利用率；

④系统的操作灵活性、方便性、容错性；

⑤安全性和保密性；

⑥加工数据的准确性；

⑦系统的可扩充性；

⑧系统的可维护性。

(2)专业性能指标。专业性能指标主要可考虑以下三个方面：

①数据的包容性；

②空间分析的准确性及区域性；

③可视化功能和性能。

(3)经济效益指标。系统的经济效益由两部分构成，第一部分为成本费用，指系统在开发、运行和维护时产生的各项费用支出；第二部分是系统效益，指系统投入运行后所产生的直接经济效益和间接经济效益。因此系统的经济效益指标包括：

①成本费用；

②直接经济效益；

③间接经济效益，主要表现为系统的科学价值、系统的政治和军事意义。

3)系统评价报告。

系统评价报告一方面是对已成系统开发工作的验收总结，另一方面也是作为将来进一步系统维护和改进的依据和规则，再一方面将是新系统开发工作的一个新的起点，因此必须认真对待。系统评价的结果理应形成正式的书面文件并辅以必要的用户证明、性能评测和鉴定意见等。它一般应包括如下内容：

(1)新系统的设计目标、结构、功能和主要性能指标；

(2)系统研制的文档资料；

(3)系统性能评价和证明材料、鉴定资料；

(4)系统经济效益评价和测算依据；

(5)系统综合评价和用户意见；

(6)结论。

9.2　地理信息系统的开发方法

一、结构化生命周期法

1. 定义

结构化生命周期法又称"瀑布法"，就是利用系统工程分析的有关概念，采用自上而下划分模块，逐步求精的基本方法。

2. 基本思想

(1)在整个开发阶段，首先树立系统的总体观点。从总体出发，考虑全局的问题，在保证总体方案正确及接口问题解决的条件下，按照自上而下顺序，一层一层地研制。

(2)开发全过程是一个连续有序、循环往复不断提高的过程。每一循环就是一个生命周期。要严格划分工作阶段，保证阶段任务完成，只有前一阶段完成之后，才能开始下一阶段的工作。

（3）用结构化的方法构筑地理信息系统逻辑模型和物理模型。

（4）充分预料可能发生的变化。

（5）树立面向用户的观念。

（6）采用直观的工具刻画系统。

（7）每一阶段工作成果要成文。

3. 优、缺点

（1）结构化生命周期法的优点：有明确的标准化图表和文字说明组成的文档，便于全过程各阶段的管理和控制。

（2）结构化生命周期法的缺点：用户对即将建立的新系统没有直观的预见性。

二、由底而上法

它是从现行的业务现状出发，先实现一个具体的初级功能，然后由低到高，增加计划、控制、决策等功能，实现总目标。这样各项目独立进行，很少考虑相互配合，出现"只见树木，不见森林"的现象。

三、快速原型方法

开发人员在初步了解用户需求基础上构造一个应用模型系统，即原型。用户和开发人员在此基础上共同反复探讨和不断完善原型，直到用户满意。

四、面向对象的软件开发方法

面向对象建模技术采用对象模型、动态模型和功能模型来描述一个系统。对象模型描述的是系统的对象结构，它用含有对象类的对象图（一种实体-关系模型的扩充）来表示；动态模型描述与时间和操作有关的系统属性，它用状态图来表示；功能模型描述的是与值变化有关的系统属性，其描述工具是数据流程图。

用这种方法进行系统分析与设计所建立的系统模型在后期用面向对象的开发工具实现时，能够很自然地进行转换。

五、演示和讨论方法

演示和讨论方法，又称 DADM（demonstration and discussion method），它要求在软件开发过程的各个阶段，在所有相关人员之间进行有效的沟通与交流。这种交流是建立在直观演示的基础上的，演示内容主要包括直观的图表工具和输入、输出界面等。DADM 方法论具有如下几个特点：

（1）强调采用演示和讨论方式进行广泛、有效的沟通与交流。

（2）具有较好的可预见性。因为开发人员在最终正式编码之前，要根据改进方案制作典型输入、输出界面，并给用户演示，共同讨论使用习惯，修改需求。用户参与了新系统的设计。

（3）实施过程是启发式的。在实施的过程中的"启发"是"互动"的，这样，可以有效地避免系统在功能、易用性等方面的重大缺陷。

（4）实施具有可操作性。DADM 方法论是按阶段进行的，只是系统需求报告不是生硬地让用户签字承认后才确定的，而是在启发式的有效沟通和交流的基础上，由用户、开发人员、管理专家及电脑技术专家等相关人员共同确定的。

（5）具有一定的开放性。①对于代码的实现方式没有限定：不管用生成器生成系统代码，还是用手工编码，都可以采用 DADM 方法；②对于具体编程工具没有完全限定；③对于演示的具体内容也没有限制。

（6）有利于在整个开发过程中进行全面质量管理。全面质量管理（TQM）强调在软件开发的全过程中进行质量控制，从而获取高质量的需求分析报告。

DADM 方法论可以有效地获得用户的需求，并对原系统进行有效地改进，也可以科学地确定系统设计方案。即使在编程阶段，通过有效的沟通与交流，也可以在各个开发人员之间建立共同遵守的约定或规范，避免各自为政，这样可以有效保证 GIS 应用软件的质量。

9.3　地理信息系统的标准化

一、GIS 标准化概述

随着 GIS 技术的发展，特别是网络技术应用到地理信息系统建设中，与它有关的标准化也成为一个必须解决的问题。一个好的标准是促进、指导和保证高效率、高质量地理信息交流不可缺少的部分。

在信息技术领域，标准和规范按照其使用状态，可以分为两种，即实际使用的标准和法律意义上的标准。前者是在不断的实践过程中，有关机构、团体和组织自发达成的被广泛接受的标准，如 TCP/IP 协议、OpenGIS 规范；后者通常是为了达到政策或管理的目的，通过法律制定的标准，如 FGDC 制定的空间元数据内容标准。

按照管辖地区的大小，制定信息技术的标准化组织可以分为五个层次（cargill）：国际级标准化组织，如 ISO；区域级标准化组织；国家级标准化组织，如美国国家标准化组织 ANSI 以及美国联邦地理数据委员会；政府和用户级标准化组织，在 GIS 领域，OGC（OpenGIS）就属于该层次；补充性标准化组织。

目前在中国，GB 系列中与 GIS 有关的标准主要是一些地理编码标准，包括：《中华人民共和国行政区划代码》（GB 2260—80），《国土基础信息数据分类与代码》（GB/T 13923—92），《1∶500、1∶1000、1∶2000 地形图要素分类与代码》（GB 14804—93），《1∶5000、1∶10000、1∶25000、1∶100000 地形图要素分类与代码》（GB/T 5660—1995）等。

二、GIS 标准化的内容

通常，信息技术的标准和规范可以分为以下五个方面：

（1）硬件设备的标准，在网络技术中，存在着大量的这种标准，如 IEEE802 系列；

（2）软件方面的标准，包括操作系统、查询语言、程序设计语言、图形用户界面等，如 SQL、DCOM、CORBA 等；

（3）数据和格式的标准，包括数据模型、数据库的构建，数据质量和可靠性，地理要素的分类系统，数据格式转换等，在地理信息应用中，空间数据编码规范、元数据标准等就属于该范畴；

（4）数据集标准，即数据存放的文件格式标准，如美国人口普查局的 TIGER 文件标准等；

（5）过程标准，如 ISO9000 系列和 CMM 等，主要是针对系统开发过程的指导。

地理信息系统标准化主要包括后四个方面：软件工具，如文档，设计、验收、评测标准以及软件的接口规范等；数据，包括数据模型、数据质量、数据产品，数据交换，数据显示，空间坐标投影等；系统开发，包括系统设计过程、数据工艺流程、标准建库流程等；其他如名词术语、管理办法等。一般而言，软件工具、系统开发、管理办法等方面的标准可以借用更为通用的信息技术标准规范，所以 GIS 标准主要集中于空间数据以及相关的一系列规范。

应用地理信息系统标准，可以建立一套较为规范的数据录入处理流程，从而提高工作效率和质量，同时采用一致的数据格式以及空间数据可视化方式，指导数据的使用。

总而言之，在地理信息系统中引入一系列标准，有利于保障地理信息系统技术及其应用的规范化发展，指导地理信息系统相关的实践活动，拓展地理信息系统的应用领域，从而实现地理信息系统的社会及经济价值。基于地理信息系统标准，可以实现不同应用领域地理信息的共享和互操作，这也正是实现数字地球的关键技术之一。

三、ISO/TC 211 地理信息标准简介

地理信息/地球信息科学专业委员会（ISO/TC 211）成立于 1994 年 3 月，其目的是为了促进全球地理信息资源的开发、利用和共享，即制定 ISO/TC 211 地理信息/地球信息科学标准，它是对与地球上位置直接或间接有关的物体或现象信息的结构化标准。该标准共分为 25 部分（截至 2000 年 5 月），主要是针对地理信息的内容和相关的方法，各种数据管理的工具和服务及有关的请求、处理、分析、获取、表达，以及在不同的用户、系统平台和位置之间进行数据的转换。

1. 参考模型

参考模型描述了地理信息系统标准的使用环境、使用的基本原则和标准的改造框架，同时也定义了该标准的所有的概念和要素。它是一个独立于任何应用、方法和技术的模型，也是整个 ISO/TC 211 的工作指南。

2. 综述

综述是对整个 ISO/TC 211 标准系列的介绍和回顾。ISO/TC 211 标准将是一个完整全面的地理信息系统的标准族，该部分提供给潜在用户一个整体的标准系列和个别标准的综合介绍，包括标准的目的、标准以及标准之间的关系等，使用户可以快速查询到所需要的内容，提高标准的可理解性和可接受性。

3. 概念化模式语言

概念化模式语言使用一种标准化的模式语言来促进互操作标准的开发，并提供一个快速建立地理信息标准的基础。这种标准语言是在现有的标准概念化语言之上发展而成的。

4. 术语定义

术语定义部分定义了所有 ISO/TC 211 标准中使用的专有词汇，其目的是产生通用的与地理信息标准有关的词汇，供地理信息系统的标准制定者、使用者和开发者使用。

5. 一致性和测试

一致性和测试部分是为了保证所有 ISO/TC 211 标准的一致性而制定的测试框架、概念和方法。建立测试方法的标准和保持一致性的原则可以使 GIS 软件的开发者来核实各类

标准的一致性。

6. 专用标准

专用标准定义了所有 ISO/TC 211 标准的子集产品，它确定了在 ISO/TC 211 制定的全部标准的基础上，针对某些具体应用提取出专用标准子集的方法和参考手册。

在 ISO/TC 211 标准中，定义和描述了一系列地理信息以及地理数据管理和地理过程的标准。其中，某个方面可能有多个标准，如测量标准和编码标准；其他一些标准可能描述了一系列内容，如空间模式标准。在实际应用中，可能只采用某个标准或标准的一部分，甚至是对某个标准进行特化，专用标准给出了标准使用指导。

7. 空间模式

空间模式定义了对象空间特征的概念模式，主要从几何体和拓扑关系的角度来制定概念模式。几何体和拓扑关系是地理信息的两个主要特征，它的标准制定将为其他空间特征标准制定提供方便，同时可以帮助 GIS 开发者和使用者理解空间数据结构。

8. 时间尺度子模式

时间尺度子模式部分定义了空间实体时间尺度特征的概念，地理信息并不局限于三维尺度，许多地理信息系统需要时间特征。

9. 应用模式规则

应用模式规则部分定义了地理信息应用的模式，包括地理对象的分类和它们与应用模式之间关系的原则。采用一致的形式定义应用模式，将增强应用之间数据共享能力，并且允许应用之间实时地交互操作。

10. 要素分类方法

要素分类方法部分定义了对地理对象、属性和关系进行分类的方法论，并且确定建立一个国际化的多语言的分类的可能性。地理信息的类别一般都决定于应用模式，提供一致的分类方法学，增强了从一个类别映射到另一个类别的可能性。

11. 坐标空间参照系统

坐标空间参照系统部分定义了坐标空间参照系统的概念化模式以及描述大地参照系统的指导，其中也包括一些国际上使用的参考系统，制定坐标空间参照系统同样有助于各类应用之间的交流和数据共享。

12. 基于地理标识的间接参考系统

基于地理标识的间接参考系统部分定义了间接的空间参照系统的概念化模式。ISO 认为越来越多的有关地理信息的应用使用非坐标类型的参照系统，即间接空间参照系统，例如地址数据，因而有必要产生一套间接参考系统的标准模式。

13. 质量原则

质量原则部分定义了应用于地理数据的质量模式。对地理信息的创建者和使用者而言，质量信息都是十分重要的。一致的质量标准模式，便于一个应用中创建的数据在另一个应用中可以被适当地评估和使用。

14. 质量评价过程

质量评价过程部分给出了对数据质量进行评估和描述方法的指导。关于地理数据质量的评价信息不仅需要一致的标准，而且需要一个一致的、标准的评估和描述方法。一个标准的评估准则可以保证不同数据集合的质量具有可比性。

15. 元数据

元数据部分定义了地理信息和服务的描述性信息的标准。该标准制定的目的是为了产生一个地理元数据的内容及有关标准。这些内容包括地理数据的现势性、精度、数据内容、属性内容、来源、覆盖地区以及对各类应用的适应性如何等。对地理数据进行标准的描述可以方便地理信息用户得到适用的数据。

16. 空间信息定位服务

空间信息定位服务部分定义了定位系统的标准接口协议。全球定位系统的发展使得一个地理对象在全球范围内的定位成为可能，定位信息标准接口的制定将促进这些定位信息在各类应用中更有效的使用。

17. 地理信息描述

地理信息描述部分定义了地理信息描绘方法，不同应用系统之间采用了一致的符号表现方法，将便于人们更好地理解和识别各类地理信息。

18. 编码

编码部分选择与地理信息使用的概念模式相匹配的编码规则，并且定义了概念模式语言之间以及编码规则之间的映射方式。编码规则使得地理信息在以数字形式进行存储和传输时，按照一定的编码语言和系统进行编码。

19. 服务

服务部分识别和定义地理信息的服务接口以及与开放系统环境（Open System Environment）模型之间的关系。服务接口的定义有助于不同层次的各种应用访问和使用地理信息。

20. 功能标准

功能标准部分定义了地理信息科学领域已经识别出的功能标准的分类方法。功能标准的分类有利于 ISO/TC 211 与其他标准的协调一致。标准子集的制定也与功能标准的识别有关。

21. 图像和栅格数据

图像和栅格数据部分为了使 ISO/TC 211 能够处理地理信息场模型中的图像和栅格数据，ISO/TC 211 需要定义图像和栅格数据标准。它确定了其他组织以及 ISO 其他委员会定义的图像标准，这些标准支持地理信息中栅格和矩阵数据标准的建立。由于地理信息中图像和栅格数据产品的增加，需要该方面的标准的制定。

22. 职员的资格认证

职员的资格认证部分描述了地理信息科学/地球信息学中人员的资格认证体系，定义了地理信息科学/地球信息学与其他相关学科以及专业的边界。详细说明了属于地理信息科学/地球信息学领域的技术。建立了该领域中技术人员、专业人员以及管理人员的能力范围和资格水平体系。

23. 覆盖几何和功能的模式

覆盖几何和功能的模式部分定义了描述覆盖的空间特征的标准概念模式。覆盖通常包括栅格数据、不规则三角网、点覆盖和多边形覆盖。在大量地理信息应用领域中，覆盖是主要的数据结构，包括遥感、气象、地形、土壤、植被等。覆盖几何和功能的模式将有助于提高地理信息在这些领域内的共享能力。

24. 图像和栅格数据的成分

图像和栅格数据的成分部分给出了描述和表现图像和栅格数据的概念标准，这包括针对图像和栅格数据的新工作：应用模式规则、质量原则、质量评价过程、空间参照系统、可视化和服务等，并表明新的工作与已有的针对矢量数据标准的不同之处。

25. 简单要素的访问——SQL 选项

简单要素的访问部分面向 SQL 环境的简单要素访问实现规范，该实现规范将支持要素的存储、检索、查询和更新操作。

9.4　国内外地理信息系统开发软件简介

一、概述

目前国际上主流的 GIS 软件是 ESRI 公司的软件，这是一个大的概念，它还包括桌面版的 ArcGIS，其中包含若干个应用程序，比如 ArcMap、ArcGloble、ArcCatalog、ArcReader、ArcTool；ESRI 的桌面版的开发包是 ArcEngine；网络版的开发包是 ArcGIS Server。当前最高版本是 10.0。ArcView 是 ESRI 很早的一款地图软件，功能简单，开发包叫 MO。

国内的重要的软件就是超图公司的 SurperMap 和中国地质大学的 MapGIS 软件。

二、ArcObjects

1. ArcObjects(简称 AO)

AO 是 ESRI 公司 ArcGIS 家族中应用程序的开发平台它是基于 Microsoft COM 技术所构建的一系列 COM 组件集。AO 是随 ArcGIS 产品一同发布的，要使用 AO 必须购买 ArcGIS Desktop，才能利用 AO 提供的组件对象来进行应用开发。在 ArcGIS9 中发布了一个新的产品：ArcGIS Engine，它基于 AO，并且实现了更好的封装，是一个独立的产品。

2. AO 的功能

通过 AO 可以实现以下功能：

(1)空间数据的显示、查询检索、编辑和分析；

(2)创建各种专题图和统计报表；

(3)高级的制图和输出功能；

(4)空间数据管理和维护等。

3. AO 的编程基础——COM

COM 是 Component Object Model 的缩写，它不仅定义了组件程序之间进行交互的标准，而且也提供了组件程序运行所需要的环境。COM 本身要实现一个称为 COM 库(COM library)的 API，它提供诸如客户对组件的查询，以及组件的注册/反注册等一系列服务。一般来说，COM 库由操作系统加以实现，我们不必关心其实现的细节，COM 主要应用于 Microsoft Windows 操作系统平台上。COM 通常是以 win32 动态链接库(DLL)或可执行文件

(EXE)的形式发布。

4. COM 的目标和特性

(1)建立在二进制代码级上的可重用性;

(2)语言无关性,只要其能生成符合 COM 规范即可;

(3)对使用 COM 对象的客户程序而言的进程透明性。

三、ArcEngine(简称 AE)

作为一个简单的、独立于应用程序的 ArcObjects 编程环境,ArcEngine 是开发人员用于建立自定义应用程序的嵌入式 GIS 组件的一个完整类库。它由一个软件开发包和一个可以重新分发的为 ArcGIS 应用程序提供平台的运行时(runtime)组成。

ArcEngine 功能层次由以下 5 个部分组成:

(1)基本服务:由 GIS 核心 ArcObjects 构成,如要素几何体和显示。

(2)数据存取:ArcEngine 可以对许多栅格和矢量格式进行存取,包括强大而灵活的地理数据库。

(3)地图表达:包括用于创建和显示带有符号体系和标注功能的地图 ArcObjects,以及创建自定义应用程序的专题图功能的 ArcObjects。

(4)开发组件:用于快速应用程序开发的高级用户接口控件和高效开发的一个综合帮助系统。

(5)运行时选项:ArcEngine 运行时可以与标准功能或其他高级功能一起部署。

1. ArcEngine 的类库

(1)System 类库:ArcGIS 体系结构中最底层的类库,它包含构成 ArcGIS 的其他类库提供服务的组件。System 类库中定义了大量开发者可以实现的接口。开发者不能扩展这个类库,但可以通过实现这个类库中包含的接口来扩展 ArcGIS 系统。

(2)SystemUI 类库:包含用户界面组件接口定义,这些用户界面组件可以在 ArcGIS Engine 中进行扩展。SystemUI 类库包含 ICommand、ITool 和 IToolControl 接口。开发人员可以通过使用这些对象简化用户界面的开发。

(3)Geometry 类库:包含了核心的几何形体对象,如点、线、面等,即在 AO 中的要素和图形元素的几何形体都可以在这个组件库中寻找到。除此之外,这个库还包含了空间参考对象,包括 Geographic Coordinate System(地理坐标系统)、Projected Coordinate System(投影坐标系统)和 GeoTransformations(地理变换)对象等。

(4)Display 类库:包含 Display、Color、ColorRamp、DisplayFeedback、RubberBand、Tracker、Symbol 等用于显示 GIS 数据的对象。

(5)Output 类库:包含了 AO 中的所有输出对象,即打印输出对象 Printer 和转换输出对象 Export。前者可以将视图上的地图通过打印机进行输出,而后者包含的丰富对象,可以将地图转换为多种格式的矢量或者栅格形式的数据,如 EMF、PDF、JPEG、TIFF 等。

(6)Framework 类库。ArcGIS 程序存在一个内在的框架,所有的 AO 组件对象都在这个框架中扮演了不同的角色，它的协作可以完成 ArcGIS 程序提供的 ArcGIS 功能。这个框架中的某些核心对象被放置在 Framework 库中。Framework 库提供了 ArcGIS 程序的某些核心对象和可视化组件对象。这个库中的一些对象可以让 ArcGIS 程序扩展它们的定制环境，以改变 ArcGIS 程序的外观界面。同时，这个库也提供了诸如 ComPropertySheet、ModelessFram 和 MouseCursor 等对象，它们是一些对话框，可用在 ArcGIS 上实现用户的交互。

(7)Carto 类库。Carto 类库包含了为数据显示服务的各种组件对象，如 MapElements（包含 Map 对象的框架容器）；Map 和 PageLayout（地理数据和图形元素显示的两个主要对象）；MapSurrouds（一个与 Map 对象相关联的用于修饰地图的对象集）；Map Grids（地图网格对象，用于设置地图的经纬网格或数字网格，起到修饰地图的作用）；Renderers（着色对象，用于制作专题地图）；Labeling；Annotation；Dimensions（标注对象；用于修饰在地图上产生文字标记以显示信息）；Layers（图层对象，用于传递地理数据到 Map 或 PageLayout 对象中去显示）；MapServer；ArcIMS Layers；GPS Support 等。

(8)CartoUI 类库。CartoUI 类库中的对象也是为了数据显示服务的，在 AO 中所有以 UI 结尾的库中的对象都具有可视化的界面。CartoUI 库中包含的诸如 IdentifyDiaLog、SQLQueryDialog、QueryWizard 等对象，都以一个对话框的形式出现。

(9)Controls 类库。Controls 库包含了在程序开发中可以使用的可视化组件对象，如 MapControl、PageLayoutControl 等，Controls 库包括以下 7 个子库：MapControl、PageLayout-Control、TocControl、ToolbarControl、ControlCommands、ReaderControl、LicenseeControl。

(10)DisplayUI 类库。DisplayUI 类库提供了具有可视化界面的对象用于辅助图形显示，它包括 Property Pages（属性页）对象和 StyleGalleryClass 对象，前者可以用于设置 Symbol 对象，后者则可以用于管理和获取 Style 和 Symbol（符号）对象。

(11)GeoDatabase 类库。GeoDatabase 类库中包含的 COM 对象是用于操作地理数据库的。这个库中的对象包括核心地理数据对象，如 Workspace（工作空间）、DataSet（数据集）等；它也包含了几何网路、拓扑、TIN 数据、版本对象、数据转换等多方面的丰富内容。

(12)DataSourcesFile 类库。地理数据保存在不同形式的文件中，DataSourceFile 库中的对象正是起到打开文件格式地理数据的作用。

(13) DataSourcesGDB 类库。DataSourcesGDB 库中的 COM 对象用于打开数据源为 Access 数据或任何 ArcSEDE 支持的大型关系数据库的地理数据。这个库的对象不能被扩展。DataSourceGDB 库中的主要对象是工作空间工厂，一个工作空间工厂可以让用户在设置了正确的连接属性后打开一个工作空间，而工作空间就代表了一个数据库，其中保存着一个或多个数据集对象。这些数据集包括表、要素类、关系类等。DataSourcesGDB 类库中主要的对象有：AccessWorkspaceFactory，用于打开一个基于 Access 数据库的 Personal GeoDatabase；ScratchWorkspaceFactory，用于产生一个临时的工作空间存放选择集对象；SdeWorkspaceFactroy，用于打开 SDE 数据库。

（14）DataSourcesRaster 类库。DataSourcesRaster 类库中的 COM 对象用于获取保存在多种数据源中的栅格数据，这些数据源包括文件系统、个人数据库或者企业地理数据库（SDE 数据库）。这个库还提供了用于栅格数据转换等功能的对象。

2. ArcEngine 与 ArcObjects 的联系与区别

（1）ArcEngine 与 ArcObjects 的联系：

①ArcEngine 包括核心 ArcObjects 的功能，是对 ArcObjects 中的大部分接口、类等进行封装所构成的嵌入式组件；

②ArcEngine 中的组件接口、方法、属性与 ArcObjects 是相同的。

（2）ArcEngine 与 ArcObjects 的区别：

①开发环境：ArcObjects 必须依赖 ArcGIS Desktop 桌面平台，即购买安装了 ArcGIS Desktop，才能利用 ArcObjects 进行开发；ArcEngine 是独立的嵌入式组件，不依赖 ArcGIS Desktop 桌面平台，直接安装 ArcEngine Runtime 和 DeveloperKit 后，即可利用其在不同开发语言环境下开发。

②功能：ArcObjects 的功能更强大，ArcEngine 的功能相对弱一些，ArcEngine 不具备 ArcObjects 的少部分功能。ArcEngine 具有简洁、灵活、易用、可移植性强等特点。

四、ArcServer

ArcGIS Server 是一个用于构建集中管理、支持多用户的企业级 GIS 应用的平台。ArcGIS Server 提供了丰富的 GIS 功能，例如地图、定位器和用在中央服务器应用中的软件对象。开发者使用 ArcGIS Server 可以构建 Web 应用、Web 服务以及其他运行在标准的 .NET 和 J2EE Web 服务器上的企业应用，如 EJB。ArcGIS Server 也可以通过桌面应用以 C/S（Client/Server）的模式访问。ArcGIS Server 的管理由 ArcGIS Desktop 负责，后者可以通过局域网或 Internet 来访问 ArcGIS Server。

ArcGIS Server 包含两个主要部件：GIS 服务器和 .NET 与 Java 的 Web 应用开发框架（ADF）。GIS 服务器 ArcObjects 对象的宿主，供 Web 应用和企业应用使用。它包含核心的 ArcObjects 库，并为 ArcObjects 能在一个集中的、共享的服务器中运行提供一个灵活的环境。ADF 允许用户使用运行在 GIS 服务器上的 ArcObjects 来构建和部署 .NET、Java 的桌面和 Web 应用。ADF 包含一个软件开发包，其中有软件对象、Web 控件、Web 应用模板、帮助以及例子源码。

五、SurperMap

SurperMap 是由北京超图软件股份有限公司研制的新一代地理信息系统软件，其中常用的开发平台是 SurperMap iObjects. NET 和 SurperMap iServer。

1. SurperMap iObjects. NET

SuperMap iObjects. NET 是基于 Microsoft 的 .NET 技术开发的一款产品。它是 SuperMap Objects 家族中的一员，基于 SuperMap 共相式 GIS 内核开发的组件式 GIS 开发平台。共相式 GIS 内核采用标准 C++编写，实现基础的 GIS 功能，在此基础上，SuperMap iObjects. NET 组件采用 C++/CLI 进行封装，是纯 . NET 的组件，而不是通过 COM 封装或者中间件运行的组件，比通过中间件调用 COM 的方式在性能上将有极大的提高。SuperMap iObjects. NET 支持所有 . NET 开发语言，如 C#、VB. NET、C++/CLI 等。在实际应用中，相比 COM 组件， . NET 组件更适宜 . NET 开发人员的编码习惯。SuperMap iObjects. NET 7C 是超图公司发布的最新版本。

2. SuperMap iObjects. NET 7C 主要特点

（1）灵活的安装与便捷的开发。

SuperMap iObjects . NET 7C 产品提供了多种安装与部署方式，既提供了安装包方式进行快速安装，包括定制安装和完全安装；还提供了 zip 包，通过解压和简单的部署方式，完成 SuperMap iObjects. NET 7C 使用和运行环境的配置，同样也可以实现自定义部署。因此，多种安装方式可以满足不同习惯用户的需求，体现一切以人为本的服务理念。

SuperMap iObjects . NET 7C 是专门面向二次开发者设计的组件式开发平台，基于该平台开发的应用软件易于分发和再部署，用户只需要将 SuperMap iObjects . NET 7C 运行库文件与 VC++2008 重分发包连同所开发的应用系统一起打包分发即可，只要使用该应用系统的目标机器上安装了 . NET Framework 2.0 及以上版本，即可保证系统的正常运行。这种分发与再部署，有效地降低了成本，为用户最大程度地创造价值。

（2）适度的封装"粒度"，易于开发。

封装"粒度"是 GIS 组件接口很重要的指标，它和组件提供的接口是否易用有重大关系。如果"粒度"封装过粗，则在开发时很难做到功能的扩展和灵活开发；如果"粒度"过细，则会导致对象数量过于庞大，就有可能导致系统初始化速度变慢，另一方面，也将导致理解和掌握该组件群非常困难，即使进行基本功能开发也会耗费大量成本编写代码。SuperMap iObjects . NET 7C 组件对象封装"粒度"适中，使用灵活且易于掌握，是大型全组件式 GIS 软件开发平台，各个组件对象既可以协同工作，也可以任意裁剪，具有高度的伸缩性和灵活性。

SuperMap iObjects. NET 7C 以组件对象的形式提供功能，还非常有利于二次开发商开发具有自己知识产权的应用产品，同时，SuperMap iObjects . NET 7C 提供非常丰富的开发接口，完全可以满足从中小型到大型项目对于 GIS 功能的不同需求。

SuperMap iObjects. NET 7C 是纯 . NET 的组件，支持 C#、VB . NET、C++/CLI 等所有 . NET 开发语言，因此适合多种语言的开发用户。SuperMap iObjects . NET 7C 提供的接口使用简单，接口间的逻辑关系清晰、易懂，使用户即使在没有帮助文档的指导下也可以完成功能的开发。同时，SuperMap iObjects . NET 7C 提供了详尽的 API 说明文档及开发指南，可以满足不同技术水平的开发人员使用。

此外，SuperMap iObjects . NET 7C 提供了多个辅助控件，减少用户的开发时间，帮助用户提高系统开发效率。

（3）高度的可伸缩性。

SuperMap iObjects.NET 7C 是全组件式 GIS 开发平台，各个 GIS 组件可以像搭积木一样灵活地拆分和组合，用户可以使用全部组件来开发大型 GIS 项目，SuperMap iObjects.NET 7C 的高度可伸缩性，可以让开发者充分考虑项目的 GIS 需求和项目经费等多个因素，灵活地选购并组合开发，获得高软件性价比，降低开发的成本和风险。

SuperMap iObjects.NET 7C 组件同样适合开发中小型的 GIS 系统，其高度的可伸缩性，可以帮助开发者灵活地控制系统的规模，随需求进行扩展和压缩，从而减小系统维护的成本，保证中小型 GIS 系统的稳定性。

(4)功能强大，并内嵌大型空间数据库引擎。

SuperMap iObjects.NET 7C 提供了丰富的 GIS 功能，通过模块的方式进行合理分类，涵盖了图形与属性编辑、拓扑处理、地理空间分析、三维可视化与分析、符号制作与管理、布局打印等 GIS 领域内的全方位的功能应用。

SuperMap iObjects.NET 7C 内置了 SuperMap GIS 6R 最新的空间数据库引擎技术——SuperMap SDX+，它为 SuperMap GIS 6R 中的所有产品提供访问不同引擎存储的空间数据的能力，采用先进的空间数据存储技术、空间索引技术和数据查询技术，实现了具有"空间-属性数据一体化"、"矢量-栅格数据一体化"和"空间信息-业务信息一体化"的集成式空间数据引擎技术。经过多年的研发和应用完善，SuperMap SDX+已成为一个运行稳定、功能成熟、性能卓越的空间数据库引擎，可支持目前流行的多种商用数据库平台，如 Oracle、SQL Server、PostgreSQL、DB2 等。这些数据库可以运行在多种操作系统平台上，既可以搭建同类型数据库之间的多结点集群，也可以搭建异构数据库和异构操作系统的分布式集群。因此，SuperMap iObjects.NET 7C 完全能够胜任各种大型 GIS 系统建设，是 GIS 系统建设的理想选择。

(5)采用二三维一体化技术。

三维 GIS 技术的快速发展无疑引领了新一代 GIS 技术的巨大变革，但是，相对于三维 GIS，二维 GIS 数据模型更加简单、抽象和综合，在分析和建模等方面相对成熟，在各行业中已经广泛应用。为了充分利用二维 GIS 的优越性以及兼顾行业已有的海量数据基础，二三维一体化的 GIS 将是 GIS 软件未来的发展方向。SuperMap iObjects.NET 7C 突破了二维 GIS 与三维 GIS 割裂的局面，构建了二维与三维一体化的 GIS 平台，实现了数据管理一体化、应用开发一体化、功能模块一体化、表达一体化、符号系统一体化、分析功能一体化。

3. SuperMap iObjects.NET 7C 模块架构

SuperMap iObjects.NET 7C 具有更加合理的组件划分，由一系列模块构成，其中包括数据模块、数据转换模块、数据处理模块、拓扑模块、地图模块、排版打印模块、三维模块、三维空间分析模块、三维网络分析模块、地址匹配模块、空间分析模块、网络分析模块、公交分析模块、地形分析模块、控件模块、海图模块。其中数据模块为核心模块，主要专注于对空间数据的处理，其他模块依赖于数据模块的同时又相对独立。SuperMap 数据模块图如图 9-2 所示。

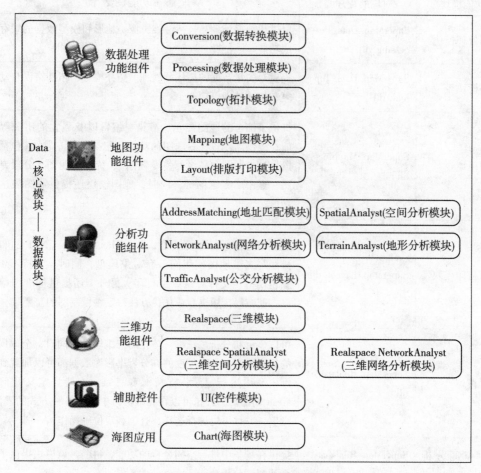

图 9-2 SuperMap 数据模块图

每个模块对应的程序集以及相应的功能介绍见表 9-1。

表 9-1   SuperMap 功能模块表

功能模块	对应的程序集	涵盖功能概要
数据模块	SuperMap. Data. dll	核心模块，提供对空间数据及其属性的全面操作和处理，包括创建、管理、访问和查询等功能，同时还提供数据版本管理功能。此外，数据模块还包含与拓扑和布局排版打印相关的数据操作功能
数据转换模块	SuperMap. Data. Conversion. dll	提供了多种栅格数据、矢量数据的转换功能

续表

功能模块	对应的程序集	涵盖功能概要
数据处理模块	SuperMap. Data. Processing. dll	提供了数据处理，包括三维影像、地形和模型数据的缓存生成功能
拓扑模块	SuperMap. Data. Topology. dll	提供对矢量数据的拓扑预处理、拓扑检查、拓扑错误自动修复和拓扑处理等功能
地图模块	SuperMap. Mapping. dll	提供了综合的地图显示、渲染、编辑以及强大的出图等功能；提供制作各种专题图的功能，包括标签专题图(包括分段标签专题图和高级标签专题图)、统计专题图、分段专题图、点密度专题图等；同时，地图模块还提供制图表达的功能
排版打印模块	SuperMap. Layout. dll	提供布局排版打印等功能，SuperMap iObjects . NET 的布局排版与二维地图使用同一套对象模型，同时，支持 CMYK 颜色模型，支持海量数据打印。另外，还提供标准图幅图框，使布局排版更专业化，方便特定领域制图的需要
三维模块	SuperMap. Realspace. dll	可以显示和分析二三维一体化的三维场景，同时，全球尺度的地形数据和全球尺度的高分辨率影像数据都可以加载到三维模型中进行显示；支持海底三维；支持自定义几何体 Mesh 功能。另外，可以在三维窗口中进行各种方式的漫游、浏览，并且可以进行选择、查询和定位等操作
三维空间分析模块	SuperMap. Realspace. SpatialAnalyst. dll	提供在场景中进行空间分析的功能，目前，该模块提供了三维通视性分析功能
三维网络分析模块	SuperMap. Realspace. NetworkAnalyst. dll	提供三维网络数据集的构建和创建流向；提供查找源和汇、上下游追踪、上游最近设施查找等三维设施网络分析功能；提供最佳路径分析等三维交通网络分析功能
地址匹配模块	SuperMap. Analyst. AddressMatching. dll	提供中文地址模糊匹配搜索的功能，该功能基于一个地址词典，可以对地图中的多个图层进行地址匹配
空间分析模块	SuperMap. Analyst. SpatialAnalyst. dll	提供基于矢量数据的空间分析，如叠加分析、缓冲区分析；提供完备的基于栅格数据的空间分析功能，包含栅格代数运算、距离栅格、栅格统计分析、插值分析、地形构建和计算、可视性分析等；提供矢栅转换、聚合、重采样、重分级、镶嵌和裁剪等功能

功能模块	对应的程序集	涵盖功能概要
网络分析模块	SuperMap. Analyst. NetworkAnalyst. dll	提供全面的网络分析功能，涵盖交通网络分析(包括选址分区分析、旅行商分析、物流配送分析、最佳路径分析、最近设施查找分析等)、设施网络分析(包括检查环路、查找共同上下游、查找连通弧段、上下游路径分析、查找源和汇、上下游追踪等)
公交分析模块	SuperMap. Analyst. TrafficAnalyst. dll	提供公交换乘分析、查找经过站点的线路、查找线路上的站点等主要功能。不仅支持丰富的线路和站点信息设置，如公交票价信息、发车时间和间隔等，还提供避开线路或站点、优先线路或站点、站点归并容限、站点捕捉容限、最大步行距离、换乘策略和偏好的设置，以及对换乘时步行线路的支持，结合高效、准确和灵活的查找算法，为使用者提供最优的公交换乘方案
地形分析模块	SuperMap. Analyst. TerrainAnalyst. dll	提供填充洼地、计算流向、计算流长、计算累积汇水量、流域划分及提取矢量水系等水文分析功能及网格剖分功能
控件模块	SuperMap. UI. Controls. dll	提供粗粒度的基础控件，方便用户快捷开发，控件模块提供了符号编辑器控件、符号管理控件、工作空间管理器控件、图层管理控件等多种控件
海图模块	SuperMap. Chart. dll	提供基于 S-57 数字海道测量数据传输标准的海图数据(∗.000)的导入与导出；提供基于 S-52 显示标准的电子海图的显示；提供海图环境配置、创建海图、标准海图显示风格设置、海图物标属性的查看与编辑等功能；提供海图数据与 GIS 数据的统一管理，支持海图数据和陆地数据的整合，实现海陆一体化的存储、显示与发布

4. SuperMap Objects 7C 主要功能

1)精彩、完美的三维应用。

(1)场景可视化与互操作。SuperMap iObjects . NET 7C 提供的三维球体称为场景，用来模拟现实的地球，并且提供了多种环境渲染，如大气环境、太阳效果、雾环境、宇宙星空、全球影像，更加逼真地贴近现实世界。场景中支持多源数据的显示，包括影像数据、地形数据、三维模型数据、矢量数据以及二维地图；还可以通过丰富的交互操作，实现平移浏览、旋转场景中的球体、改变球体的方位、改变观察球体的视角等，并对这些交互操作，提供鼠标和键盘两种操作形式。

(2)丰富多样的数据支持。在 SuperMap iObjects . NET 7C 的三维场景中可以添加多种类型的三维数据，同时，其二三维一体化的理念使得三维场景中可以添加所有的二维数据，具体支持的数据内容如下：支持二维矢量数据和栅格数据；支持二维地图数据；支持KML、KMZ数据；支持三维模型数据，并支持第三方软件制作的三维模型（3Ds），也可以是经过缓存处理的三维模型缓存数据；支持海量影像、地形数据，其中影像数据可以是SIT数据，也可以是经过缓存处理的影像缓存；地形数据可以为Grid数据集，也可以是经过缓存处理的地形缓存；支持三维动画。

（3）绚烂夺目的三维特效。SuperMap iObjects . NET 7C 提供了丰富、炫彩的三维特效，从而使三维表现形式更加贴近现实世界的地理事物。太阳光照随时间的变化，通过设置时间，可以获得该时间点上太阳的照射效果；仿真海洋水体，主要体现水体的波动效果；支持地下三维场景，如地下油井仿真应用、地下管线应用；支持海底三维效果；支持粒子特效，提供火焰、降雨、降雪、喷泉、爆炸、烟火等效果；可以为某种应用提供实况，如火灾发生现场、降雨天气等。SuperMap iObjects . NET 7C 提供了立体显示效果，将真空间视觉体验发挥到了极致，使得GIS的视觉体验突破了二维屏幕对于真空间显示的限制，用户可以从立体显示中得到前所未有的视觉冲击，实现了真正的三维可视化。

（4）实用可靠的地理操作。SuperMap iObjects . NET 7C 提供了多种地理量算操作，并且量算可依据地形数据进行，如依地量算距离、依地量算高程、量算面积等。在场景中，还可以进行地表挖方的仿真操作。此外，还提供了飞行管理功能，通过设置飞行路线上站点的参数，即可实现飞行仿真应用，该功能还可以应用于模拟汽车的行驶过程或者其他与路线行驶相关的过程。

（5）全新的三维空间分析功能。目前，三维空间分析提供通视分析和剖面分析。通视分析能够判断三维空间中任意两点之间的通视情况，可广泛应用于工程设计、通讯、军事等方面，具有分析结果直观表达的优点。剖面分析支持对地形和模型数据计算剖面线，帮助了解地形的起伏、模型的轮廓形状、分布，以及地形与模型的相对位置等信息，为城市规划、地质勘探、选址分析等分析和应用提供参考。

（6）全新的三维网络分析功能。SuperMap iObjects . NET 7C 提供一套完整的三维网络分析解决方案，包括三维建模、三维设施网络分析和三维交通网络分析。

①三维网络建模：提供三种方式方便用户灵活构建三维网络数据集，以及为三维网络数据集创建流向；

②三维设施网络分析：提供数据检查、查找源、查找汇、上下游追踪和上游最近设施查找功能；

③三维交通网络分析：目前提供了数据检查和最佳路径分析功能。

应用三维网络分析，能够获得更直观、更真实、更多细节的分析效果，提升应用价值。

2）二三维一体化的数据显示与操作。

SuperMap iObjects . NET 7C 的一个理念之一就是实现地理数据的二三维一体化，二维数据可以显示在场景中，并可以进行风格设置、专题图制作等操作，除此之外，二三维一体化还体现在以下几个方面。

（1）基于二维数据的快速建模。在三维场景中，除了可以导入通过3D Max软件制作的精细三维模型外，还可以基于二维数据进行模型的批量生成，操作流程为：通过对场景中的二维数据图层进行设置,实现对二维几何对象的垂直拉伸获得三维几何对象,然后对三维几何对象进行贴图,从而完成模型的批量构建。快速建模支持对点对象、线对象和面对象进行垂直拉伸,拉伸的高度既可以指定具体的数值也可以依据属性表中某个字段的值。

(2)二三维数据的联动操作。联动实现了同一地理范围的地图和场景的同步浏览和操作,支持属性表与地图和场景建立同步关系。当地图、场景、属性表三者建立了联动关系,那么在地图中进行漫游操作时,场景的相应范围也随之移动,如果在地图中选中了某个对象,属性表中也将高亮显示该对象对应的记录,并且场景中该对象也呈现选中状态。

(3)一体化的地图制图操作。SuperMap iObjects . NET 7C 实现了地图制图的二三维一体化,在地图窗口中可以对二维数据进行风格的设置、对场景对象进行符号化以及制作各种类型的专题图,在三维场景中同样支持这些操作。

SuperMap iObjects . NET 7C 除了采用一体化的二三维符号的管理外,显示上也支持二三维一体化。在对场景中的对象进行符号化时,既可以使用三维符号也可以使用二维符号;在对地图中的点对象进行符号化时,也可以使用三维点符号,此时应用到地图上的三维符号为三维模型的一个快照图片。

此外,SuperMap iObjects . NET 7C 提供了丰富的三维符号资源,包括三维点符号和三维线型符号,并且与二维符号实现一体化管理。

3)全方位的数据处理功能。

(1)生成缓存的数据预处理。地图缓存是快速访问地图服务的有效方式,目前流行的Google地图、MapBar 等在线地图均采用缓存地图的方式提高地图访问速度。SuperMap iObjects . NET 7C 产品针对海量数据,特别是三维数据,在客户端高效访问的需求,为用户提供了一套较为完备的二三维缓存体系,可以实现对影像数据生成影像缓存、对地形数据生成地形缓存、对矢量数据生成矢量缓存、对三维模型数据生成矢量模型缓存以及生成二三维地图缓存,还可以对三维场景直接生成场景缓存。

(2)文本预处理。SuperMap iObjects . NET 7C 提供了对地图中的文本图层、标签专题图层进行文本预处理的功能,可以根据给定的若干比例尺,对地图中的文本图层、标签专题图层进行文本预处理,生成预处理后的地图。当用户要生成地图缓存时,可以直接拿预处理后的地图生成缓存,这样可以避免在生成地图缓存时,由于分块出图导致的文本位置不正确,同时也提升了地图的显示效率。

(3)数据的基础处理,包括以下几个步骤:

①地图配准,不仅能够对栅格数据集、影像数据集和矢量数据集进行配准,还提供对象级别的配准,包括对几何对象和二维坐标点串进行配准。

②地图裁剪,可以对矢量数据和栅格数据进行裁剪。裁剪时,可以选择区域内裁剪或区域外裁剪来确定结果范围,还可以进行精确裁剪或者显示裁剪。

③矢量数据融合,用于对矢量线对象和面对象进行融合处理,将融合字段值相同的对象合并。

④矢量数据和栅格数据重采样。矢量重采样可以简化数据;栅格重采样就改变了数据的分辨率。

⑤栅格数据镶嵌，实现将多个栅格数据集或者影像数据集按照地理坐标进行拼接和处理。

（4）拓扑处理。SuperMap iObjects . NET 7C 提供一套完整的拓扑处理解决方案，对GIS 矢量数据依次进行拓扑预处理、拓扑检查、检查后自动修复之后可进行拓扑处理和进一步的分析。

①多种拓扑规则，用于检查数据中的拓扑错误。同时，生成的拓扑检查结果报告，可以提供详尽的拓扑错误信息，并且对一些拓扑错误进行自动修复。

②拓扑错误处理，如弧段求交、悬线处理、去除冗余点、合并假结点等；还提供了一系列的拓扑关系处理方法，如提取面边界、查找线的左右多边形等，以满足在实际的应用中经常涉及一些需要在保证地理要素拓扑关系的基础上进行的要素变更。

③拓扑构建功能，在保证空间数据质量的前提下，可实现基于网络模型的高级拓扑分析功能。用于构建拓扑关系的方式包括：线数据集直接构建网络、线数据集构建面数据、多点多线联合构建网络等。

4）强大、易用的符号制作功能。

SuperMap iObjects . NET 7C 拥有崭新、功能强大、方便易用的多种类型的符号编辑器，包括：点符号编辑器、三维点符号编辑器、线型符号编辑器、三维线型符号编辑器、填充符号编辑器，完全满足制作各类符号。

5）专业的地图制作功能。

（1）多样的、独具特色的专题图。专题图可以着重显示某一种或某几种自然现象或社会经济现象，从而使地图突出展示某种主题。SuperMap iObjects . NET 7C 可以对一个地图图层制作多种类型的专题图：单值专题图、分段专题、统计专题图（有饼图、柱状图、折线图、玫瑰图、散点图、阶梯图、三维饼图、三维柱状图、三维玫瑰图等多种统计图形式）、等级符号专题图、标签专题图，其中最具特色是矩阵标签专题图；还可以对栅格数据制作单值专题图和分段专题图。

（2）丰富的地图符号资源。SuperMap iObjects . NET 7C 提供了默认符号库资源，其中，提供了丰富的行业应用中的标准地图符号，包括点符号、线型符号以及填充符号，帮助用户进行专业的地图符号化，提高地图制图的效率和质量。

（3）制图表达。SuperMap iObjects . NET 7C 提供了制图表达功能，制图表达是矢量数据集中几何对象所关联的信息，它可以使相应的几何对象在地图窗口中显示时，采用其指定的表现方式，而原来的几何对象不再显示，从而提供一种特殊的地图对象风格化的途径。

（4）标准图幅图框。标准图幅图框的制作，提升了地图制作的专业化水平。利用标准图幅图框功能，可以方便快捷地创建基于国家基本比例尺的各种图幅，在标准图幅内添加具有相同坐标系的居民点、水系、土地利用、等高线、行政区划等国家基础地理信息数据，配以坡度尺、邻接图表、绘制信息等，从而快速创建一幅精美的全要素标准地图。

（5）全面的布局排版。地图的布局排版主要进行地图整饰，为地图添加必要的地图要素，如添加图名、图例、指北针、比例尺等。SuperMap iObjects . NET 7C 为地图布局排版操作提供了充分的支撑，可以在布局页面上绘制多种布局元素。

①提供各种几何形状的地图，支持设置地图边框；

②提供多种样式的指北针、比例尺，并且可以进行风格样式的个性化设置；

③提供为地图添加经纬网的功能，并可以灵活设置经纬网格的样式；

④提供在布局页面上绘制各种几何对象的功能以及进行几何对象的风格设置。

SuperMap iObjects . NET 7C 还提供了多种布局排版的辅助工具，方便用户进行布局排版操作。SuperMap iObjects . NET 7C 支持地图输出为多种格式的影像文件，也支持超大尺寸的地图输出；在地图输出打印方面，支持矢量和栅格两种模式的打印输出，从而满足不用目的的地图打印输出需求。

6）完善的稳定的企业级数据管理。

SuperMap iObjects . NET 7C 内嵌的 SuperMap SDX＋大型空间数据库引擎为 SuperMap iObjects . NET 7C 使用者提供了强大、稳定的数据管理支撑，也使其具备了优秀的企业级数据管理能力。

（1）采用混合多级索引技术——四叉树索引、R 树索引、动态索引（或称多级网格索引）和图库索引，提高了海量空间数据的访问和查询效率。

（2）支持矢量和栅格数据的有损和无损压缩。无损压缩不失真；有损压缩的压缩率较高，失真小。

（3）支持各种空间对象模型，包括：点、线、面、文本等简单空间对象，多点、多线、湖中岛、宗地等复合对象，以及 Network（网络模型）、Route（路由模型）、TIN（三角格网模型）、DEM（数字高程模型）、GRID（格网数据）和 Image（影像数据）等复杂数据模型。

（4）支持数据的版本管理。

7）便捷的数据转换功能。

SuperMap iObjects . NET 7C 数据转换功能支持当今流行的与 GIS 相关的地理数据、影像数据、CAD 数据及属性数据的兼容导入，使得用户在其他平台上的工作成果在 SuperMap 组件产品平台上得以保留，并且能够集成到 SuperMap 数据库中，为后续使用 SuperMap 产品进行数据处理、分析、制图等提供数据基础。同时，也支持将 SuperMap 格式的数据导出为外部数据，保证了用户在数据输出及出图打印时的通用性，也便于多系统之间的交互。

目前，该软件支持 MIF、TAB、SHP、WOR、DXF、DWG、PNG、TIFF、GRD 等多种格式的导入和导出功能。

8）丰富的布局编辑功能。

（1）支持多种类型的几何对象。

（2）可进行多样的空间对象编辑操作，包括：打断、连接、修剪、分割、镜像、旋转和结点编辑等。

（3）拥有编辑捕捉功能，方便地图编辑，提高工作效率和质量。

（4）能参数化绘制几何对象，实现对象的精准绘制。

9）地图可视化与地图互操作。

（1）满足海量地图数据的高性能显示和操作。

(2)支持地图反走样，使得地图表现更加平滑美观。

(3)提供丰富的栅格图层颜色表，也支持用户自定义的颜色表，并允许使用透明色等。

(4)支持地图显示裁剪，通过自定义裁剪范围，只显示地图中的指定范围内的地图内容。

(5)拥有丰富的地图互操作功能，可以进行漫游、缩放、自由缩放、选择对象等地图浏览操作，并且支持鼠标、键盘操作。

(6)能进行多种地理量算的操作，如量算距离、角度、面积等。

10)专业的、强大的地理空间分析功能。

(1)空间查询功能：

①基于标准 SQL 语句进行属性数据查询，可关联任意的属性表，包括关联非 SuperMap 管理的表格进行查询；

②支持跨库查询；

③基于空间位置的空间查询，支持多种空间查询算子，完全可以满足各种关系的空间对象选取的要求。

(2)基于矢量数据的空间分析功能：

①多种叠加分析功能，包括交(intersect)、并(union)、对称差(symmetric difference)、擦出(erase)、同一(identity)与更新(update)，并且对大数据量的叠加分析操作具有高性能的优势，具有高效、准确的特性。

②邻近分析功能，其中缓冲区分析是应用较为广泛的一种，可以针对不同类型的数据创建多种缓冲区，并支持对数据集中的单个几何对象创建缓冲区。

③制图综合功能，目前提供矢量数据融合、碎多边形合并、提取双线数据或面数据的中心线等功能。

(3)全面的网络分析功能：

①多方面的交通网络分析功能，包括最佳路径分析、旅行商分析、多旅行商分析、服务区分析、资源分配和选址分区分析等，完全可以胜任实现公共交通、物流运输等应用路径分析的领域。

②设施网络分析功能，它是网络分析功能之一，主要用于进行各类连通性分析和追踪分析。在应用方向上，可以用于市政水网、输电网、天然气管网、电信服务和水流水系等方面，进行建模和分析。

(4)基于删格数据的空间分析功能：

栅格分析是 GIS 空间分析的重要内容，SuperMap iObjects . NET 7C 提供了丰富的基于栅格数据的建模和分析功能。

①地图代数功能，通过运算符与多种数学函数组合成运算表达式，实现栅格数据间的各种运算。

②多种栅格数据统计分析功能，如基本统计、常用统计、邻域统计和分带统计。

③距离分析功能，可以生成距离栅格、方向栅格和分配栅格，还可以计算栅格最短路径。

④插值分析功能，可以根据获取的观测值如土地类型、地面高程等做空间内插生成连续表面模型。

⑤地形构建，能够对一个或多个点、线数据集通过数据内插方法生成 DEM 数据，还可以通过挖湖操作实现湖泊信息在 DEM 数据上的显示。

⑥地形计算，提供对 DEM 数据进行各种地形计算，如生成坡度、坡向图，地形剖面图、三维渲染图，还可以进行填挖方计算和表面量算等。

⑦可视性分析，包括两点之间的可视性分析和给定点的可视域分析。

⑧等值线（面）的提取，支持从栅格表面、二维点数据集或记录集、三维点集合中提取等值线或等值面。

⑨栅格重分级，对栅格数据的像元值进行重新分类和按照新的分类标准赋值，用新的值取代原像元值。

⑩栅格聚合，以整数倍缩小栅格的分辨率，生成一个新的分辨率较粗的栅格。聚合可以通过对数据进行概化，达到清除不需要的信息或者删除微小错误的目的。

11）全新的公交分析。

SuperMap iObjects . NET 7C 公交分析模块是针对公交车、地铁等城市公交交通方式，以公交换乘分析、线路或站点查询为主要功能的分析模块，通过高效、准确和灵活的查找算法，结合以下特性，为使用者提供最优的公交换乘方案。

（1）丰富的站点、线路信息设置：如公交票价信息、发车时间和间隔、站点与线路的关系、站点与（轨道交通）出入口的关系设置等。

（2）灵活的分析参数设置：如站点归并、站点捕捉、最大步行距离、换乘策略、避开/优先站点、线路的参数设置。

（3）准确的线路导引：通过网络数据集给出准确步行路线。

12）易用的海图模块。

SuperMap iObjects . NET 7C 海图模块提供基于 S-57、S-52 和 S-58 标准的海图数据转换、显示、查询、编辑和数据验核，以及数据字典管理和环境配置，易于构建符合有关国际标准的 ECDIS 和海图数据生产系统。同时，诗模块能够将海图数据和陆地数据进行整合，便于用户在同一个平台中对海图、陆图进行统一的操作和处理，实现海陆一体化的存储、显示和发布，为利用海图进行船舶监控提供更多资源和信息。

（1）基于 IHO S-57 数字海道测量数据传输标准的海图数据的导入、导出，支持导入001、002……格式的更新文件。

（2）支持 S-52 标准的海图显示以及丰富的显示设置，如显示模式、颜色模式、安全水深线、物标的高亮显示风格等。

（3）数据字典管理和环境配置，用于获取符合标准的生产机构、物标属性、物标信息、产品规范物标信息和数据检查信息，以及对显示风格、字典文件路径进行修改。

（4）海图查询，支持通过地图选择查询物标信息，或直接对数据集分组查询符合条件的物标记录。

（5）海图编辑功能，可以创建一幅新的海图或修改已有海图，包括海图信息的修改、物标数据集管理、水深管理、物标关联关系管理、拓扑关系构建与维护、物标对象的编辑等。

(6)海图数据检查功能，依据 S-58 标准，提供必要的海图数据检查项对海图数据进行检查，有效地保障海图数据符合 S-57 标准和产品规范。

5. SurperMap iServer

SuperMap iServer 是基于跨平台 GIS 内核的云 GIS 应用服务器产品，该产品通过服务的方式，面向网络客户端提供与专业 GIS 桌面产品相同功能的 GIS 服务；能够管理、发布和无缝聚合多源服务，包括 REST 服务、OGC 服务(WMS、WMTS、WFS、WCS、WPS、CSW)等；支持多种类型客户端访问；支持分布式环境下的数据管理、编辑和分析等 GIS 功能；提供从客户端到服务器端的多层次扩展的面向服务 GIS 的开发框架。

SuperMap iServer 是基于 Java EE 平台和 SuperMap iObjects Java 构建的面向服务式架构的企业级 GIS 产品。作为一款服务式 GIS 产品，能全面地支持 SOA，通过对多种 SOA 实践标准与空间信息服务标准的支持，可以使用于各种 SOA 架构体系中，与其他 IT 业务系统进行无缝的异构集成，从而可以更容易地让应用开发者快速构建敏捷的应用系统。

SuperMap iServer 的能力主要在于企业级 GIS 服务器和服务式 GIS 开发平台两个方面：

(1)企业级 GIS 服务器。SuperMap iServer 是企业级的 GIS 服务器，提供完善的 GIS 服务，满足多种用户对 GIS 功能的不同需求，GIS 服务涉及地图服务、数据服务以及高级的分析服务等。此外，它还包括聚合服务、集群服务等多种系统服务。这些服务能够通过 SuperMap iServer Manager 进行统一的管理和配置。

SuperMap iServer 支持多种类型的客户端访问，包括 Web 客户端、桌面应用程序、移动终端设备、组件应用程序等，通过网络访问本地或远程的服务。

SuperMap iServer 提供客户端 GIS 程序开发工具包——SuperMap iClient。SuperMap iClient 包含：基于 for Android、for iOS、for Windows 8 等移动端开发工具包，.NET Framework 开发工具包，for Flash、for JavaScript、for Silverlight 等二维 Web 端开发工具包以及开发真三维应用的 for 3D 工具包。

SuperMap iServer 是一个开放的 GIS 服务器，支持多种开放的标准，能够遵循多种规范获取、聚合和发布服务。

SuperMap iServer 能够满足用户对于服务器高性能、高稳定性、高可靠性的要求。

(2)服务式 GIS 开发平台。SuperMap iServer 是服务式 GIS 的开发平台，采用面向服务的架构进行设计和实现(参考体系结构介绍)，其能力不仅仅提供服务供用户使用这一方面，它还提供了整套的 SDK(Software Development Kit，软件开发工具包)，对于体系架构中的每一个模块都提供了扩展的能力，方便二次开发用户的扩展开发以及与自身业务系统的集成等。

6. SurperMap iServer 的特性

SurperMap iServer 主要有以下特性：

(1)共相式思想的核心技术，为跨平台提供了基础；

(2)全面基于 SOA 的架构体系，方便系统集成和扩展；

(3)开放式服务架构，满足任意层次的开发需求；

(4)灵活的企业级应用系统部署；

（5）以服务的方式提供完整的 GIS 功能，允许在权限范围内被广泛的访问和使用；

（6）基于网络的 GIS 服务，允许分布于各地且采用不同技术的资源协同工作；

（7）松散耦合的服务，允许与其他标准业务系统集成；

（8）支持多源服务无缝聚合，便于 GIS 数据和 GIS 功能共享；

（9）智能集群，通过多个 GIS 服务器的资源整合提高服务性能；

（10）支持广泛的应用开发环境，如 Java、.NET、Android、Windows 8、Flash、JavaScript、Silverlight 等；

（11）提供三维服务（数据、制图与分析）发布，支持三维终端，支持二三维一体化应用。

六、MapGIS

MapGIS 是中地数码集团的产品名称，是中国具有完全自主知识版权的地理信息系统，也是全球唯一的搭建式 GIS 数据中心集成开发平台。它实现遥感处理与 GIS 完全融合，支持空中、地上、地表、地下全空间真三维一体化的 GIS 开发。

MapGIS 主要具备以下几类功能：

（1）海量无缝图库管理。

①图库操作：提供建立图库、修改、删除及图库漫游等一系列操作；

②图幅操作：提供图幅输入、显示、修改、删除等功能，用户可随时调用、存取、显示、查询任一图幅；

③图幅剪取：用户任意构造剪取框，系统自动剪取框内的各幅图件，并生成新图件；

④小比例尺图库及非矩形图幅建库管理：提供图幅拼接、建库及跨带拼接等功能；

⑤图幅配准：提供平移变换，比例变换，旋转变换和控制点变换；

⑥图幅接边：可对图幅帧进行分幅、合幅并进行图幅的自动、半自动及手动接边操作，自动清除接合误差；

⑦图幅提取：对分层、分类存放的图形数据，按照不同的层号或类别，根据用户相应的图幅信息，合并生成新的图件。

（2）数据库管理。

①客户机/服务器结构：使用空间数据库引擎在标准关系数据库环境中实现了客户机/服务器结构，允许多用户同时访问，支持多硬件网络服务器平台，支持超大型关系数据库管理空间和属性数据，支持分布式级服务器网络体系结构；

②动态外挂数据库的连接：可实现一图对多库、多图对一库的应用要求；

③多媒体属性库管理：可将图像、录像、文字、声音等多媒体数据作为图元的属性存放，以适应各种应用需要；

④开放式系统标准：支持运用 TCP/IP 协议的 LAN 和 WAN 环境的访问，支持 LNUIX 和 PC 平台混合配置；

⑤完善的安全机制：保证用户对数据库的访问权限，在单个图元记录及空间范围层面上支持共享和独占的锁定机制；

（3）完备的空间分析。

①空间叠加分析：提供区对区叠加分析、线对区叠加分析、点对区叠加分析、区对点叠加分析、点对线叠加分析、BUFFER 分析等；

②属性数据分析：单属性累计频率直方图和分类统计，双属性累计直方图，累计频率直方图和四则运算等操作；

③地表模型和地形分析：能进行坡度、坡向分析，分水岭分析，流域分析，土方填挖计算，地表长度计算，剖面图制作及根据地形提取水系，自动确定山脊线、等高线等；

④网格化功能：对离散的、随机采样的高程数据点进行网格化，对规则网高程数据加密内插处理；

⑤TIN 模型分析：可对平面任意域内离散点构建三角网，并提供三角网的约束边界，特征约束线优化处理；

⑥三维绘制功能：可对 Grd、Tin 模型数据完成三维光照绘制，实现三维景观的多角度实时观察，还提供三维地表模型模拟飞行功能和三维彩色立体图绘制功能。

(4)实用的网络分析功能。

①最短路径求解：指定若干地点，求顺序经过这些地点的最短路径；

②游历方案求解：求取遍历网线集合或结点集合的最佳方案；

③上下游追踪：查找网络中与某一地点联系的上游部分或下游部分；

④最佳路径：任意指定网线和结点处的权值，求取权值最小的路径；

⑤空间定位：为用户规划各类服务设置的最佳位置；

⑥资源分配：模拟资源在网络中的流动，求取最佳的分配方案；

⑦关阀搜索：由用户指定爆管处，求取所有需关的阀门。

(5)多源图像分析与处理。

①图像变换；

②多波段遥感图像处理；

③正态分布统计，多元统计；

④图像配准镶嵌，图像与图形迭合配准。

(6)方便的二次开发。

①开放性：支持 VC++，VB，Delphi，ActiveX 等集成开发环境。

②多层次：具有 API 函数层、C++类层、ActiveX 控件层。

9.5　GIS 开发实例

自 20 世纪 60 年代 GIS 产生以来，地理信息系统已经应用到与空间位置相关的各行各业，如矿产、森林、草场等的资源清查；城乡规划中的城镇总体规划、土地适宜性评价、道路交通规划、城市环境动态监测等；灾害监测方面，借助 RS，利用 GIS 对森林火灾的预测预报、洪水灾情的监测、洪水淹没损失估算等；土地清查中的土地利用现状建库、地籍管理；环境管理信息系统建设；城市管网中的供水、排水、供电、供气及电缆系统；军事领域作战指挥中虚拟战场的模拟；宏观决策方面，如通过 GIS 系统支持下的土地承载力研究来解决土地资源与人口容量的规划。如此众多的应用领域使 GIS 已经成为地学研究不可缺少的工具。本节通过两个具体的 GIS 应用实例来说明 GIS 与实际应用领域的结合方式和开发设计思想。

9.5.1 基于 GIS 的校园消防救援系统

一、系统背景与需求

火灾是指在时间和空间上失去控制的燃烧所造成的灾害。在各种灾害中，火灾是经常威胁公众安全和社会发展的主要灾害之一。校园是人口、财富高度聚集的地区，随着城市建设步伐的加快和城市人口急剧膨胀，校园的规模也日益增大，校园火灾的频度和程度也急剧加重。火灾具有突发性、随机性等特点，一旦发生火灾或消防救援不及时，就会造成重大的生命及财产损失。基于 GIS 的校园消防救援系统设计不仅涉及灾害的空间布局、关键设施状况、应急救援等实体空间，而且涉及校园的非实体因素，如人身安全、财产安全等。地理信息系统(GIS)能有效管理空间数据，具有良好的图形显示功能，在处理区域性决策分析问题时优势突出。基于 GIS 的校园消防救援系统可以看作是以地理信息系统技术为基础进行校园消防应急救援的辅助决策支持系统。

二、系统设计

1. 系统功能设计

本系统的建设目标是要建成一个基于 GIS 的校园消防救援系统，服务于学校校园，给师生提供一个消防信息查询的平台。系统主要设计内容是运用与地理信息系统相关学科技术，通过综合考虑各种校园火灾救援相关因素，建立一套基于 GIS 的校园消防救援系统，将校园消防救援与简单火灾情况分析有机地结合起来，尽力减少火灾所造成的损失。该系统可分为信息查询、火灾危险预分析、校园消防救援三大部分，如图 9-3 所示。

信息查询是指最大限度地实现对校园消防应急救援相关的数据记录、详细查询功能。系统这部分具体包括：消防机构、医疗机构、消防设施、道路交通、校园建筑分布。

火灾危险预分析与校园消防救援这两大部分是指将各种火灾因素和地理信息系统相结合，从而得到更多的空间分析结果，用以更好地进行校园消防救援，并最大化地减少火灾所造成的损失。这两大部分具体包括：火灾危险预分析、救援队救援最佳路线、人员疏散最佳路线、最佳疏散救治地点选择。

该系统设计的主要目标：全面支持校园消防信息的数据信息化；全面、完整地管理各类数据；具有快速、方便地对各类信息进行查询、检索、统计等功能；能快速摸清火灾地区的空间分布；辅助消防部门及时决策，特别是确定火灾的蔓延范围的空间分布，达到在以电子地图平台为基础上完善的消防预警、发布、分析、辅助决策系统。

2. 系统软硬件配置

(1)硬件要求：

①CPU：PII 400，推荐 PIII 1.0G 以上；

②内存：最低 512M，推荐使用 1G 或是更大；

③硬盘：容量要求 120G 以上；

④显示：32M 显存，VGA 分辨能力，推荐 1024 * 768 以上分辨率。

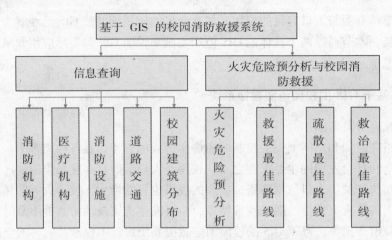

图 9-3　基于 GIS 的校园消防救援系统模块图

（2）软件要求：

①系统软件：Windows XP、Windows 2000（Service Pack2 或更高版本）、Windows NT4.0（Service Pack4 或更高版本）、Windows 98、Windows Me；

②GIS 平台：ArcEngine 9.3；

③开发工具软件：Microsoft Visual Studio 2008。

三、系统实现

1. 界面设计与实现

界面设计在充分满足用户需求的基础上，考虑到界面的构图或布局、界面元素的位置、界面元素的一致性等方面来美化界面，提高应用程序界面的可用性和美感。该系统界面设计应遵循一般信息系统软件界面设计的要求，其主界面如图 9-4 所示。

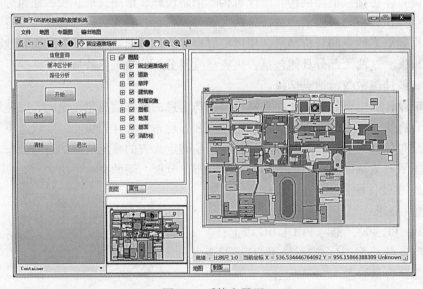

图 9-4　系统主界面

2. 鹰眼功能

在窗体上添加 MapControl 控件，然后用代码实现鹰眼功能，使用户能更好地、更直观地在地图上不同地方进行快速切换，以便快速了解相关信息。

3. 建筑物信息管理

该模块主要设置两种图层，先确定想要查询的地物名称，然后确定地点就可以准确地查找到该地物的地理位置，操作界面如图 9-5 所示。

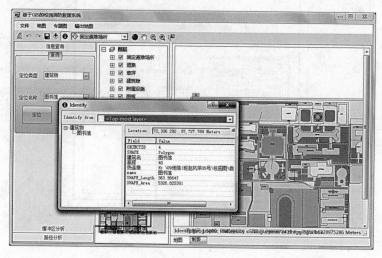

图 9-5　查询功能

4. 消防设施便利性分析

火灾救援与消防栓的位置、数量有密切的关系，本功能主要分析可能的着火点救援与消防栓的距离和个数的关系，以此判断出某一建筑物的火灾救援便利性，从而把信息提供给消防部门和用户，减小火灾对人们的危害。该功能操作界面如图 9-6 所示。

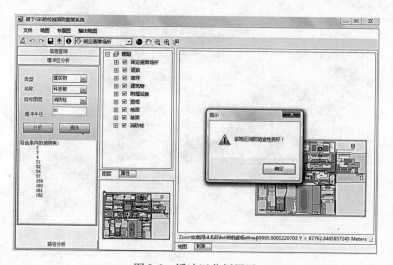

图 9-6　缓冲区分析展示

5. 专题图制作

专题图制作功能是调用 ArcEngine 封装好的符号库，添加指北针、边框形状、比例尺、比例尺文本、文本等，同时利用 ArcEngine 符号渲染类，根据保存在图层中的数据制作出柱形专题图和分级渲染专题图。对于完成的专题图，还可以输出成各种格式的栅格图像。该功能的操作界面如图 9-7 所示。

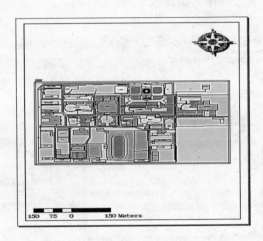

图 9-7　专题图制作

6. 消防救援路径分析

消防救援路径分析是政府决策部门的主要工具，它能够帮助消防队快速地到达着火地点，又能同时计算出火灾事故发生点到紧急救援医疗组织、紧急人员疏散地点的路段、路径，最大限度地减少人民财产的损失，其操作界面如图 9-8 所示。

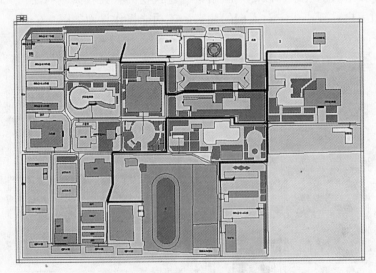

图 9-8　消防救援路径分析

9.5.2 唐山市公路安全信息管理系统

一、系统背景与需求

近年来，城市道路交通事故的增长趋势使道路安全问题成为世界上许多国家共同关心的社会问题。尤其是在人口密集型的城市道路，由于车流量大，运营与管理方法的不完善，使事故频发、重大特大事故不断。因此，有必要建立一个先进、科学、有效的公路安全信息管理系统，以提高道路服务水平和安全系数。

二、系统设计

1. 系统功能设计

(1)数据采集功能：通过连接 GPS，可实现道路附属设施等的空间数据和属性数据的采集。

(2)地图显示功能：设置地图显示范围，提供概览图、空间书签、比例尺控制等功能；控制图层的显示状态，提供修改符号、制作专题图等功能；可以按照行政区划、路线编码进行快速定位。

(3)空间查询功能：基础设施查询，如根据道路等级、桥梁结构等基本信息查询；系统通过查询向导实现空间数据和属性数据互查、多属性组合查询和多表联合查询，查询的定义类似 SQL 语言的定义。

(4)事故统计和分析功能：可以对事故发生的位置和次数进行统计。统计和分析事故的类型分布、事故发生的时间分布、事故原因分布等，并且能够生成直方图、饼图等。

(5)空间分析功能：如对道路交通事故点影响区域鉴定(缓冲分析)，对道路交通事故伤亡人员进行紧急抢救或对路面塌陷处进行快速抢修(最短路径分析)。

(6)安全评价功能：主要实现安全现状分析，以便相关决策部门能对安全性较差的道路基础设施进行新的规划和管理，避免再次发生类似交通事故，以保障人民群众的生命财产安全。

(7)常规辅助功能：主要是实现 CAD 数据的导入、野外测量点的导入、图片的导出。

公路安全信息管理系统功能模块图如图 9-9 所示。

2. 数据库设计

公路安全信息管理系统的开发需要数据库系统强有力的支持。考虑到定量的统计数据与空间地理特征信息性质的不同，将数据的存储与管理分为属性数据库和空间数据库。

(1)概念结构设计。概念模型是对信息世界建模，所以概念模型应该能够方便、准确地表示出上述信息世界中的常用概念。概念模型的表示方法很多，其中最为著名最为常用的是 E-R 模型。道路安全评价的 E-R 图如图 9-10 所示。

(2)逻辑结构设计。将 E-R 图转换为如下关系模型：

道路路段属性：道路编号、道路名称、事故总数、死亡总数、大修次数、小修次数、平均大修花费、平均小修花费；

模型参数：道路编号、领导安全意识(KL)、职能部门能力(KA)、驾驶员素质(KR)、车辆条件(KS)、交通环境条件(KG)、路段年度事故(KP)、产业相对稳定性(λ_1)、相对安全系数(λ_2)。

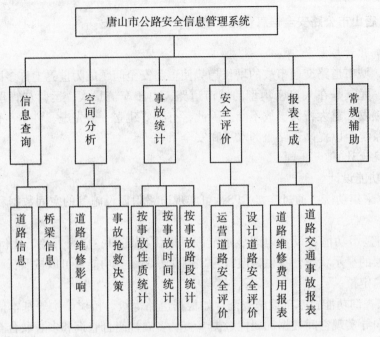

图 9-9 唐山市公路安全信息管理系统功能模块图

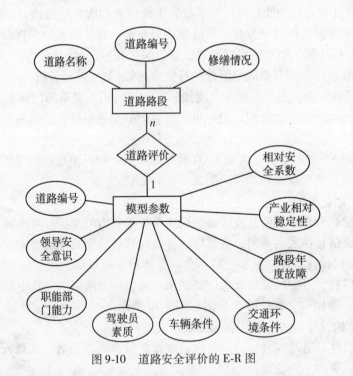

图 9-10 道路安全评价的 E-R 图

（3）物理结构设计。将逻辑结构设计的关系模型转换为物理数据库，即具体的
RDBMS 中支持的关系数据模型——表。在 SQL Server 2005 数据库管理系统中创建道路路

段表、模型参数表，表结构如表 9-2、表 9-3 所示。

表 9-2 道路路段表

列名	数据类型	是否允许为空	默认值	是否主键
道路编号	Int	不允许	空	主键
道路名称	Char(20)	不允许	空	
事故总数	Int	允许	空	
死亡总数	Int	允许	空	
大修次数	Smallint	允许	空	
小修次数	Smallint	允许	空	
平均大修花费	Int	不允许	空	
平均小修花费	Int	不允许	空	

表 9-3 模型参数表

列名	数据类型	是否允许为空	默认值	是否主键
道路编号	Int	不允许	空	主键
领导安全意识	Smallint	不允许	空	
职能部门能力	Smallint	不允许	空	
驾驶员素质	Smallint	不允许	空	
车辆条件	Smallint	不允许	空	
交通环境条件	Smallint	不允许	空	
路段年度事故	Smallint	不允许	空	
产业相对稳定性	Float	不允许	空	
相对安全系数	Float	不允许	空	

(4)空间数据库的设计。空间数据类型是地图中的点、线、面等空间实体的图形表达，本系统的示例数据为唐山市区矢量数据。部分空间数据在个人空间数据库 TangshanData. mdb 中,用于最短路径分析的空间数据层都在 tangshan 要素集里面,包括 tangshan、tangshan_Net、tangshan_Net_Junctions。

三、系统实现

1. 界面设计与实现

唐山市公路安全信息系统用户界面如图 9-11 所示。

2. 系统主要功能实现

1) 路桥信息查询功能:本系统提供了两种基本查询功能,可以方便用户快速在地图上定位,方便按用户所感兴趣的不同属性数据进行查询选择。空间查询可以提供给用户查

图 9-11　唐山市公路安全信息系统界面

询某一点、线、面的不同距离的空间覆盖要素。

（1）定位查询：一种简单的地图查询，方便用户查找自己感兴趣的地图区域。AE 中提供了 IQueryFilter、ISpatialFilter、IQueryDef 三种查询的接口，此处查询应用 IQueryFilter 接口，如图 9-12 所示。

图 9-12　定位查询

（2）按属性选择查询：该模块除了之前提到的几种接口，还用到了 IEnumlayer 接口，该接口只有 Next 和 Reset 的两种方法，第一种方法用于遍历图层，后一种方法初始化为第一个图层为默认项。按属性选择查询可以使用户按自己的感兴趣的范围进行查询，如图 9-13、图 9-14 所示分别为查询过程和查询结果。

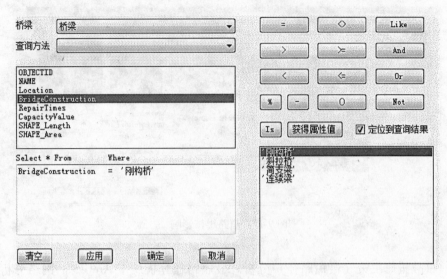

图 9-13　属性选择对话框

图 9-14　按属性选择查询

2）事故抢修决策功能。

（1）事故影响区域分析。缓冲区分析是指以空间点状、线状、面状等地物为基础，在其周围建立一定宽度的多边形区域，用来分析空间数据对周边区域的影响。缓冲区分析是地理信息系统中的一种重要的和基本的空间操作功能。空间点状、线状和面状地物的缓冲区形式如图 9-15 所示，其中面状地物的缓冲区可以有正负之分，一般以位于多边形内部的缓冲区为负，而位于多边形外部的缓冲区为正。本系统中的缓冲区分析功能通过调用 ArcEngine 提供的方法来实现，主要用来分析不同等级道路维修对周围居民及其他附属设施的影响情况，从而为人们的出行提供选择依据，如图 9-15 所示。

图 9-15　道路维修影响

（2）事故抢修决策（最短路径）分析。最短路径分析属于 ArcGIS 的网络分析范畴。而 ArcGIS 的网络分析分为两类，分别是基于几何网络和网络数据集的网络分析，它们都可以实现最短路径功能，如图 9-16 所示。

图 9-16　事故抢救决策

（3）道路安全评价。公路交通安全评价技术是公路安全信息系统核心和关键。主要利用基础数据平台提供的空间数据、属性数据和交通特征数据，结合 GIS 的空间分析功能，从设计指标、运营管理、基础设施安全现状等方面有针对性地实施安全性评价，并在 GIS 平台上对各单项评价结果进行图形化展示。为保障评价技术体系的扩展性，应考虑后续研究成果的整合需求。该功能的参数设置和评价结果分别如图 9-17 和图 9-18 所示，安全性指标如表 9-4 所示。

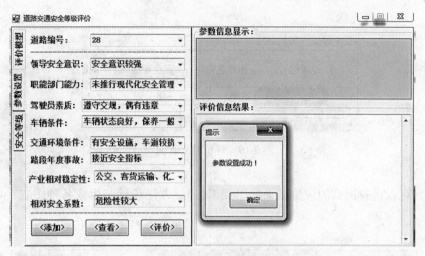

图 9-17　评价参数设置

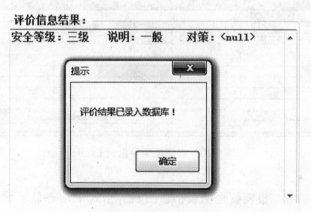

图 9-18　评价结果显示

表 9-4 安全性指标

D	说明	对 策
0.9	安全	
0.95	较安全	
1	一般	
1.05	较不安全	全面加强安全管理工作
1.1	极不安全	严肃整顿

（4）评价结果查询。日常生活中，相关交通执法部门需对存在的安全隐患的路段（如道路评级为四级、五级的路段）加强管理与整顿，利用该系统可以查询得到如图 9-19

所示的评价结果。

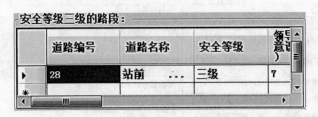

图 9-19　评价结果查询

最后，可以将查询到的评价结果导出到 Excel，方便统计与生成各种图表，如图 9-20 所示。

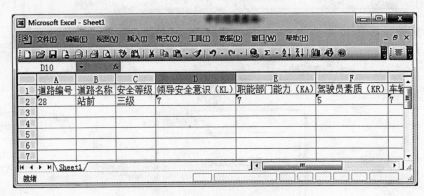

图 9-20　查询结果导出到 Excel

（5）报表生成功能。报表就是用表格、图表等格式来动态显示数据。人们利用计算机的数据处理和界面设计能力来生成、展示报表。报表的主要特点是数据动态化、格式多样化，并且实现报表数据和报表格式的完全分离。

下面利用 MS Reporting Services 2005 来创建一份报表，并用 C#程序来生成它：

①交通事故报表。城市道路交通事故是衡量一个城市道路安全现状的重要指标，从道路交通事故数可以反映出道路安全管理情况。对唐山市不同路段的道路近三年的交通事故数进行报表统计，可以为相关部门有针对性地对事故易发的路段加强管理，以便减少交通事故，保障人民群众的安全利益，如图 9-21 所示。

②维修费用报表。城市道路维修次数可以衡量一个城市道路建设质量的优劣，从道路维修次数可以反映出道路安全管理情况。对唐山市不同路段的道路在设计年限期内的维修次数及维修费用情况进行报表输出，可以为道路设计部门在后期重新规划设计时提供参考依据，也可以为相关部门在执法时，对超载车辆严厉整顿，最大限度地减少事故发生，如图 9-22 所示。

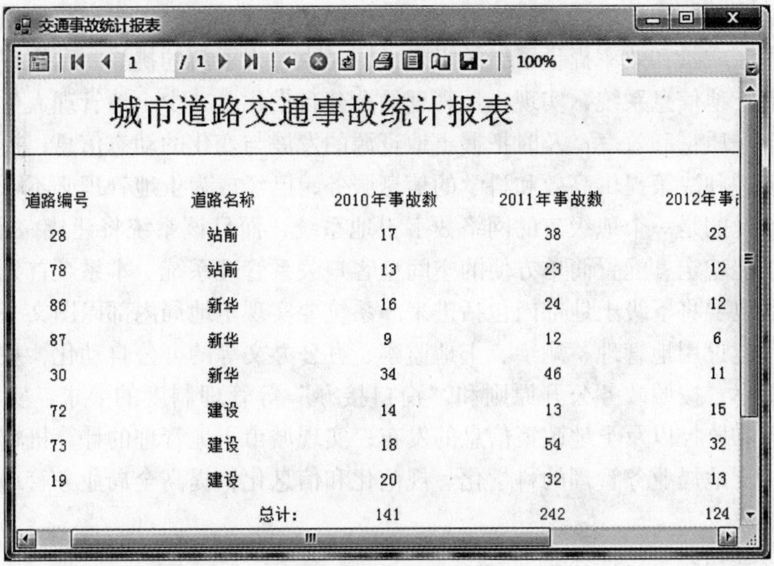

交通事故统计报表

城市道路交通事故统计报表

道路编号	道路名称	2010年事故数	2011年事故数	2012年事
28	站前	17	38	23
78	站前	13	23	12
86	新华	16	24	12
87	新华	9	12	6
30	新华	34	46	11
72	建设	14	13	15
73	建设	18	54	32
19	建设	20	32	13
	总计:	141	242	124

图 9-21　城市道路交通事故统计报表

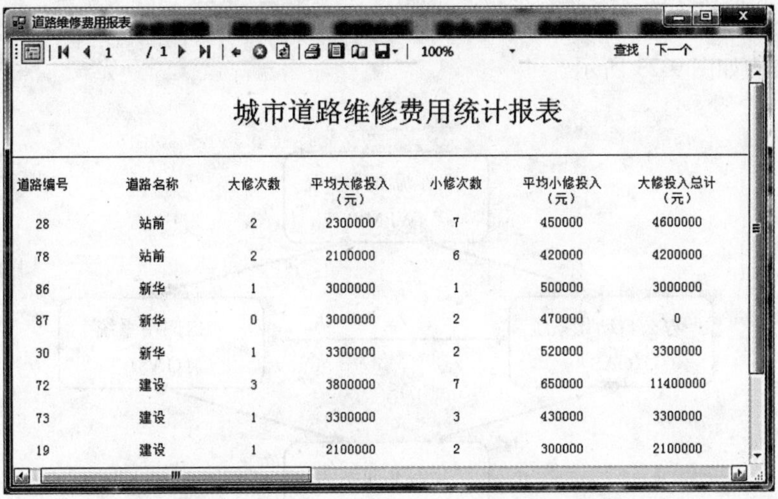

道路维修费用报表

城市道路维修费用统计报表

道路编号	道路名称	大修次数	平均大修投入（元）	小修次数	平均小修投入（元）	大修投入总计（元）
28	站前	2	2300000	7	450000	4600000
78	站前	2	2100000	6	420000	4200000
86	新华	1	3000000	1	500000	3000000
87	新华	0	3000000	2	470000	0
30	新华	1	3300000	2	520000	3300000
72	建设	3	3800000	7	650000	11400000
73	建设	1	3300000	3	430000	3300000
19	建设	1	2100000	2	300000	2100000

图 9-22　城市道路维修费用统计报表

9.5.3　网络数字土地系统设计

随着信息技术的发展，特别是 Internet 技术和应用的广泛传播，又加之“数字地球”概念的提出，土地信息系统的形式发生了很大的变化，人们迫切期待“网络数字土地系统”的出现。本节将就一个范例向大家介绍如何设计一个基于 Internet/Intranet 的数字土地系统。

一、系统设计的总体目标及思路

信息化是当今时代发展的必然趋势，同时也为土地管理部门采用现代信息技术提高土地管理的水平、质量和效率提供了新的机遇，同时也带来了新的挑战。利用现代先进的信息技术，建立土地信息系统，实现土地管理的办公自动化，减少土地管理人员繁杂的手工劳动，提高工作质量和效率；及时把握土地资源的发展与变化的动态信息，摸清土地资源的家底，为管理和决策提供高效和科学的信息服务，已经成为土地管理必不可少的手段。

我们要设计的是一个地级市的网络数字土地系统，而且该系统将建成一个数据安全、可用性强、功能稳定、配置简单方便的空间型客户关系管理系统。本系统首先将运行于市局内部，以后也要将下级土地部门包括进来。系统要实现土地局内部以图文一体化为核心的土地登记、建设用地管理、测绘、土地监察、办公办文等的办公自动化，从而实现内部信息资源的共享；按照政务公开原则和"窗口接办"等管理制度的要求，实现业务流程的计算机管理和监控以及土地政策信息的发布；实现城市土地管理的计算机辅助决策与分析，从而促进土地局业务管理的科学化、规范化和信息化，提高全局业务管理和决策的水平、质量和效率。

二、系统结构的总体设计

1. 系统结构

根据系统的建设的总体目标，网络数字土地系统按功能软件构成可分四个部分：工作流管理系统（WFMS）、办公自动化系统（OAS）、GIS 应用系统（GAS）、信息发布系统（IPS），其结构如图 9-23 所示。

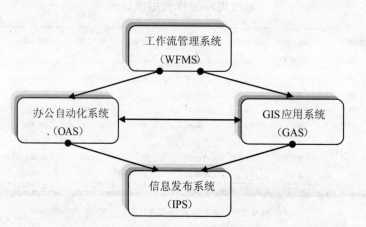

图 9-23　网络数字土地系统结构图

（1）工作流管理系统主要是对系统工作流程和信息流进行调控，按照业务流程和规则，实现信息的路由（route），并对工作过程和进度进行控制，控制 GIS 应用和办公自动化组件的调用和信息传输。

（2）办公自动化系统为工作人员日常办公提供各种信息处理工具，主要是文档、表格的录入、修改、查询检索、统计分析、输出（屏幕显示、打印输出）等处理，属传统的管理信息系统（MIS）的范畴。

（3）GIS 应用系统主要是为工作人员提供业务管理所需的空间数据录入、修改、查询检索、统计分析、制图等功能，是 GIS 技术针对规划国土管理业务的应用。办公自动化系统与 GIS 应用系统根据应用的实际情况或场景（scene），由工作流管理系统统一控制，集成于一体，使办公自动化系统与 GIS 应用系统对具体用户来说是一体的、无缝的。

（4）信息发布系统可将土地管理有关信息通过 Internet 向公众发布，系统所发布的信息包括空间信息和非空间信息。目前，信息发布主要是单向的，即土地局向社会发布信息。今后，随着技术的发展和管理体制的变革，将考虑实现通过 Internet 实现信息的双向交流，如通过 Internet 实现电子报件。

2. 网络解决方案

网络数字土地系统采用三层网络结构，如图 9-24 所示。

（1）用户层。用户层提供给用户一个视觉上的界面，通过用户层，用户可以输入数据、获取数据。用户层也提供一定的安全保障，确保用户没有机会看到机密的信息。

（2）逻辑层。逻辑层是用户层和数据层的桥梁与核心，它响应用户层的用户请求，执行任务并从数据层抓取数据，并将必要的数据传送给用户层。

（3）数据层。数据层定义、维护数据的完整性、安全性，它响应逻辑层的请求，访问数据。这一层通常由大型的数据库服务器实现，如 Oracle 、Sybase、SQL Server 等。

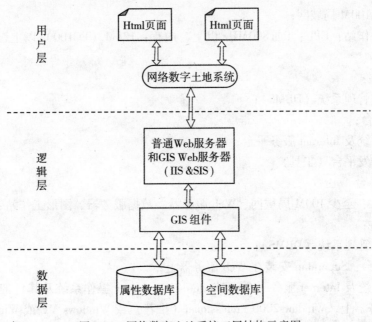

图 9-24　网络数字土地系统三层结构示意图

在市局内部采用星形局域网连接，然后再和 Internet 相连，其网络拓扑图如图 9-25 所示。

三、软、硬件支持

1. 开发平台

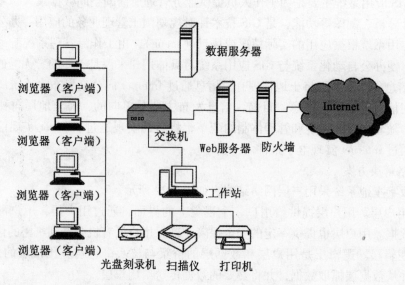

图 9-25　网络数字土地系统的网络拓扑图

（1）硬件：

①网络：100M 局域网；

②开发工作站：CPU：P Ⅲ 800MHz 以上，内存：128M（PC100）以上，硬盘：20GB 以上。

（2）软件：

①数据库管理系统（DBMS）；

②GIS 平台；

③操作系统及 Internet 服务平台；

④软件开发平台（工具）。

2. 运行平台

（1）硬件：至少 100M 局域网、Web 服务器、数据服务器、图形工作站、用户终端。

（2）软件：

①数据库管理系统（DBMS）；

②GIS 平台：SuperMap 安装在 Web 服务器上；

③操作系统及 Internet 服务平台：Windows2000 Server 操作系统及其自带的 IIS 4.0 安装在 Web 服务器上，Windows2000 Professional（推荐）或 Windows ME 或 Windows 98 安装在客户终端上。

四、系统功能结构及技术细节

1. 系统功能设计

网络数字土地系统总体软件结构是基于 B/S（Browser/Server）架构的软件体系。它包括日常性业务，如土地登记、建设用地审批、土地征迁管理、土地监察、土地市场管理、土地开发复垦管理、地产评估、土地收购储备等子系统，各子系统的功能如表 9-5

所示。

表 9-5   数字土地系统子系统功能表

子系统名称	主要功能简介
地籍调查与土地测量	实现地籍调查的各项功能，包括地形修改和编辑、宗地和权利人属性录入与编辑、地籍调查表的生成和打印
土地登记	实现各种土地登记（变更登记、初始登记和他项权利登记）业务的受理、初审、审核和审批；实现审批表、土地证书及登记卡、归户卡等打印输出；实现地籍图和宗地地图制图
建设用地审批	集体土地征用，安置补偿费用计算，划拨信息的录入、修改、查询检索和统计分析，办理征地手续等
土地征迁管理	集体土地征用与拆迁信息的录入、修改、统计与分析；征迁方案比选、补偿安置费用的计算
土地市场管理	国有土地收购储备、招标、拍卖，旧公有住房的出售，地价信息录入、修改、查询检索和统计分析，土地出让、转让手续等的办理
地价评估	土地分等定级与基准地价评估、地价调整、统计分析及公告等
土地利用规划	录入、更新、查询、检索、统计、分析土地利用现状信息（该市及其下属的所有乡镇和村各用地类型的占地面积）及土地利用规划成果，计算机辅助编制日常的土地利用规划管理和设计、年度土地利用计划和生成报表
土地开发复垦	农用地整理、建设用地整理、未利用土地开发、废弃地复垦、耕地开发项目储备库管理等
土地监察	对各类信访案件、非法用地信息的审查、查处，以及信息的录入、修改、查询检索、统计、分析及输出等
工作流	日常审批业务受理资料的录入、修改、查询，审理信息的传递，审理流程的监控，审理信息的查询、公告，审批项目的统计
土地档案管理	土地档案登录、归档、调阅登记及查询，电子档案的归档

续表

子系统名称	主要功能简介
公文管理 局长办公支持	对局内外来文及局内发文的录入、修改、查询检索及审批；为局长了解全局业务处理状况、财政收支状况、人员状况，指挥各个科室协调运作提供支持，可以通过网络对全局各项业务进行了解；具体包括业务审批和进程监控、收支查询、人事查询与安排、办文与网络自动传文
信息发布	通过窗口的大屏幕显示系统、触摸查询系统及 Internet 发布土地管理的政策法规信息、业务审批流程及有关信息、公告及该市的各种土地信息（如城市基础地理信息、基准地价等），这些信息除一般的多媒体信息外，还应包括动态的空间信息（即 GIS 数据）；通过 Internet 接收社会的反馈信息，如违法用地举报、土地争议等
系统管理	用于用户权限设置、系统的备份和恢复、数据字典和元数据管理等

这些子系统主要为内部管理和业务管理服务，其中为业务管理服务的子系统，如地籍管理、建设用地审批、土地利用规划、土地市场管理、征地拆迁等子系统将分别针对日常性业务和非日常性业务进行开发。对于日常性业务，系统将通过工作流管理子系统进行管理，使业务子系统与窗口子系统紧密地集成；而非日常性业务对应的模块则相对独立，自成体系。

2. 数据库设计

1）原则。数据库设计是系统设计的核心，是系统实现的前提，是系统成败的关键，也是衡量系统好坏的一个重要的因素。在进行土地数据库设计时应考虑的原则有：

①便于调查数据的管理维护，特别是对变更调查数据的更新和维护；

②包括结构化数据和非结构化数据，其中结构化数据采用关系数据库存储，如各种审批表及属性数据，非结构化数据采用 Html、Doc、PDF 格式存储，最终的存档文档采用 PDF；

③通过建立空间实体之间的时间变化关系表的形式，解决地籍管理、土地利用等方面的空间实体（宗地、土地利用地块）历史数据的保存问题；

④确保数据共享性、应用数据一致性，完备性和安全性；

⑤要处理好集中式与分布式数据库的设计问题，采用分布式数据库提高远程系统的访问效率；

⑥要建立元数据和数据字典。

2）组成。土地管理数据可分为空间数据和非空间数据。空间数据主要以地籍图、土地利用现状图和土地总体规划图等土地管理的基础和专题地图的形式存在，包括图形和属性数据。非空间数据主要是以各种文档、报表和多媒体等形式存在，包括结构化数据和非结构化数据，结构化数据主要是指有一定结构，可以划分出固定的基本组成要素，以表格的形式表达的数据，可用关系数据库的表、视图表示，如各种申请表、审批表等；而非结构化数据是指没有明显结构，无法划分出固定的基本组成元素的数据，主要是一些文档、多媒体数据，如申请材料、各种文件、法规等。为实现系统的计算机管理，必须将这些数据由现有的模拟方式转换为电子格式的数据，建立文档数据库。按数据特征分类，本数字土地系统数据库可分为空间数据库、非空间数据库，非空间数据库又可分为非空间关系数据库和文档数据库，其组成如图 9-26 所示。

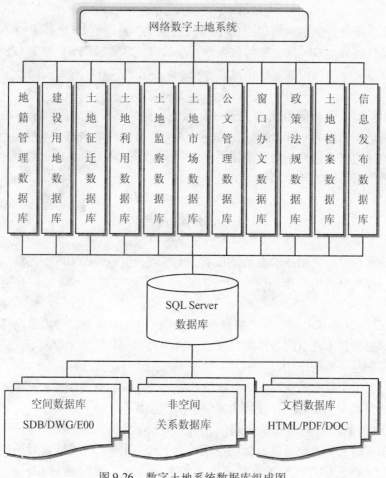

图 9-26 数字土地系统数据库组成图

五、数字土地系统展望

随着网络技术的迅速发展，Internet 不断普及，GIS 应用面的不断扩大、应用程度的不断深入，数字土地系统将全面由局域网走向 Internet，实现真正的 Internet 网络办公。地理信息系统技术发展到一定阶段，地理信息系统应以服务为主，不再是纯粹的开发；地理信息系统开发商应不断地向用户提供系统升级服务和其他方面的服务。

第10章 3S集成技术与数字地球

地理信息系统是一个多学科集成的空间信息系统,遥感(RS)技术的不断进步和发展,使得遥感已经成为 GIS 最主要的数据源,全球定位系统(GPS)则为 GIS 提供实时的地球空间中任意一点的高精度定位信息。3S(GIS、GPS、RS)的集成已经成为 GIS 的发展趋势。

"数字地球",一个凝聚着全人类美好梦想的目标,已经成为风靡全球的名词,它提供了我们人类认识地球的一种全新的方式,对人类与自然的协调和平衡将起到不可估量的作用。数字地球的核心思想是用数字化手段统一地处理地球问题和最大限度地利用信息资源,它是地理信息系统的延伸和最终的发展归宿。

10.1 3S 集成技术

虽然 GIS 在理论和应用技术上已经有了很大发展,但单纯的 GIS 并不能满足目前社会对信息快速、准确更新的要求。GPS、RS 的出现和飞速发展为 GIS 适应社会的发展提供了可能性。

RS 目前已经成为 GIS 最重要的数据源,在大面积资源调查、环境监测等方面发挥了重要的作用。遥感技术在空间分辨率、光谱分辨率和时间分辨率上都有着快速的发展和提高,担负着越来越重要的作用。

GPS 是以卫星为基础的无线电测时定位和导航的系统,可为航空、航天、陆地、海洋等方面的用户提供不同精度的在线或离线的空间定位数据。

国际上 3S 的研究和应用开始向集成化(或一体化)方向发展。在 3S 集成应用中,GPS 主要用于实时、快速地提供目标的空间位置;RS 用于实时或准实时地提供目标及其环境的语义或非语义信息,发现地球表面上的各种变化,及时地对 GIS 进行数据更新;GIS 作为新的集成系统平台,则是对多种来源的时空数据进行综合处理、集成管理和动态存取,并为智能化数据采集提供地学知识。

一、GIS 与遥感的集成

简而言之,地理信息系统是用于分析和显示空间数据的系统,而遥感影像是空间数据的一种形式,类似于 GIS 中的栅格数据,因而很容易在数据层次上实现地理信息系统与遥感的集成。但是实际上,遥感图像的处理和 GIS 中栅格数据的分析具有较大的差异,遥感图像处理的目的是为了提取各种专题信息,其中的一些处理功能,如图像增强、滤波、分类,以及一些特定的变换处理(如陆地卫星影像的 KT 变换)等,并不适用于 GIS 中的栅格空间分析。目前大多数 GIS 软件也没有提供完善的遥感数据处理功能,而遥感图像处理软件又不能很好地处理 GIS 数据，这需要实现集成的 GIS。

在软件实现上，GIS 与遥感的集成，可以有以下三个不同的层次：（1）分离的数据库，通过文件转换工具在不同系统之间传输文件；（2）两个软件模块具有一致的用户界面和同步的显示；（3）集成的最高目的是实现单一的、提供了图像处理功能的 GIS 软件系统。

在一个遥感和地理信息系统的集成系统中，遥感数据是 GIS 的重要信息来源，而 GIS 则可以作为遥感图像解译的强有力的辅助工具，具体而言，有以下几个方面的应用。

1. GIS 作为图像处理工具

将 GIS 作为遥感图像的处理工具，可以在以下几个方面增强标准的图像处理功能：

（1）几何纠正和辐射纠正。在遥感图像的实际应用中，需要首先将其转换到某个地理坐标系下，即进行几何纠正。通常几何纠正的方法是利用采集地面控制点建立多项式拟合公式，它们可以从 GIS 的矢量数据库中抽取出来，然后确定每个点在图像上对应的坐标，并建立纠正公式。在纠正完成后，可以将矢量点叠加在图像上，以判断纠正的效果。为了完成上述功能，需要系统能够综合处理栅格和矢量数据。

一些遥感影像，会因为地形的影响而产生几何畸变，如侧视雷达（dideways-looking radar）图像的叠掩（layover）、阴影（shadow）、前向压缩（foreshortening）等，进行纠正、解译时需要使用 DEM 数据以消除畸变。此外，由于地形起伏引起光照的变化，也会在遥感图像上表现出来，如阴坡和阳坡的亮度差别，可以利用 DEM 进行辐射纠正，提高图像分类的精度。

（2）图像分类。对于遥感图像分类，与 GIS 集成最明显的好处是训练区的选择，通过矢量/栅格的综合查询，可以计算多边形区域的图像统计特征，评判分类效果，进而改善分类方法。此外，在图像分类中，可以将矢量数据栅格化，并作为"遥感影像"参与分类，可以提高分类精度。例如，考虑植被的垂直分带特性，在进行山区的植被分类时，可以结合 DEM，将其作为一个分类变量。

（3）感兴趣区域的选取。在一些遥感图像处理中，常常需要只对某一区域进行运算，以提取某些特征，这需要栅格数据和矢量数据之间的相交运算。

2. 遥感数据作为 GIS 的信息来源

数据是 GIS 中最为重要的成分，而遥感提供了廉价的、准确的、实时的数据。目前，如何从遥感数据中自动获取地理信息依然是一个重要的研究课题，包括：

（1）线以及其他地物要素的提取。在图像处理中，有许多边缘检测（Edge Detection）滤波算子可以用于提取区域的边界（如水陆边界）以及线型地物（如道路、断层等），其结果可以用于更新现有的 GIS 数据库，该过程类似于扫描图像的矢量化。

（2）DEM 数据的生成。利用航空立体像对（Stereo Images）以及雷达影像，可以生成较高精度的 DEM 数据。

（3）土地利用变化以及地图更新。利用遥感数据更新空间数据库，最直接的方式就是将纠正后的遥感图像作为背景底图，并根据其进行矢量数据的编辑和修改。而对遥感图像数据进行分类，得到的结果可以添加到 GIS 数据库中。因为图像分类结果是栅格数据，所以通常要进行栅格转矢量运算；如果不进行转换，直接利用栅格数据作进一步的分析，则需要系统提供栅格/矢量相交检索功能。

因为遥感图像可以视为一种特殊的栅格数据，所以实现遥感和 GIS 集成的工具软件的关键是提供非常方便的栅格/矢量数据相互操作和相互转换功能。但是要注意的是，由于各种因素的影响，从遥感数据中提取的信息不是绝对准确的，在通常的土地利用分类中，90% 的分类精度就是相当可观的结果，因而需要野外实际的考察验证——在这个过程中可以使用 GPS 进行定位。此外，还要考虑尺度问题，即遥感影像空间分辨率和 GIS 数据比例尺的对应关系。例如在实践中，一个常见的问题是：地面分辨率为 30m 的 TM 数据，进行几何纠正时，需要用多大比例尺的地形图以采集地面控制点坐标？而其分类结果可以用来更新多大比例尺的土地利用数据？根据经验，合适的比例尺为 1∶5 万到 1∶10 万，太大则遥感数据精度不够，过小则是对遥感数据的"浪费"。

二、GIS 与全球定位系统的集成

作为实时提供空间定位数据的技术，GPS 可以与地理信息系统进行集成，以实现不同的具体应用目标。

1. 定位

定位主要在诸如旅游、探险等需要室外动态定位信息的活动中使用。如果不与 GIS 集成，利用 GPS 接收机和纸质地形图，也可以实现空间定位。但是通过将 GPS 接收机连接在安装 GIS 软件和该地区空间数据的便携式计算机上，可以方便地显示 GPS 接收机所在位置并实时显示其运动轨迹，进而可以利用 GIS 提供的空间检索功能，得到定位点周围的信息，从而实现决策支持。

2. 测量

测量主要应用于土地管理、城市规划等领域，利用 GPS 和 GIS 的集成，可以测量区域的面积或者路径的长度。该过程类似于利用数字化仪进行数据录入，需要跟踪多边形边界或路径，采集抽样后的顶点坐标，并将坐标数据通过 GIS 记录，然后计算相关的面积或长度数据。

在进行 GPS 测量时，要注意以下一些问题。首先，要确定 GPS 的定位精度是否满足测量的精度要求，如对宅基地的测量，精度需要达到厘米级，而要在野外测量一个较大区域的面积，米级甚至几十米级的精度就可以满足要求；其次，对不规则区域或者路径的测量，需要确定采样原则，采样点选取的不同，会影响最后的测量结果。

3. 监控导航

用于车辆、船只的动态监控，在接收到车辆、船只发回的位置数据后，监控中心可以确定车船的运行轨迹，进而利用 GIS 空间分析工具，判断其运行是否正常，如是否偏离预定的路线，速度是否异常（静止）等。在出现异常时，监控中心可以提出相应的处理措施，其中包括向车船发布导航指令。

图 10-1 描述了 GIS 与 GPS 集成的系统结构模型，为了实现与 GPS 的集成，GIS 系统必须能够接收 GPS 接收机发送的 GPS 数据（一般是通过串口通信），然后对数据进行处理，如通过投影变换将经纬度坐标转换为 GIS 数据所采用的参照系中的坐标，最后进行各种分析运算，其中坐标数据的动态显示以及数据存储是其基本功能。

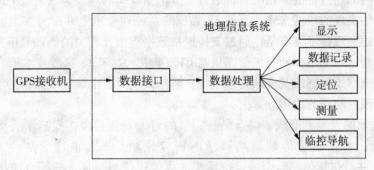

图 10-1　GIS 与 GPS 集成的系统结构模型

三、3S 集成概述

3S 技术为科学研究、政府管理、社会生产提供了新一代的观测手段、描述语言和思维方式。3S 的结合应用，取长补短，是一个自然的发展趋势。三者之间的相互作用形成了"一个大脑，两只眼睛"的框架，即 RS 和 GPS 向 GIS 提供或更新区域信息以及空间定位，GIS 进行相应的空间分析，以从 RS 和 GPS 提供的浩如烟海的数据中提取有用信息，并进行综合集成，使之成为决策的科学依据。3S 的相互作用与集成如图 10-2 所示。

GIS、RS 和 GPS 三者集成利用，构成整体的、实时的和动态的对地观测、分析和应用的运行系统，提高了 GIS 的应用效率。在实际的应用中，较为常见的是 3S 两两之间的集成，如 GIS/RS 集成、GIS/GPS 集成或者 RS/GPS 集成，同时集成并使用 3S 技术的应用实例则较少。美国 Ohio 大学与公路管理部门合作研制的测绘车是一个典型的 3S 集成应用，它将 GPS 接收机结合一台立体视觉系统载于车上，在公路上行驶以取得公路以及两旁的环境数据并立即自动整理存储于 GIS 数据库中。测绘车上安装的立体视觉系统包括有两个 CCD 摄像机，在行进时，每秒曝光一次，获取并存储一对影像，并作实时自动处理。

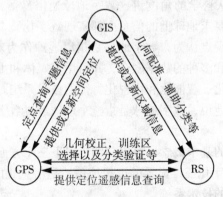

图 10-2　3S 的相互作用与集成

RS、GIS、GPS 集成的方式可以在不同的技术水平上实现，最简单的办法是三种系统分开而由用户综合使用，更进一步的方法是三者有共同的界面，做到表面上无缝的集成，数据传输则在内部通过特征码相结合，最好的办法是整体的集成，成为统一的系统。

单纯从软件实现的角度来看，开发 3S 集成的系统在技术上并没有多大的障碍。目前一般工具软件的实现技术方案是：通过支持栅格数据类型及相关的处理分析操作以实现与遥感的集成，通过增加一个动态矢量图层与 GPS 集成。对于 3S 集成技术而言，最重要的是在应用中综合使用遥感以及全球定位系统，利用其实时、准确获取数据的能力，降低应用成本或者实现一些新的应用。

3S 集成技术的发展，形成了综合的、完整的对地观测系统，提高了人类认识地球的能力；相应地，它拓展了传统测绘科学的研究领域。作为地理学的一个分支学科，Geomatics 产生并对包括遥感、全球定位系统在内的现代测绘技术的综合应用进行探讨和研究。同时，它也推动了其他一些相联系的学科的发展，如地球信息科学、地理信息科学等，这些学科成为"数字地球"这一概念提出的理论基础。

10.2　数字地球简介

数字地球（DE）是在一定经济基础和技术基础上的特定时代的产物，1992 年，美国副总统戈尔首先在《濒临失衡的地球》一书中从全球生态环境和气候变化的角度提出了这一概念，但当时并没有得到强烈的响应。6 年后，他在加利福尼亚科学中心作了题为"数字地球认识 21 世纪我们这颗星球（The Digital Earth：Understanding Our Planet in the 21th Century）"的报告，第一次比较系统地阐述了数字地球的概念："我相信我们需要一个'数字地球'，即一种可以嵌入海量地理数据、多分辨率和三维的地球表示。"

一、数字地球的基本概念

数字地球最终是要建立全球范围内以地理位置及其相互关系为基础的信息框架，在该框架内嵌入我们所能获得的信息，是一个以信息高速公路为基础，以空间数据基础设施为依托而更加广泛的概念。

陈述彭院士指出："从科学的角度讲，数字地球通俗易懂，是一个面向社会的号召，实质地说，数字地球就是要求地球上的信息全部实现数字化"。

目前国内比较统一的观点认为，数字地球是指以地球作为对象、以地理坐标为依据，具有多分辨率的、海量的和多种的数据融合，并可用多媒体和虚拟技术进行多维表达，具有空间化、数字化、网络化、智能化和可视化特征的技术系统。也可以说，数字地球是指数字化的虚拟地球。形象地说，数字地球是指整个地球经过数字化之后由计算机网络来管理的技术系统。

综上所述，数字地球的基本概念，可以归纳为以下三个方面：

（1）数字地球是指数字化三维显示的虚拟地球，是信息化的地球，它是包括数字化、网络化、智能化与可视化的技术系统。

（2）实施数字地球计划，需要政府、企业和学术界共同协力参加；实施数字地球计划是社会行为，需全社会来关心和支持。

（3）数字地球是一次新的技术革命，将改变人类的生产和生活方式，进一步促进科学技术的发展和推动社会经济的进步。

数字地球将不同空间、时间、物质和能量的多种分辨率的有关资源、环境、社会、经济和人口等海量数据或信息，按地理坐标从局部到整体，从区域到全球进行整合、融合、显示，并能为解决复杂生产实践和知识创新、技术开发与理论研究提供实验条件和试验基地（包括仿真和虚拟实验），其意义在于它代表了当前科技的发展战略目标和方向。

二、数字地球的核心技术

为了解决数字地球中的数字化、信息化以及应用问题，需要研究以下关键技术：科学计算、海量存储、宽带网、卫星数据获取、元数据、互操作等。下面对这些关键技术进行简单的描述。

1. 信息高速公路和计算机宽带高速网

一个数字地球所需要的数据已不能通过单一的数据库来存储，而需要由成千上万的不同组织来维护。这意味着参与数字地球的服务器将需要由高速网络来连接。为此，美国前总统克林顿早在 1993 年 2 月就提出实施美国国家信息基础设施（NII），通俗形象地称为"信息高速公路"，它主要由计算机服务器、网络和计算机终端组成。美国为此计划投入 4000 亿美元，耗时 20 年。到 2000 年的目标是提高生产率 20%～40%，获取 35000 亿美元的效益。

在 Internet 流量爆发性增长的驱动下，远程通信载体已经尝试使用 10G/S 的网络，而每秒 1015byte 的因特网正在研究中，相信在 21 世纪将会有更加优秀的宽带高速网供人们使用。

2. 高分辨率卫星遥感数据的快速获取

卫星遥感是数字地球获取数据的主要手段，包括不同高度、不同分辨率的陆地卫星系列、海洋卫星系列、气象卫星系列以及小卫星系列，其分辨率从 1m 到 4000m。遥感数据的处理包括辐射纠正、几何纠正、增强、特征提取、自动分类、自动成图、数据压缩等，高分辨率卫星每天都要产生大量的数据，对这些数据的自动、快速地处理以实时、准确地提取信息是实现数字地球信息获取的关键。

3. 地球空间数据的存储和处理

为了能够将地球上的信息进行数字化，除了要存储和处理大量的遥感数据之外，还包括图形数据、属性数据等。实现对这些数据的查询检索，需要海量数据存储管理以及快速处理技术。目前分布式数据存储是海量数据管理的趋势，可以避免集中式系统带来的管理困难以及网络拥塞；通常采用超大型计算机或者并行计算以实现快速处理。

4. 超媒体空间信息系统

数字地球的主要任务之一是通过因特网实现信息的共享和发布，主要通过 WebGIS 技术实现。此外，数字地球应用中包含大量多媒体数据，也需要在因特网上发布，形成超媒体空间信息系统。大量的数据在网络上传输，容易造成网络拥塞，这需要高带宽网络解决该问题。

5. 地理信息的分布式计算

地理信息的特征是分布的，并且具有基础性、共享性和综合性，分布式计算可以使得地理信息应用于社会各个领域。遵循 OpenGIS 规范，基于 CORBA（或 COM）体系结构，实现地理信息的分布计算，是其解决方案之一。地理信息的分布计算服务包括：

（1）地理信息的共享领域服务：为社会各个领域的应用提供地理信息服务，提供共享和集成的基础；

（2）空间查询服务：包括通过元数据实现信息检索，属性、几何、空间关系等各个方面的查询；

（3）空间分析服务：实现空间信息提取、地理特征分析、图像理解、图像开发等服务；

（4）空间制图服务：包括空间坐标转换服务、地理注记服务、图像处理服务、特征综合服务、创建影像地图服务等，其目的是为了直观地表现空间信息；

（5）地理信息的特定任务服务：为地理信息领域特定用户提供有针对性的服务，主要为地理信息的获取、地理信息的建立和维护服务，称为地理数据的管理服务，身体包括地理信息生产、地理信息生产管理、地图符号管理、信息开发利用和分析、订购和跟踪、信息存储和检索系统、信息交付、信息再现和复制以及用户支持。

6. 无比例尺数据库

无比例尺数据库是指以一个大比例尺数据库为基础数据源，在一定区域内空间对象的信息量随比例尺变化自动增减，即可以由大比例尺空间数据自动生成较小比例尺的数据。无比例尺数据库的技术关键是自动制图综合，在该领域目前已有许多研究，但是都难以达到令人满意的效果。

7. 空间数据仓库

空间数据仓库是指支持管理和决策过程的、面向主题的、集成的和随时间变化的、持久的和具有空间坐标的地理数据的集合。数据仓库的主要任务是将来源、结构、格式不同的原始数据，首先对其进行标准化、过滤与匹配、精化、标明时间戳和确认数据质量的处理，即求精过程；然后再根据任务的需要，进行数据的集成与分割、概括与聚集、预测与推导、翻译与格式化、转换与再映象处理；最后进行数据仓库的建模、概括、聚集、调整与确认及建立结构化查询等。空间数据仓库的目的，是为了处理积累的海量空间数据，抽取有用信息，并提供决策支持。其结构框架包括：数据源，Metadata 数据源，Metadata 互操作协议，数据抽取求精，Metadata 创建与浏览数据仓库，存取与检索，Metadata 管理、查询及分析等。

8. 空间数据融合（fusion）

空间数据融合是指多种数据合成后，不再保存原来的数据，而产生了一种新的综合数据，如假彩色合成影像。数字地球的多种数据融合，包括多种分辨率数据、多维数据以及不同类型数据的融合，并且需要将融合得到的数据进行可视化，通常是将数据叠加在数字高程模型上，形成三维立体景观影像。实现数字地球中的空间数据融合，需要地理数据互操作以及高速网络的支持。

9. 虚拟现实（virtual reality，VR）技术

虚拟现实技术，是指运用计算机技术生成一个逼真的，具有视觉、听觉、触觉等效果的可交互的、动态的"世界"。人们可以对该虚拟世界中的虚拟实体进行操纵和考察，用户与虚拟现实系统的交互利用数据手套、数据头盔、数据衣等进行，而 VR 系统通过视觉描绘器、听觉描绘器、触觉描绘器使用户产生身临其境的感觉。在数字地球中采用虚拟现实技术，可以非常真实地表达现实地理区域，而用户可以在所选择的地理带内外自由移动。目前，GIS、虚拟现实以及 Web 技术相结合的方式之一是 VRML（Virtual Reality Modeling Language，虚拟现实造型语言），通过用 VRML 描述 GIS 信息，可以在因特网上发布空间三维数据供用户浏览。

10. 元数据（metadata）

在创建数字地球的过程中，全球范围内对数字地理信息的需求越来越大，许多单位和个人开始生产、处理和修改地理数据；另外，在计算机信息系统中，在采用模型对地理实体进行研究时，为了保证信息不被误用，需要通过 Metadata 对数据进行详细的描述，这样不仅数据生产者能够充分描述数据集，用户也可以估计数据集对其应用目的的适用性。所以，随着地理空间数据生产者和使用者的增加，使用 Metadata 来描述数据，将成为一个必然的趋势。

综上所述，数字地球技术的关键是实现海量数据获取、存储管理、处理和信息提取、信息共享、信息表达以及信息传输，表 10-1 给出了它们与上述具体技术的关系。

表 10-1 　　　　　　　　　　　　　　数字地球技术概括

	海量数据获取	存储管理	处理和信息提取	信息共享	信息表达	信息传输
信息高速公路和宽带高速网				✓		✓
高分辨率卫星遥感	✓					
地球空间数据存储和处理		✓	✓			
超媒体空间信息系统				✓	✓	
地理信息的分布式计算		✓	✓			
无比例尺数据库		✓	✓		✓	
空间数据仓库		✓				
空间数据融合			✓		✓	
虚拟现实技术					✓	
元数据	✓	✓	✓	✓		

三、数字地球的应用

在人类所接触到的信息中，有 80% 与地理位置和空间分布有关，地球空间信息是信息高速公路上的货和车。数字地球不仅包括高分辨率的地球卫星图像，还包括数字地图，以及经济、社会和人口等方面的信息，它的应用正如美国前副总统戈尔在报告中提到的"有时会因为我们的想象力而受到限制"。换句话说，数字地球的应用在很大程度上超出我们的想象，可以乐观地说，在下一世纪数字地球将进入千家万户和各行各业。下面只能就目前的理解提出一些现实的应用。

1. 数字地球对全球变化与社会可持续发展的作用

全球变化与社会可持续发展已成为当今世界人们关注的重要问题，数字化表示的地球为我们研究这一问题提供了非常有利的条件。在计算机中利用数字地球可以对全球变化的过程、规律、影响以及对策进行各种模拟和仿真，从而提高人类应对全球变化的能力。数字地球可以广泛地应用于对全球气候变化、海平面变化、荒漠化、生态与环境变化、土地利用变化的监测。与此同时，利用数字地球，还可以对社会可持续发展的许多问题进行综合分析与预测，如自然资源与经济发展、人口增长与社会发展、灾害预测与防御等。

我国是一个人口众多、土地资源有限、自然灾害频繁的发展中国家，十几亿人口的吃饭问题一直是至关重要的。经过二十年的高速发展，资源与环境的矛盾越来越突出。诸如1998 年的洪灾、黄河断流、耕地减少、荒漠化加剧的问题，已经引起了社会各界的广泛关注。必须采取有效措施，从宏观的角度加强土地资源和水资源的监测和保护，加强自然灾害特别是洪涝灾害的预测、监测和防御，避免第三世界国家和一些发达国家发展过程中走过的弯路。数字地球在这方面可以发挥更大的作用。

2. 数字地球对社会经济和生活的影响

数字地球将容纳大量行业部门、企业和私人添加的信息，进行大量数据在空间和时间分布上的研究和分析，例如进行国家基础设施建设的规划，全国铁路、交通运输的规划，城市发展的规划，海岸带开发等，西部开发等。从贴近人们的生活看，房地产公司可以将房地产信息链接到数字地球上；旅游公司可以将酒店、旅游景点，包括它们的风景照片和录像放入这个公用的数字地球上；世界著名的博物馆和图书馆可以将其收藏以图像、声音、文字形式放入数字地球中；甚至商品也可以将货架上的商店制作成多媒体或虚拟产品放入数字地球中，让用户任意挑选。另外在相关技术研究和基础设施方面也将会起推动作用。因此，数字地球进程的推进必将对社会经济发展与人民生活产生巨大的影响。

3. 数字地球与精细农业

21 世纪农业要走节约化的道路，实现节水农业、优质高产无污染农业，这就要依托数字地球。例如，每隔 3 ~ 5 天给农民送去他们的庄稼地的高分辨率卫星影像，农民在计算机网络终端上可以从影像图中获得他的农田的长势征兆，通过 GIS 作分析，制定出行动计划，然后在车载 GPS 和电子地图指引下，实施农田作业，及时地预防病虫害，把杀虫剂、化肥和水用到必须用的地方，而不致使化学残留物污染土地、粮食和种子，实现真正的绿色农业。这样一来，农民也成了电脑的重要用户，数字地球就这样飞入了农民家。到那时的农民也需要有组织和文化，需要掌握高科技。

4. 数字地球与智能化交通

智能运输系统（ITS）是基于数字地球建立国家和省、市、自治区的路面管理系统、桥梁管理系统、交通阻塞、交通安全以及高速公路监控系统，并将先进的信息技术、数据通讯传输技术、电子传感技术、电子控制技术以及计算机处理技术等有效地集成运用于整个地面运输管理体系，而建立起的一种在大范围内、全方位发挥作用的，实时、准确、高效的综合运输和管理系统，实现运输工具在道路上的运行功能智能化，从而使公众能够高效地使用公路交通设施和能源。具体地说，该系统将采集到的各种道路交通及服务信息，经交通管理中心集中处理后，传输到公路运输系统的各个用户（驾驶员、居民、警察局、停车场、运输公司、医院、救护排障等部门），以便出行者可实时选择交通方式和交通路线，交通管理部门可自动进行合理的交通疏导、控制和事故处理，运输部门可随时掌握车辆的运行情况，进行合理调度，从而使路网上的交通流运行处于最佳状态，改善交通拥挤和阻塞，最大限度地提高路网的通行能力，提高整个公路运输系统的机动性、安全性和生产效率。对于公路交通而言，ITS 将产生的效果主要包括以下几个方面：

（1）提高公路交通的安全性；

（2）降低能源消耗，减少汽车运输对环境的影响；

（3）提高公路网络的通行能力；

（4）提高汽车运输生产率和经济效益，并对社会经济发展的各方面都将产生积极的影响；

（5）通过系统的研究、开发和普及，创造出新的市场。

5. 数字地球与 Cybercity

基于高分辨率正射影像、城市地理信息系统、建筑 CAD，建立虚拟城市和数字化城市，可实现真三维和多时相的城市漫游、查询分析和可视化。数字地球服务于城市规划、市政管理、城市环境、城市通信与交通、公安消防、保险与银行、旅游与娱乐等，为城市的可持续发展和提高市民的生活质量等提供基础保障。

6. 数字地球为专家服务

顾名思义，数字地球是用数字方式为研究地球及其环境的科学家尤其是地学家服务的重要手段。地壳运动、地质现象、地震预报、气象预报、土地动态监测、资源调查、灾害预测和防治、环境保护等无不需要利用数字地球。而且数据的不断积累，最终将有可能使人类能够更好地认识和了解我们生存和生活的这个星球，运用海量地球信息对地球进行多分辨率、多时空和多种类的三维描述将不再是幻想。

7. 数字地球与现代化战争

数字地球是后冷战时期"星球大战"计划的一部分，在美国看来，数字地球的另一种提法是星球大战，是美国全球战略的一部分。显然，在现代化战争和国防建设中，数字地球具有十分重大意义。建立服务于战略、战术和战役的各种军事地理信息系统，并运用虚拟现实技术建立数字化战场，这是数字地球在国防建设中的应用。这其中包括了地形地貌侦察、军事目标跟踪监视、飞行器定位、导航、武器制导、打击效果侦察、战场仿真、作战指挥等方面，对空间信息的采集、处理、更新提出了极高的要求。在战争开始之前需要建立战区及其周围地区的军事地理信息系统；战时利用 GPS、RS 和 GIS 进行战场侦察、信息更新、军事指挥与调度、武器精确制导；战时与战后的军事打击效果评估等。此外，数字地球是一个典型的平战结合，军民结合的系统工程，建设中国的数字地球工程符合我国国防建设的发展方向。

总之，随着 3S 及相关技术的发展，数字地球将对社会生活的各个方面产生巨大的影响。其中有些影响我们可以想象，但有些影响也许我们今日还无法预料。

10.3　国家信息基础设施与国家空间数据基础设施

数字地球作为一项技术政策，其建立必须要有政府的参与，除了组织和支持相关技术领域的研究之外，最重要的方面就是建设国家信息基础设施（national information infrastructure，NII）以及国家空间数据基础设施（national spatial data infrastructure，NSDI）。

一、国家信息基础设施

国家信息基础设施是一个能够给用户随时提供大容量信息的，由通信网络、计算机、数据库以及日用电子产品组成的完备的网络系统。目前在全球广泛采用的信息基础设施就是因特网，而 Web 服务无疑是因特网上最重要的应用。我国信息网络目前已有一定基础，建成了一批广域网络，并与 Internet 相连，包括：中国互联网（ChinaNet）、中国公用分组交换数据网（CHINAPAC）、中国公用数字数据网（China DDN）、中国教育和科研网（CERNET）等。国家信息基础设施将促进经济的发展，其预期的效益如下：推动新技术发展，如半导体、高速网络及其软件；形成大型产业，加速经济发展；促进电子商务的发展；协助解决医疗保健问题，降低医疗费用；促进科技研究、教育事业，为全国公民服务。

二、空间数据基础设施

国家空间数据基础设施是继国家信息基础设施之后的又一个国家级信息基础设施，其目的是为了协调基础地理空间数据的收集、管理、分布和共享的基础设施。空间数据基础设施主要由四个部分组成：数据交互网络体系、基础数据集、法规与标准、机构体系。从技术的角度来看，其内容主要有：空间数据标准、基础空间数据框架、空间数据交换网络以及元数据等。

根据计算，目前全世界的数据中，有 80% 的数据包括空间参考数据内容，也就是说，地理信息已经渗透到各个部门和学科。许多组织和单位都需要利用空间数据进行业务生产或科学研究，这样，确立数据标准，依据相应的制度和法规，指导空间数据的录入和管理，以实现数据共享，进一步推动地理信息的使用，使地理信息应用单位不需要重复录入空间数据，减少其工作成本，这是建设国家空间数据库基础设施所带来的最大裨益。另一方面，数字地球的建设是技术难度高、需要大量资金投入的工程。而国家空间数据基础设施可以视为一个国家数字地球工程重要的第一步，因为它构造了空间数据库，确立了相应的政策、法规和标准，这也是数字地球的实现框架中所必需的。

目前，我国 NSDI 的建设包括空间信息的收集、管理、协调和分发的体系和结构，空间数据收集系统，地理空间数据集 Metadata 和空间信息交换网络，基础空间框架数据以及地理空间数据标准，具体介绍如下：

（1）空间信息的收集、管理、协调和分发的体系和结构：制定国家空间信息设施的规划、政策、标准和法规，建立层次化的机构体系，协调各个部门（包括测绘、土地、环境、开发、农业等部门）的协作和权益，研究相关技术，进行项目管理等。

（2）空间数据收集系统：包括一系列遥感卫星或小卫星组成的遥感卫星体系。

（3）地理空间数据集 Metadata 和空间信息交换网络：包括国家基础地理信息中心、中国科学院、国家信息中心、北京大学等许多单位已经开展了 Metadata 标准方面的研究，但是还需同国际上的相关工作接轨。空间信息交换网络主要利用了国家信息基础设施，包括中国公用分组交换数据网（CHINANET）、中国互联网、金桥网（CHINAGBN）和教育科研网等。

（4）基础空间框架数据：国家测绘局进行了基础空间数据的输入和建库工作，其中包括全国1∶25万地形数据库、全国1∶25万地名数据库、全国1∶25万数字高程模型、全国1∶100万地形数据库、全国1∶100万地名数据库、全国1∶100万数字高程模型、全国1∶400万地形数据库、全国1∶400万重力数据库、部分地区1∶5万4D产品系列、全国七大江河1∶1万4D产品系列等。

（5）地理空间数据标准：国家测绘以及其他相关部门建立了一系列空间信息标准，并已经发布实施，包括地理格网、国土基础信息数据分类与代码、林业资源数据分类和代码、全国河流名称代码等。此外，涉及空间数据交换格式、椭球体和投影等各个方面的标准也正在制定之中。

第 11 章　地理信息系统的发展趋势

目前，地理信息系统的应用领域越来越广泛，据统计已接近 60 个。计算机技术的迅速发展，使得 GIS 发生了新的变化。GIS 正朝着一个可运行的、分布式的、开放的、网络化的全球 GIS 发展。在未来几十年内，GIS 将向着数据标准化、数据多维化、系统集成化、系统智能化、平台网络化和应用社会化（数字地球）的方向发展。其中三维 GIS、时态 GIS 和网络 GIS 已经成为 GIS 发展的趋势和研究热点。

11.1　三维 GIS

随着 GIS 技术的发展，二维 GIS 已经无法满足用户的需求，用户需要更为直观、真实的三维 GIS 来作为交互式查询和分析的媒介。三维 GIS 是 GIS 的一个重要发展方向，也是 GIS 研究的热点之一，其研究范围涉及数据库、计算机图形学、虚拟现实等多门科学领域。目前，国内外许多学者对三维 GIS 的三维结构、三维建模以及单一领域的应用提出了许多方法和技术手段。现有的三维 GIS 中，系统功能在三维场景可视化、实时漫游等方面取得了较好的成果，但查询分析功能比较弱。然而恰恰是这一功能在三维 GIS 的实现和应用中具有十分重要的地位，它使三维 GIS 具有辅助决策支持能力。然而三维查询分析的实现却非常困难，三维 GIS 在数据的采集、管理、分析、显示和系统设计等方面要比二维 GIS 复杂得多，并不是简单地增加 Z 坐标的问题。尽管有些 GIS 软件采用建立数字高程模型的方法来处理和表达地形的起伏，但涉及地下和地上的三维的自然和人工景观就无能为力，只能将其投影到地表，再进行处理，这种方式实际上仍是以二维的形式来处理数据。试图用二维系统来描述三维空间的方法，必然存在不能精确地反映、分析和显示三维信息的问题。三维 GIS 是许多应用领域对 GIS 的基本要求。随着计算机技术的发展，以前只能应用于大型的主机和图形工作站上的三维显示，现在也能在普通的 PC 机上实现，以前的 GIS 大多提供了一些较为简单的三维显示和操作功能，但这与真三维表示和分析还有很大差距。现在，三维 GIS 可以支持真三维的矢量和栅格数据模型及以此为基础的三维空间数据库，解决了三维空间操作和分析问题。特别是三维 GIS 与虚拟现实、人工智能等技术的结合应用，将使三维 GIS 更加真实地表现现实世界，也更符合用户的需求。目前，三维 GIS 的研究重点集中在三维数据结构（如数字表面模型、断面、柱状实体等）的设计、优化与实现、可视化技术的运用、三维系统的功能和模块设计等方面。

1. 三维 GIS 的产生

传统的 GIS 在国内经过近四十年的发展，理论和技术日趋成熟，而在二维 GIS 平面信息的使用已不能满足日益增长的应用需求的情况下，三维 GIS 应运而生，并成为 GIS 的重要发展方向之一。

现在三维 GIS 得到了各行业用户的认同，在城市规划、综合应急、军事仿真、虚拟旅游、智能交通、海洋资源管理、石油设施管理、无线通信基站选址、环保监测、地下管线等领域备受青睐。目前，我国国产三维 GIS 软件已占据了国内市场的半壁江山。

2. 三维 GIS 的研发

三维 GIS 研发思路可归纳为两种：

（1）由于三维 GIS 首先要将地理数据变为可见的地理信息，因此人们从三维可视化领域向三维 GIS 系统扩展，这一点同早期的二维 GIS 来源于计算机制图管理一样，是从可视化角度出发的。

（2）GIS 需要存储和管理大量的空间信息和属性信息，因此人们又从数据库的角度出发向三维 GIS 发展。人们将商用数据库向非标准应用领域扩展，将三维空间信息的管理融入 RDBMS 中，或是从底层开发全新的面向空间的 OODBMS，其中一个新的发展方向是将三维可视化与三维空间对象管理耦合起来，形成集成系统。

3. 三维 GIS 可视化

三维可视化是目前三维 GIS 的主要应用领域。模型可视化的表现形式有：

（1）三维景观方式。它允许人们从不同角度、不同方位、不同距离观看三维模型的表面。为了增强模型表面的三维真实感，常常在显示时还要加上光照模型、表面纹理等三维效果，给人以逼真的感受，但它始终只能看到模型的表面。

（2）掀盖层三维景观方式。它是在三维景观方式的基础上，设想观察者可以掀开上覆的盖层看到下伏的界面，实质上是第一种方式的另一种变形。

（3）透视三维景观方式。它设想人眼能穿透三维体的一些部分，透视地看到人们感兴趣的界面，这也可以看做是掀盖层方式的一种变形。

（4）切面方式。设想人能够用刀切开三维模型，从水平或垂直切面上看到三维体的内部结构。由于在二维切面上能方便地进行量算、修改等操作，因而它是用二维方式来表达三维模型内部结构的一种很好的方式，传统的剖面图就是这种方式的原形。在三维模型的支持下，用切面方式能产生很好的二维三维联动效果，即在二维剖面上修改模型后能立刻影响到三维模型的形态，并且可以用一组平行切片来表达三维模型的内部结构。

4. 三维空间数据模型

三维空间目标可分为规则和不规则的目标。人们是用二维点、线、面或像元简化地表示现实世界中形状规则的三维空间实体，如把大多数的人工建筑物、第三维的信息（高程）作为属性来存储。对于形状不规则的三维地形、海平面等，通常用格网、TINs 和样条函数表示。由此所建立的数字地面模型中的每一个点 (x, y) 上只有一个 z 值，或者说不能处理多值问题，因而被认为是 2.5 维的。目前国际上关于三维空间数据模型的研究大体上可分为两个方向：

（1）三维矢量模型：该模型采用一些基元（primitive）及其组合去表示三维空间目标，这些基元本身是可用简单的数学解析函数描述的。在 CAD/CAM 和计算机图形学中，人们一直是用 CSG（constructive solid geometry）和 B-rep（boundary representation）对这些基元进行几何表达。其中 CSG 采用一些诸如粘贴的操作，利用基本体元构造三维空间目标；B-rep 则是采用矢量方法表达三维目标，与二维 GIS 采用的矢量模型是一致的。近几年来，人们也试图在 GIS 中利用或集成 CAD/CAM，但发现 GIS 与 CAD/CAM 在数据获取方法、目标维数和特征、属性数据、坐标系统、空间分析等方面存在着不少差异。例如，CAD 强调对基元的处理和目标的构建，而 GIS 考虑面、线、点特征的数据有效组织和空间分析，因此 CAD 采用的三维数据结构与方法并不能套用到三维 GIS 中去。因此，有必要研究和发展专门的三维矢量化的 GIS 空间数据结构。其中的重要问题之一是描述和表达基元间的三维拓扑空间关系。目前国际上这方面的主要代表是 Molenaar 提出的三维矢量地图标准数据结构，其采用关系数据库技术来实现。

（2）体积模型（volume-based model）：Voxel（volumetric pixel elements）模型是目前主要研究和发展的体积模型，其基元可看作是三维像元，可无限细分或聚合。Octree、polytree、g-octree、geocellular、models、3d grids 等是几种常见的 Voxel 模型。Octree 是 quadtree 的扩展，其根据三维目标的边界将空间逐级细分为八边体（octants），并提供了有效的布尔运算和编码方法，在三维动态建模和模拟、动画中很有应用特色。但由于现实空间实体并不是矩形的，用 Octree 表达的二维目标的边界不是光滑的。这些 Voxel 模型的特点是易于表达三维空间属性的非均衡变化，其缺点是所占存储空间大、处理时间长。值得说明的是，当同时存在三维规则和不规则空间目标时，需要将三维矢量模型和 Voxel 模型集成起来，以有效地综合表示规则和不规则空间目标。此外，三维内插、三维空间目标数字化方法等对三维空间建模有着直接的影响，应在研究和发展三维空间数据模型时予以考虑。

11.2　时态 GIS

传统的 GIS 处理的是无时间概念的数据，只能是现实世界在某个时刻的"快照"。它把时间当作一个辅助因素，当被描述的对象随时间变化比较缓慢且变化的历史过程无关紧要时，可以用数据更新的方式来处理时间变化的影响。然而，GIS 所描述的现实世界是随时间连续变化的，随着 GIS 应用领域的不断扩大，在如下应用中，时间维必须作为与空间等量的因素加入到 GIS 中来：一是对象随时间变化很快，如噪声污染、水质检测、日照变化等，一秒钟得到一个甚至几个数据；二是历史回溯和衍变，如地籍变更、环境变化、灾难预警等需要根据已有数据回溯过去某一时刻的情况或预测将来某一时刻的情况；三是地球科学家想对某一时刻的所有地质条件或某一时间段内的平均地质条件进行评价，如他们想获得在 A 时刻的值或从时间 B 到时间 C 这段时间内的值。这些应用都需要将时间的影响考虑到 GIS 应用中，就产生了时态 GIS 或四维 GIS。

一、时态 GIS 的概念及意义

时间、空间和属性是地理实体和地理现象本身固有的三个基本特征，是反映地理实体的状态和演变过程的重要组成部分。随着时间的推移，地理现象的特征会发生变化，且这种变化可能很大。如何处理数据随时间变化的动态特性，即 GIS 中的动态信息，是 GIS 面临的新课题。现有的 GIS 大多不具有处理数据的时间动态性，只是描述数据的瞬时状态。如果数据发生变化时，新数据将代替旧数据，即成了另一个瞬时状态，旧数据将会消失，无法对数据的更新变化进行分析，更不能预测未来的趋势，这类 GIS 就是我们说的静态 GIS。而在很多应用领域（地籍变更、环境监测、抢险救灾、交通管理等）要求 GIS 能提供完善的时序分析功能，能高效地回答与时间相关的各类问题，因此，必须在静态 GIS 中增加对空间信息的管理和处理功能，这种能在时间和空间两方面全面处理地理信息的系统，称为时态 GIS。

时态 GIS 采集、存储、管理、分析与显示地理实体随时间变化信息（或时空信息）。它不仅包含传统地理信息系统的空间特性，而且涵盖时间特性；它不仅反映事物和现象的存在状态，而且表达它们的发展变化过程及规律。时态 GIS 的操作对象是时空信息，其特点是在系统中增加对时间维的分析表达能力，提供历史分析和趋势分析的功能。

时态 GIS 的关键问题是建立合适的时间和空间联合的数据模型——时间数据模型，更有效地组织、管理和完善时态地理数据、属性、空间和时间语义，以便重建历史状态，跟踪变化，预测未来。时态 GIS 作为 GIS 研究和应用的一个新领域，正受到普遍的关注。随着存储技术的飞速进步，大容量时态数据的存储和高效处理有了必要的基础条件，使时态 GIS 的研究和应用成为可能。

二、时态 GIS 的研究重点以及已有成果

空间、事件和属性是构成地理信息的三种基本成分。时态 GIS 是能够跟踪和分析随时间变化的空间、非空间信息的地理信息系统。怎样有效地运用时间信息，以及如何将时间、空间及属性数据有效地结合起来，是时态 GIS 研究的重点。时态 GIS 的关键是时空数据模型，时空数据库是包括时间和空间要素在内的数据库系统，其建立依赖于时间的表示方法。1992 年 Gail Langran 发表博士论文《地理信息系统中的时间》，标志着 GIS 时空数据建模的正式开始。时空数据模型的研究是时态 GIS 发展的关键所在，是实现不同尺度、不同时序空间数据互动与融合的基础。当前主要的时空数据模型有以下几种。

1. 空间-时间立方体模型（space-time cube）

Hagerstrand 最早于 1970 年提出了空间-时间立方体模型，这个三维立方体是由空间两个维度和一个时间维组成的，它描述了二维空间沿着时间维演变的过程。任何一个空间实体的演变历史都是空间-时间立方体中的一个实体。该模型形象直观地运用了时间维的几何特性，表现了空间实体是一个时空体的概念，对地理变化的描述简单明了、易于接受，该模型具体实现的困难在于三维立方体的表达。

2. 序列快照模型（sequent snap shots）

快照模型有矢量快照模型和栅格快照模型。它是将一系列时间片段的快照保存起来，各个切片分别对应不同时刻的状态图层，以此来反映地理现象的时空演化过程，再根据需要对指定时间片段进行播放的模型，有些 GIS 用该方法来逼近时空特性。这种模型的优点：一是可以直接在当前的地理信息系统软件中实现；二是当前的数据库总是处于有效状态。但是，由于快照将未发生变化的所有特征进行存储，会产生大量的数据冗余，当应用

模型变化频繁，且数据量较大时，系统效率急剧下降，较难处理时空对象间的时空关系。

3. 基态修正模型（base state with amendments）

为避免快照模型将每次未发生变化部分特征重复进行记录，基态修正模型按事先设定的时间间隔进行采样，它只存储某个时间数据状态（基态）和相对于基态的变化量。该模型也有矢量和栅格两种模型。基态修正模型中每个对象只需存储一次，每变化一次，只有很小的数据量需要记录，即只将那些发生变化的部分存入系统中。这种模型可以在现有的 GIS 软件上很好地实现，以地理特征作为基本对象，更新式的操作可以基于单个地理特征而实现。因为要通过叠加来表示状态的变化，这对于矢量数据来讲效率较低，而对栅格数据比较合适。但也没有考虑到由一种状态转变到另一种状态的过程，而实际中可能存在一种"伪变化"，因此有人提出需要设计"过程库"来记录表达变化过程，即基态修正模型的扩展。

4. 空间时间组合体模型（space-time composite）

空间时间组合体模型是 Chrisman 于 1983 年针对矢量数据提出的，Langran 和 Chrisman 于 1988 年对它进行了详细描述。该模型将空间分隔成具有相同时空过程的最大的公共时空单元，每个时空对象的变化都将在整个空间内产生一个新的对象。对象把在整个空间内的变化部分作为它的空间属性，变化部分的历史作为它的时态属性，时空单元的时空过程可用关系表来表达。若时空单元分裂时，用新增的元组来反映新增的空间单元。这种设计保留了沿时间的空间拓扑关系，所有更新的特征都被加入到当前的数据集中，新的特征之间的交互和新的拓扑关系也随之生成。该模型将空间变化和属性变化都映射为空间的变化，是序列快照模型和基态修正模型的折中模型。模型最大的缺点在于多边形碎化和对关系数据库的过分依赖。

5. 面向对象的时空数据模型（object-oriented）

面向对象的时空数据模型是基于上述几种模型提出来的，并取得了很好的效果。该模型的核心是以面向对象的基本思想组织地理时空，其中对象是独立封装的具有唯一标识的概念实体。每个地理时空对象中封装了对象的时态兴、空间特性、属性特性和相关的行为操作及与其他对象的关系。时间、空间及属性在每个时空对象中具有同等重要的地位，不同的应用中可根据具体重点关心的方面，分别采用基于时间（基于事件）、基于对象（基于矢量）或基于位置（基于栅格）的系统构建方式。

以上的模型都存在一定的优缺点，规范化的时空数据模型的研究正处在探索阶段。学者们对于其他的模型也在做积极的探索，例如陈军研究的非一范式关系时空模型，EdNash 的一种时空网络规划模型，徐志红的基于事件的语义时空数据模型等。

三、时态 GIS 具备的功能

从功能上讲，时态 GIS 除了具备静态 GIS 的所有功能外，还应该提供：①档案功能：记载 GIS 数据随时间的演变，回溯历史是时态 GIS 最基本的功能要求；②分析功能：以原始为基准，考察变化，预测未来，提供辅助决策功能；③更新功能：保证 GIS 数据的现势性，失去了"实时"更新的时态 GIS 就成立了普通的静态 GIS；④查询功能：以动态方式，回答用户的关于"何时"，"何地"，"怎样"的询问；⑤其他功能：包括逻辑容错，即保证 GIS 数据库的逻辑一致性；时态安全，就是时态变迁中的安全保密随时态变化而变化。

四、时态 GIS 的主要应用领域

由于具有动态地反映地理现象变化的特点，时态 GIS 可以用于诸多科学和工程领域，有一些学者逐渐将其应用于地籍变迁管理、地貌变动、气候变化及智能交通系统等领域，取得了一定的成果。

以下主要介绍时态 GIS 在治安、地籍管理、人口历史变迁、河道管理的应用：

（1）在治安方面，不同的案件的发生都具备时间特征，例如，毒品交易案多发生在晚上 10：00 至凌晨 1：00，抢劫案多发生在晚上下班高峰期的 6：00 至 8：00。由于目前很多公安部门的警员数量吃紧，为了确保制定有效的治安措施，合理部署警力，公安部门在重点治安区域划定、巡逻路线规划和警力部署时，需要充分考虑各类案件发生的时间特征，在不同的案件的聚集发生时段和热点区域重点部署警力。所有这些措施的实现，都需要事先研究整个地区的长时期的案件发生数量和案件类型，分析每类案件的时间变化趋势和时间分布特征，这就是时态 GIS 在公安行业的有效应用。《蓝海战略》中的纽约警察局局长比尔·布雷顿正是因为充分分析了犯罪现象的时间和空间分布特征，找出热点区域，有效利用有限的警力资源，实现了纽约治安环境的彻底转变。

（2）地籍管理的核心是土地权属，即土地的使用权和所有权。使用权和所有权是有时效性的，会随着时间发生变化。随着时间的推移，宗地的空间形状也会发生变化，因而时间是地籍管理信息系统的一个重要因素和组成部分。目前现有的非时态地籍变更管理信息系统仅能反映土地的利用现状，在宗地发生变更后，系统通过增加新信息或利用新信息替换旧信息来保障土地数据信息的现势性，对于土地的历史数据通常的做法是采用每隔一定的时间对系统所生成的所有数据进行备份，这样会存在很大的数据冗余，以致恢复宗地历史过程复杂，且不能连续查询某一宗地的历史变化过程，无法正确地评价某一历史时刻的土地利用状况和预测其发展趋势。一个完善的、能够反映地籍信息随时间动态变化的地籍信息系统必须将时间属性纳入其中，因而就发展成为时态地籍信息系统，它与传统的地籍管理信息系统的区别是，除了存储与宗地有关的空间数据和属性数据外，还需要保留宗地的历史信息。为了充分发挥地籍信息系统为政府各部门以及公众服务的作用，还须实现系统对空间数据的查询，即具备时空查询功能。

（3）在人口信息系统中，由于人口的变迁，每次人口普查以后都需要对人口空间数据库进行更新。不同时期的人口空间数据库反映了当时的人口分布状况，人口空间数据库的变化反映了时间系列上的人口变迁，对于研究社会现象有非常重要的意义。因此，每次更新人口数据时，都需要保留人口历史数据，通过动画或者历史数据回放的方式展现人口的变迁规律，并且还可以将历史数据与自然资源、社会资源等多要素叠加分析，得到人口变迁的社会原因和自然原因。

（4）河流对于人流、物流和信息流的正常运行，以及沿河地区的经济发展具有重要意义，因此必须保证通航安全，提高通航条件。由于自然和人为的因素，航道水底暗礁、水深等信息均会不断发生变化，为保证航道信息的现势性，保证通航安全，需要定期更新航道数据库。事实上，航道测量数据库的历史数据反映了航道的淤积情况，通过分析历史数据，可以制定有效的疏浚方案，采取措施减缓航道淤积的状况。此外，航道空间数据库中还保存航道周围地区的人文和自然信息，通过记录这些要素的历史数据，可以分析得出航道对周围地区的自然条件的影响和对社会经济的拉动作用。因此，必须在更新航道数据库时保存历史数据，通过设定时间段或者时间点，可以回溯到相应历史时期的航道情况，通过历史数据统计图表、历史数据回放等功能，通过动画或者动画图表的方式反映航道的历史变迁以及河流给周围地区带来的影响。

11.3 网络 GIS

如果说 20 世纪 90 年代是计算机的天下，那么 21 世纪初甚至往后更长的时间无疑将是网络的世界，也可以说网络改变了我们的世界。网络已不仅仅是一种单纯的技术手段，它已演变成为一种经济方式——网络经济。伴随着 Internet 和 Intranet 的飞速发展，GIS 的平台已经逐步转向了网络，网络 GIS 的好处是不言而喻的，由于地理信息和大量空间数据都是以文字、数字、图形和影像方式表示的，将它们数字化，输入计算机，便可方便、快速和及时地将地理信息传送到需要的地方去，以发挥地理信息在国民经济建设、国防建设中的作用。GIS 工作者则需研制一个万维网上的 GIS 和 GIS 浏览器，使亿万网民可以随时根据需要来查询 GIS。和传统的基于 Client/Server 的 GIS 相比，网络 GIS 有如下优点：一是具有更广泛的访问范围。客户可以同时访问多个位于不同地方的服务器上的最新数据，Internet/Intranet 的这一特有的优势大大方便了 GIS 的数据管理，使分布式的多数据源的数据管理和合成更易于实现。二是平台具有独立性。无论 Client/Server 是何种机器，无论网络 GIS 服务器端使用何种 GIS 软件，由于使用了通用的 Web 浏览器，用户就可以透明地访问网络 GIS 数据，在本机或某个服务器上进行分布式部件的动态组合和空间数据的协同处理与分析，实现远程异构数据的共享。三是系统成本降低。传统 GIS 在每个客户端都要配备昂贵的专业 GIS 软件，而用户经常使用的只是一些最基本的功能，这实际上造成了极大的浪费。网络 GIS 在客户端通常只需使用 Web 浏览器（有时还要加一些插件），其软件成本与全套专业 GIS 相比明显要节省得多。另外，由于客户端的简单性而节省的维护费用也不容忽视。四是操作更简单。要广泛推广 GIS，使 GIS 为广大的普通用户所接受，而不仅仅局限于少数受过专业培训的专业用户，就要降低对系统操作的要求。通用的 Web 浏览器无疑是降低操作复杂度的最好选择。

一、网络 GIS 的基本特征

1. 基于 Internet/Intranet 标准

WebGIS 支持 Internet 网络通信和 TCP/IP 和 HTTP（超文本传输协议），采用标准的 HTML 浏览器作为应用外壳。实现这一层次的网络协议标准化是实现其他所有功能需求的基础和前提，也是 WebGIS 结构优越性的前提。网络 GIS 基于 Internet/Intranet 的标准如图 11-1 所示。

基础技术	标准
网络通信协议	TCP/IP
文档和文件传输	HTTP
文档显示与应用程序集成	HTML
应用程序传送	
客户端集成	Plug-in，ActiveX，Java Applet
服务器端集成	CGI，服务器 API，Java
应用程序扩展	
客户端扩展	HTML，JavaScript，VBScript
服务器端扩展	CGI，服务器 API，Java

图 11-1 网络 GIS 基于 Internet/Intranet 标准图

2. 分布式服务体系结构

分布式服务体系结构是在客户端和服务器端都能提供活跃的、可执行进程的体系结构，它能有效地平衡两者之间的处理负载。分布式处理显著地降低了带宽要求并提高了系统的性能。它允许用户嵌入自己定制的 GIS 服务，使用的数据既可以是本地的也可以是分布的数据集，从而使传统 GIS 向分布式 GIS 转变。分布式服务体系结构如图 11-2 所示。

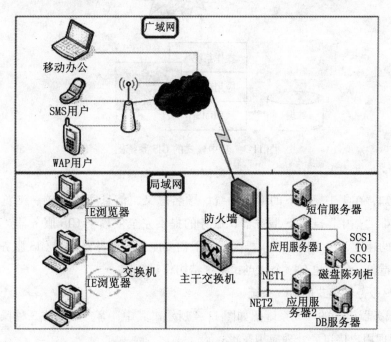

图 11-2 分布式服务体系结构图

二、网络 GIS 的体系架构及其应用模型

GIS 系统的体系结构主要可以分为三种：一是集中模式，二是客户/服务器模式，三是 Web/Internet 模式；

1. 集中模式的 GIS 系统

集中模式的 GIS 系统图如图 11-3 所示。其中，终端完成两种操作：

（1）接受用户的输入，然后通过网络把输入发送给 GIS 服务器；

（2）接受 GIS 服务器的处理结果，格式化并展现给用户。

GIS 服务器相应地需要完成以下 4 种操作：

（1）通过网络接收终端的输入；

（2）处理终端输入；

（3）格式化处理结果，并传送给终端；

（4）维护数据库。

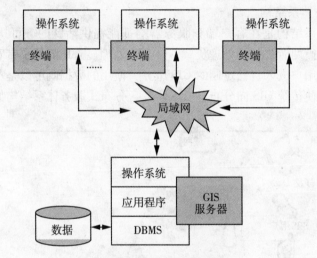

图 11-3　集中模式的 GIS 系统图

由此可知，在集中模式下的 GIS 系统，顾名思义，信息库的存储、浏览、查询、检索、维护等都"集中"于 GIS 服务器，服务的提供完全依赖于 GIS 服务器。因此这种模式对服务器的速度、可靠性等要求极高，一般需要专门的服务器作为 GIS 服务器，这就提高了系统的造价。但它也有一个优点：系统结构相对简单。

2. 客户/服务器模式的 GIS 系统

客户/服务器模式的 GIS 系统图如图 11-4 所示。其中，客户端完成 3 种操作：

（1）管理用户接口，处理应用逻辑；

（2）产生数据库请求，并向 GIS 服务器发送请求，然后从 GIS 服务器接收结果；

（3）格式化结果，并发布给用户。

GIS 服务器相应的功能为：

（1）从客户机接受数据库请求；

（2）处理数据库请求；

（3）格式化结果，并传送给客户机；

（4）维护数据库。

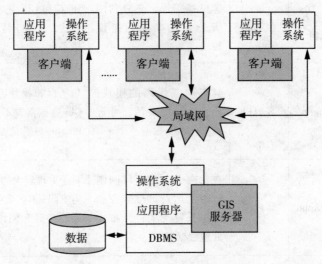

图 11-4 客户/服务器模式的 GIS 系统图

由此可知，在客户/服务器模式下的 GIS 系统，客户机执行前端处理，服务器执行后端处理。它把整个系统的负担在客户/服务器间进行适当的分配，在客户端运行应用程序符合实际应用多样性的需要，而对于整个系统的基础——数据库则集中于服务器，便于数据库的维护。这种结构具有强大的数据操纵和事务处理能力，以及数据的安全性和完整性约束，因此，这种模式的 GIS 系统是比较合理的。但是，Client/Server 结构的开发和管理成本越来越高，其客户端变得越来越臃肿，系统的使用也较复杂。

3. Web/Internet 模式的 GIS 系统

Web/Internet 模式的 GIS 系统的客户端和服务器所完成的功能基本上与 Client/Server 模式下的功能是一致的，它实质上是 Client/Server 技术与 Internet 技术相结合的成果，这种模式不仅利用了基于 Web 的 Internet 结构的简便和灵活性的特点，而且应用 Client/Server 技术大大地强化了其事务处理能力和安全性、完整性约束能力，从而实现了真正业务相关的 WebGIS。

三、网络 GIS 的服务器和客户端实现技术及其优缺点

1. Web GIS 技术现状

Web GIS 的技术现状如表 11-1 所示。

表 11-1   **Web GIS 的技术现状**

类型	工作模式	运行环境	优点	缺点
基于 CGI 的 WebGIS	CGI	服务器	客户端很小、充分利用服务器的资源	JPEG 和 GIF 是客户端操作的唯一形式；互联网和服务器的负担重
基于服务器 API 的 WebGIS	服务器 API	服务器	客户端很小、充分利用服务器的资源、速度较快	JPEG 和 GIF 是客户端操作的唯一形式；依附于特定的服务器和计算机平台
基于 Plug-in 的 WebGIS	Plug-in	客户机	具有动态代码的模块；比 HTML 更灵活，可直接操作 GIS 数据	与平台和操作系统相关；不同的 GIS 数据需要不同的 Plug-in 支持；Plug-in 必须安装在客户机的硬盘上
基于 Java Applet 的 WebGIS	Java Applet	客户机	在支持 Java 的互联网浏览器上运行，与平台和操作系统无关；分布式处理数据对象	对于处理较大的 GIS 分析任务的能力有限；GIS 数据的保存，分析结果的存储和网络资源的使用能力有限
基于 ActiveX 的 WebGIS	ActiveX 控件	客户机	具有动态代码的模块；通过 OLE 与其他程序、模块和互联网通信；是一种通用的部件	ActiveX 需要下载和安装，占用硬盘空间；与平台和操作系统相关；不同的 GIS 数据需要不同的 ActiveX 控件支持

2. CGI 及其工作原理

CGI 是 common gateway interface 的英文缩写，中文一般译为公共网关接口，是初始化软件服务的服务器端接口。它定义了信息服务（如 HTTP 服务）和服务器主机资源（如数据库和其他程序）间通信的规范。当用户通过 Web 浏览器提交表单时，HTTP 服务将执行一个程序（通常称为 CGI 脚本），并通过 CGI 把用户输入的信息传递给该程序。然后，程序将通过 CGI 把信息返回到服务，HTTP 服务器再把结果传递到用户端显示。根据 CGI 规范，任何软件都可以是 CGI 程序，只要它能够根据 CGI 标准处理输入和输出即可，并且 CGI 应用程序总是在进程外运行。CGI 的工作原理图如图 11-5 所示。

3. 基于 CGI 的 WebGIS 实现原理

CGI 作为一种连接应用软件和 Web 服务器的标准技术，定义了服务器和网关程序如何接口，所以可以通过编写 CGI 程序作为 Web SERVER 与其他后台数据库和应用程序连接的桥梁。由此，GIS 厂商在其原有的成熟产品的基础上兼容发展的 WebGIS 解决方案，通常采用 CGI 技术实现。在一个 WebGIS 平台的具体实现中，当用户发送一个地图服务请求到 Web 服务器时，Web 服务器通过 CGI 把该请求转发给在后端运行的 GIS 服务程序，

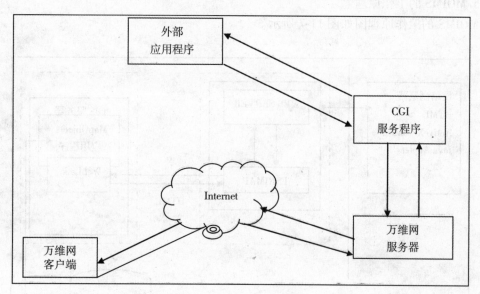

图 11-5 CGI 的工作原理图

由 GIS 服务程序生成结果交给 Web 服务器，Web 服务器再把结果传递到用户端显示。基于 CGI 的 WebGIS 的实现原理图如图 11-6 所示。

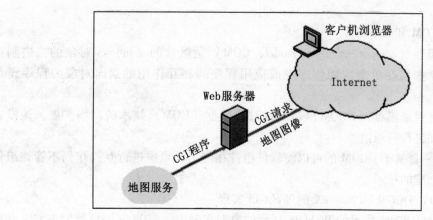

图 11-6 基于 CGI 的 WebGIS 实现原理图

4. Server API

Server API 类似于 CGI，它可以让软件开发者修改服务器的预定行为，并赋予其新功能，而且在修改、扩充服务器的功能时，不需要改变服务器的原来的代码，也不必重新编译和链接服务器代码。相反，新代码是放在动态链接库（DLL）中的，服务器在运行的时候动态链接它。此外，Server API 还具有和服务器共享数据和通信资源、记忆状态等优点。但作为专用接口，各个 Web 服务器的 API 都只适用于它们各自的平台。

5. MOIMS 的工作原理

MOIMS 的工作原理图如图 11-7 所示。

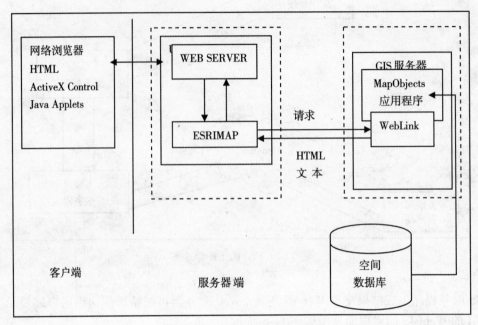

图 11-7　MOIMS 的工作原理图

6. COM/DCOM 和 ActiveX

组件对象模型（component object model，COM）是微软的 Windows 对象的二进制标准，定义了对象如何在单个应用程序中或应用程序间相互作用的面向对象的程序设计模型。

分布式组件对象模型（DCOM）是组件对象模型（COM）技术的网络扩展，该模式允许通过网络在进程间通信。

ActiveX 是一套基于 DCOM 的可以使软件组件在网络环境中进行互操作而不管该组件是用何种语言创建的技术。

7. 基于 COM/DCOM 和 ActiveX 的 WebGIS 实现

在基于 COM/DCOM 技术的 WebGIS 平台的典型实现中，当 Web 浏览器发出 GIS 数据显示操作请求时，Web 服务器接收到用户的请求，进行处理，并将用户所要的 GIS 数据和 GIS ActiveX 控件（ActiveX 控件只需在客户端下载安装一次即可）传送给 Web 浏览器；客户机接收到 Web 服务器传来的 GIS 数据和 GIS ActiveX 控件，启动 GIS ActiveX 控件，对 GIS 数据进行处理，完成 GIS 操作，在具体的 WebGIS 操作中，还会有客户端的 ActiveX 控件与服务器端的 WebGIS 服务（组件）的交互操作，其实现原理图如图 11-8 所示。

8. Plug-in

插件法（Plug-in）是由美国网景公司（Netscape）开发的增加网络浏览器功能的方法。它提供了一套应用程序接口（API），可用于研制和网络浏览器直接交换信息的专门

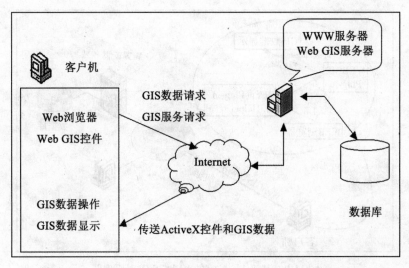

图 11-8   基于 COM/DCOM 和 ActiveX 的 WebGIS 实现原理图

的软件包。Plug-in 最大优点在于当需要时暂时接入，用完后又可以脱开以释放系统资源，减少网络、服务器的信息流量和压力。

9. 基于 Plug-in 的 WebGIS 实现

如图 11-9 所示，在这类基于 Plug-in 的 WebGIS 平台的具体实现中，当客户端请求地图服务时，地图服务器发送地理数据到客户端，浏览器启动相应的插件解释地理数据（如果客户端未安装相应的 Plug-in，则也需要先下载安装，这一点与 AcitveX 控件类似），并显示出相关的地理信息；此外也能根据用户的要求在客户端执行一些简单的空间操作和查询，复杂的空间操作和查询则被 Plug-in 提交服务器执行，Plug-in 负责最后执行结果的显示。

Autodesk 公司的 WebGIS 产品 MapGuide 是一个整体上基于 Plug-in 技术的 WebGIS 平台的典型实现。这一系统利用位于客户端的 MapGuide Viewer Plug-in 和服务器端的 MapGuide Server 地图服务器，通过其特有的"地图窗口文件"（MWF）来实现基于矢量的图形数据信息的各种操作和管理，包括图形数据的动态发布与图层管理等。此外，美国 Intergraph 公司的 WebGIS 产品 GeoMedia Web Map 也提供了它的 Plug-in，其插入件为 ActiveCGM。

10. Java

Sun 公司所倡导的 Java 语言是目前网络应用方面发展较快的一种解决方案，利用 Java 的 Applet 实现跨平台特性。由于 Java 语言从一开始设计就面向网络，因而具有较强的网络访问能力。ESRI 的新一代 WebGIS 平台 ARCIMS，在服务器端采用 Java 实现，在客户端则可采用 Java Applet 或 HTML 实现。由 Web 服务器负责 WWW 服务，应用服务器负责处理并发请求、实例化状态、交易处理、安全管理、数据库连接池管理等，应用组件则用于完成不同的用户应用功能，在有的系统实现中也充当代理。

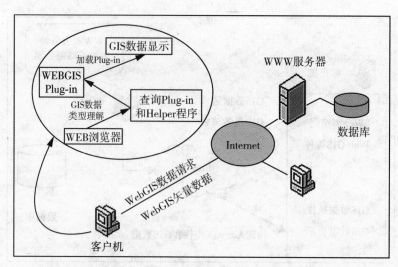

图 11-9　基于 Plug-ins 的 WebGIS 实现原理图

11. 网络 GIS 的发展趋势

当前，随着新技术和硬件设备的不断发展更新、应用领域日益广泛，人们对信息利用的要求也在不断地加深和拓宽，这些都为 WebGIS 的应用提供了十分广阔的发展前景。

（1）基于 .Net 的 WebGIS。微软的 .Net 被称为下一代 Internet 计算模型，它为发出请求的用户提供所需的资源和服务，不论用户在何时、何地以及使用何种设备发出请求，也不需要知道他们所需要的资源和服务存于何地以及如何才能得到。.Net 技术的核心是服务，即 Web Service，客户端的计算机通过 Internet 连接网络中提供 Web Service 接口的 GIS 应用程序，就可以对分布在不同地点的空间数据进行访问。通过 Web Service 不仅可以整合企业内部的不同应用系统，还可以使分布于不同位置的 GIS 应用系统通过 Internet 实现整合。

（2）网格 GIS 技术。网格技术被看成是"下一代 Internet"，它是由各种不同的硬件与软件组成的基础设施，即将计算机、互联网、大型数据库、远程设备等连接在一起，实现资源共享与协作，使人们更自由、更方便地使用网络资源，解决复杂问题。网格 GIS 是 GIS 在网格环境下的一种新的应用，将促进 GIS 沿着网络化、全球化、标准化、大众化、实用化的方向发展，最终实现空间信息的全面共享与互操作。

（3）移动 GIS。无线通信技术和网络技术的快速发展，使 Internet 技术与无线通信技术、GIS 技术的结合成为现实，形成了一种新技术——无线定位技术（Wireless Location Technology），随之衍生出一种新的服务，即空间位置信息服务（LBS）。LBS 是当前移动 GIS 的主要应用方向之一，它将通信技术与 GIS 技术进行整合，融合了移动通信与网络的技术，使移动 GIS 的移动环境发生了极大的变化和改善。可以预见，在不久的将来，移动计算将成为主流计算环境，并将在辅助 GIS 野外工作方面发挥巨大的作用。

（4）数字地球。1998 年美国前副总统戈尔提出了"数字地球"这一概念，随即受到了各国专家学者的极大关注。"数字地球"将地球上的一切与地理位置有关的信息用数字形式描述出来，然后通过网络形成丰富的资源，从而为全社会提供高质量的信息服务。在"数字地球"中，主要涉及的技术是计算机、网络通信、遥感、全球定位系统、地理信息系统以及海量的数据存储处理、图像智能处理、数据库技术等。

总之，随着计算机软硬件，特别是网络技术的飞速发展，GIS 正在经历一场变革。三维 GIS 使 GIS 技术更加现实化，更能真实地再现客观世界；时态 GIS 使 GIS 技术更加实用化，更能辅助决策支持；网络 GIS 使 GIS 技术更加广泛化，更能快捷迅速地提供更多的服务。为了满足用户对 GIS 功能日益增长的需求，三维 GIS、时态 GIS 和网络 GIS 在未来数年内，都将是 GIS 技术的研究热点和发展趋势。

参 考 文 献

[1] 李建松. 地理信息系统原理 [M]. 武汉：武汉大学出版社，2006.

[2] 胡鹏，黄杏元，华一新. 地理信息系统教程 [M]. 武汉：武汉大学出版社，2002.

[3] 黄杏元，马劲松. 地理信息系统概论 [M]. 北京：高等教育出版社，2008.

[4] 陈述彭，鲁学军，周成虎. 地理信息系统导论 [M]. 北京：科学出版社，1999.

[5] 李德仁，关译群. 空间地理信息系统的继承与实现 [M]. 武汉：武汉测绘科技大学出版社，2000.

[6] 崔伟宏. 空间数据结构研究 [M]. 北京：中国科学技术出版社，1995.

[7] 严蔚敏，吴伟民. 数据结构 [M]. 北京：清华大学出版社，1999.

[8] 宋小冬，叶嘉安. 地理信息系统及其在城市规划与管理中的应用 [M]. 北京：科学出版社，1995.

[9] 李德仁，龚健雅，边馥苓. 地理信息系统导论 [M]. 北京：测绘出版社，1993.

[10] 龚健雅. 地理信息系统基础 [M]. 北京：科学出版社，2001.

[11] 郑佳荣. 基于 GIS 的地矿三维属性场建模研究 [D]. 中国矿业大学（北京），2012.

[12] 李响，王丽娜，杨佳. 动态地理现象可视化方法研究 [J]. 测绘通报，2012（S1）：680-684.

[13] 周立. 三维虚拟地理环境构建与应用 [J]. 资源调查与环境，2004（4）：283-288.

[14] 吴风华，张亚宁. 应用 WebGIS 设计与实现二三维一体化系统 [J]. 测绘通报，2014（7）.

[15] 吴风华，杨久东. 地理信息系统专业课程设计改革实践 [J]. 河北理工大学学报，2007（4）.